物流大数据分析

黄 音 马 冀 主 编
苏兆河 张薪薪 副主编

中国林业出版社
CFPH China Forestry Publishing House

图书在版编目(CIP)数据

物流大数据分析 / 黄音，马冀主编 .—北京 ：中国林业出版社，2024. 6

国家林业和草原局研究生教育“十四五”规划教材

ISBN 978-7-5219-2726-9

Ⅰ. ①物…　Ⅱ. ①黄…②马…　Ⅲ. ①物流管理-数据处理-研究生-教材　Ⅳ. ①F252

中国国家版本馆 CIP 数据核字(2024)第 107979 号

责任编辑：王　远　曹潆文
责任校对：苏　梅
封面设计：睿思视界视觉设计

出版发行：中国林业出版社
　　　　　(100009，北京市西城区刘海胡同 7 号，电话 83223120)
电子邮箱：cfphzbs@ 163. com
网址：https：//www. cfph. net
印刷：北京中科印刷有限公司
版次：2024 年 6 月第 1 版
印次：2024 年 6 月第 1 次
开本：787mm×1092mm　1/16
印张：13. 25
字数：323 千字
定价：48. 00 元

《物流大数据分析》编写人员

主　　编 黄　音　马　冀

副 主 编 苏兆河　张薪薪

编写人员（按姓氏拼音排序）

符　瑛（中南林业科技大学）

黄　音（中南林业科技大学）

马　冀（金陵科技学院）

苏兆河（北京络捷斯特科技发展股份有限公司）

万光羽（湖南大学）

王　晶（湖南师范大学）

张薪薪（北京络捷斯特科技发展股份有限公司）

周　敏（湖南工商大学）

序

我国物流业经过十几年的粗放式增长进入了整合阶段。物流业是数字化升级的排头兵，在海量、网络化业务场景下，货品标签、信息采集、订单跟踪、运营管理、调度优化等方面实施全面数字化。物流作业正经历无人化升级过程，采用货到人、穿梭车、自动分拣线、堆垛机器人、自动叉车等技术装备，快速取代人工作业。物流业务场景正全面步入数字化时代，物流管理正从作业优化要效率转变为物流业务数据分析要效益。

面对海量物流运营数据，能掌握数据分析和挖掘工具进行数据透视，并具备洞察关联关系、趋势信息、管理亮点，发现存在的数据漏洞等能力，已成为物流职业经理人必备的数字技能。

在数字化的物流业务场景中，所有岗位除了需要具备传统作业管理能力外，还需要具备数据分析能力。观察近几年主流招聘网站，越来越多的物流岗位，主管及以上级别均要求具备数据统计、数据分析的能力，特别是总监及以上职位，对于数据分析能力的要求基本已成标配。同时，市场上出现一批专门从事物流数据分析的新型岗位，类似物流数据分析师、供应链分析师等不断涌现。

考虑到企业对物流职业人越来越高的数据分析能力需求，作为物流人才培养主阵地的高校需要承担起加强数据分析能力培养的责任。高校相关专业、学科的基础课、核心课均可适度增加数据分析课程，如基础课可开设统计学、运筹学、大数据基础等基础课程，核心课或者拓展课、选修课增加物流大数据相关课程，以此培养学生物流数据分析能力。

作为管理学相关学科专业的学生应当主动加强数据分析知识学习。人类社会正全面进入数字化时代，不仅物流业持续数字化转型升级，人类社会的方方面面、所有产业、所有生活领域，都或早或迟地进入数字化时代。作为社会人应该把握社会发展趋势，积极提高数字技能特别是数据分析能力，这样未来人人都将有可能成为数据分析师。

本教材不但能够培养学习者数据思维能力，还能提供特定场景和相关案例，最终培养学生面向具体物流运营的数据分析能力。

我曾对年轻的学生说，数字化是你们职业生涯的基本环境，作为管理类专业的学生，你们应该积极给自己充电，特别是要扎实掌握数据分析技能。今天我同样把这句话送给管理学相关学科专业的学生和物流职业人。

未来已来，你准备好迎接大数据时代了吗？

北京络捷斯特科技发展股份有限公司董事长、总经理
北京天津商会副会长

前言

《物流大数据分析》共分为13个章节，即大数据概述、数据分析概述、数据分析平台、商品销量预测实验、仓库缓冲区配置优化、仓储货位分配分析、EIQ分析在仓储管理中的应用、快运企业客户细分模型、运输企业运营多维分析实验、规划求解之物资调运问题、最后一公里之路径规划、物流配送中心选址分析和物流需求预测实验。

第1章由黄音负责编写，第2章由黄音和符瑛负责编写，第3章由黄音和王晶负责编写，第4~7章由马冀和张薪薪负责编写，第8章由黄音和张薪薪负责编写，第9章由黄音、苏兆河和万光羽负责编写，第10章由苏兆河和周敏负责编写，第11~13章由苏兆河和张薪薪负责编写。黄音和张薪薪共同负责教材的统稿与校对工作。中南林业科技大学盛思诗、黄湘霓、张小帆、毛莉莎、李思谨、杨小佳、覃尹、朱胜利、韩蕾滋、赵洋、王冰冰，刘雅静、朱晶、刘标、原泽豪、王湘梅、黄淑敏、王敏、王嘉臻、陈苡蔚、张思齐、黄薇等学生参与了本教材的校对工作。

本教材得到国家林业和草原局研究生教育“十四五”规划教材立项（FGCU21B0101）、国家自然科学基金青年科学基金项目（71804200）和面上项目（72174214）、湖南省学位与研究生教育改革课题（2019JGYB150）、教育部产学合作协同育人项目（201801137010）及2018年度湖南省青年骨干教师立项资助。

本教材为国家林业和草原局研究生教育“十四五”规划教材，可作为高等院校管理类、计算机类等学科研究生的教学用书，也可作为相关从业人员培训、继续教育等方面的教学用书。

本教材在编写过程中，得到了国家林业和草原局院校教材建设办公室的大力支持，得到了中南林业科技大学领导的高度重视，得到了北京络捷斯特科技发展股份有限公司、湖南师范大学、湖南大学、湖南工商大学领导和老师们的指导和技术支持，在此一并表示感谢。

书中疏漏偏颇之处在所难免，恳请广大读者批评指正。

编者

2024年1月

目 录

第1章 大数据概述

1.1 大数据定义

1.1.1 初识大数据

随着计算机技术全面融入社会生活，信息爆炸已经累积到一个开始引发变革的程度，“大数据”概念应运而生。大数据代表着数据从量到质的变化过程，代表着数据作为一种资源在人类经济与社会实践中扮演越来越重要的角色。21世纪是数据信息大发展的时代，移动互联、社交网络、电子商务等极大拓宽了互联网的边界和应用范围，各种数据正在迅速膨胀。

2006年，个人用户刚刚迈入TB时代，全球一共产生了约180EB数据；2011年，全球数据总量达到1.8ZB，相当于每个美国人每分钟写3条Twitter信息，持续2.6976万年；2015年，全球大数据存储量达到8.61ZB；预计2025年，全球数据量将超过163ZB。

不同机构对大数据有不同的定义。Gartner研究机构认为，大数据(big data)是需要新的处理模式才能具有更强的决策力、洞察发现力和流程优化能力的海量、高增长率和多样化的信息资产。麦肯锡认为，大数据指的是大小超出常规数据库工具获取、存储、管理和分析能力的数据集。随着技术的不断发展，符合大数据标志的数据集容量也会增长，且不同行业的定义也有所不同。国际数据集团(IDG)认为，大数据一般会涉及两种或两种以上的数据形式，它需要收集超过100TB的数据，并且是高速实时数据流；或者是从小数据开始，但数据每年增长速率至少为60%。随着云时代的到来，大数据吸引了越来越多的关注，大数据分析常和云计算联系到一起，因为实时的大型数据集分析需要像MapReduce一样的框架来向数十、数百甚至数千的电脑分配工作。

1.1.2 大数据的特征

大数据的特征通常用5个V(volume、variety、value、velocity、veracity)来概括。

(1)规模性(volume)

数据规模巨大，大数据的起始计量单位至少是PB(1000个TB)、EB(100万个TB)或ZB(10亿个TB)。

(2)多样性(variety)

数据种类繁多，包括结构化、半结构化和非结构化数据。相对于以往便于存储的结构化数据，半结构化和非结构化数据越来越多，具体表现为网络日志、音频、视频、图像等等，各种各样数据类型对数据的处理能力和技术水平提出了更高的要求。

(3)价值性(value)

数据就是资源，许多看似杂乱无章的数据，其实蕴含着巨大的潜在价值。随着互联网及物联网的广泛应用，信息感知无处不在，虽然信息海量，但价值密度较低，如何通过强大的机器算法迅速地完成数据的价值“提纯”成为目前大数据背景下亟待解决的难题。

(4)高速性(velocity)

这是大数据区分于传统数据挖掘最显著的特征。数据增长速度快，处理速度也快，时效性要求高。例如，搜索引擎要求几分钟前的新闻能够被用户查询到，个性化推荐算法尽可能要求实时完成推荐。

(5)真实性(veracity)

大数据中的内容是与真实世界中的发生息息相关的，真实不一定代表准确，但一定不是虚假数据，这也是数据分析的基础。

大数据除了具有5V特点以外，与传统数据相比也具有很鲜明的特征，见表1-1。

表1-1　传统数据与大数据的特征

特征	传统数据	大数据
数据规模	规模小，以MB、GB为处理单位	规模大，以TB、PB为处理单位
数据生成速率	每小时，每天	更加迅速
数据结构类型	单一的结构化数据	多样化
数据源	集中的数据源	分散的数据源
数据存储	关系数据库管理系统(RDBMS)	分布式文件系统(HDFS)、非关系型数据库(NoSQL)
模式和数据的关系	先有模式后有数据	先有数据后有模式，且模式随数据变化而不断演变
处理对象	数据仅作为被处理对象	作为被处理对象或辅助资源来解决其他领域问题
处理工具	一种或少数几种处理工具	不存在单一的全处理工具

1.1.3　大数据技术

大数据技术是新兴的，能够高速捕获、分析、处理大容量多种类数据，并从中得到相应价值的技术和架构。主要包括5个方面：

(1)数据采集

数据采集是通过射频识别技术、传感器、交互型社交网络以及移动互联网获得的多类型的海量数据。

①数据库采集：如Sqoop和ETL，传统的关系型数据库MySQL和Oracle。

②网络数据采集：一种借助网络爬虫或网站公开API，从网页获取非结构化或半结构化数据，并将其统一结构化为本地数据的数据采集方式。

③文件采集：包括实时文件采集和处理技术Flume、基于ELK的日志采集和增量采集等。

(2)数据预处理

数据预处理是数据分析和挖掘的基础，是将接收的数据进行清洗、集成、转换、归约等并最终加载到数据仓库的过程。

①数据清洗：数据清洗过程主要包括数据的缺省值处理、噪声数据处理、数据不一致处理。常见的数据清洗工具有 ETL 和 Potter's Wheel。

②数据集成：数据集成过程是将多个数据源中的数据合并统一存储。

③数据转换：把原始数据转化为适合于数据挖掘的数据形式。主要包括数据泛化、数据规范化、新属性构造。

④数据归约：数据归约是指在尽可能保持数据原貌的前提下，最大限度地精简数据量，该处理过程主要针对较大的数据集。数据归约主要有两个途径：属性选择和数据采样，这两种途径分别针对原始数据集中的属性和记录进行处理。

(3)数据存储

数据存储过程需要将采集到的数据进行存储管理，主要包括：结构化数据存储、半结构化数据存储、非结构化数据存储，并建立相应的数据库。如：关系型数据库、NoSQL 等。

(4)数据分析与挖掘

数据分析是指利用相关数学模型以及机器学习算法对数据进行统计、分析、挖掘和预测。数据分析可分为预测性分析、关联分析和可视化分析。

数据的主要分析方法有探索性数据分析方法、描述统计法、数据可视化等。

(5)大数据应用

大数据可以应用于各行各业方方面面，在不同的领域运用大数据有不同的要求和注意事项，例如预测模型构建、机器学习、建模仿真等。

1.2　大数据的结构特征

1.2.1　结构化数据

结构化数据，简单来说就是数据库，也称作行数据，是由二维表结构来逻辑表达和实现的数据，严格地遵循数据格式与长度规范，主要通过关系型数据库进行存储和管理。结构化数据可以通过固有键值获取相应信息，且数据的格式固定，如 RDBMS data。结构化最常见的是具有模式的数据，结构化就是模式。大多数技术应用基于结构化数据。生活中我们常见的结构化数据有：企业计划系统(enterprise resource planning，ERP)、医疗的医院信息系统(hospital information system，HIS)和校园一卡通核心数据库等。

1.2.2　半结构化数据

半结构化数据和普通纯文本相比具有一定的结构性，但和具有严格理论模型的关系数据库的数据相比更灵活。它是一种适于数据库集成的数据模型，也就是说，适于描述包含在两个或多个数据库(这些数据库含有不同模式的相似数据)中的数据。它是一种标记服务的基础模型，用于 Web 上共享信息。它具有自描述性、复杂性、动态性等特征。生活中我们常见的半结构化数据有：XML 文档、Json 文档、日志文件，如点击流(click-stream data)。

1.2.3 非结构化数据

非结构化数据，是与结构化数据相对的，不适于由数据库二维表来表现。此类数据不易收集和管理，且难以直接查询和分析。生活中我们常见的非结构化数据有：Web 网页、即时消息或者时间数据(如微博、微信中的消息)、富文本文档(rich text format，RTF)、富媒体文件(rich media)、实时多媒体数据(如各种视频、音频、图像文件)、即时消息或者事件数据(如微博、微信、Twitter 等数据)。这在互联网上的信息内容形式中占据了很大比例。随着“互联网+”战略的实施，将会有越来越多的非结构化数据产生。据预测，非结构化数据将占据所有数据的 70%~80%。由于非结构化数据中没有限定结构形式，所以其表现形式更为灵活，蕴含的信息也更加丰富。因此，在大数据分析挖掘中，掌握非结构化数据处理技术是至关重要的。

1.2.4 其他分类方式下的数据类型

(1)按照产生主体分类

数据可根据产生主体的不同分为：少量企业应用产生的数据；大量用户产生的数据；巨型机器产生的数据。

(2)按照作用方式分类

数据可根据作用方式的不同分为两类：一是交互数据，指相互作用的社交网络产生的数据，包括人为生成的社交媒体交互和机器设备交互生成的新型数据；二是交易数据，交易数据是指来自电子商务和企业交易应用的数据。随着大数据的发展，此类数据的规模和复杂性将不断提升。

交互数据和交易数据的有效融合是大数据发展的必然趋势。在大数据应用中，应在有效集成这两类数据的基础上实现对数据的处理和分析。

1.3 大数据的发展

1.3.1 数据概念的发展

“大数据”作为一种概念和思潮由计算领域发端，之后逐渐延伸到科学和商业领域。

1980 年，著名未来学家阿尔文·托夫勒在其所著的《第三次浪潮》中就已经提到了“大数据”一词。

1997 年 10 月，美国国家航空航天局(NASA)阿姆斯研究中心的迈克尔·考克斯和大卫·埃尔斯沃斯在第八届美国电气和电子工程师协会(IEEE)关于可视化的会议论文集中首次使用“大数据”概念，并界定了其内涵。

1999 年 8 月，史蒂夫·布赖森等在《美国计算机和协会通讯》上发表了以“大数据的科学可视化”为副标题的论文，首次在期刊中使用“大数据”这一术语。

2001 年，麦塔集团分析员道格·莱尼指出 volume、velocity 和 variety。

2008 年，计算社区联盟发表白皮书，指出大数据真正重要的是新用途和新见解，而并非数据本身。同年 *Nature* 推出 Big Data 专刊。

2009 年，美国政府启动了 DATA. GOV 网站，向公众提供各种各样的政府数据，这一举措的实施进一步开放了大数据的大门。

2011 年 6 月，麦肯锡在其报告中提出 big data 的概念；EMC/IDC 发表了 Extracting Values from Chaos 报告，系统阐述了大数据概念，列举了大数据的核心技术，分析了大数据在不同行业的应用，提出了政府和企业决策者应对大数据发展的策略，引起了政界和业界的极大兴趣。

2012 年，牛津大学教授维克托·迈尔-舍恩伯格在其畅销著作 *Big Data：A Revolution That Will Transform How We Live，Work，and Think* 中指出，数据分析将从“随机采样”“精确求解”和“强调因果”的传统模式演变为大数据时代的“全体数据”“近似求解”和“只看关联不问因果”的新模式，从而引发商业应用领域对大数据方法的广泛思考与探讨。此后，云计算等技术的不断发展使大数据不再是纸上谈兵，而是促进大数据技术迅猛发展并不断走向成熟。

2013 年 5 月 30 日在法国蒙彼利埃举办的第十届世界电子世界杯(ESWC)学术研讨会的主题是“语义学和大数据”。这次会议明确指出，大数据的研究不能仅仅局限于人工智能和计算科学等领域，因为大数据的研究在本质上是语义学的研究，大数据研究会涉及庞大的“语义网络”和“智能网络”的研发与利用。

2014 年后，世界经济论坛以“大数据的回报与风险”为主题发布了《全球 46 新科技新名词信息技术报告》(第 13 版)；美国发布了《大数据：抓住机遇、保存价值》；联合国启动“全球脉动”计划，并发布了《大数据促发展：挑战与机遇》；中国发布了《促进大数据发展行动纲要》；经济合作与发展组织(OECD)推出《使用大数据作决策》。越来越多的研究者对大数据的认识也从技术概念丰富到了信息资产与思维变革等多个维度，一些国家、社会组织、企业开始将大数据上升为重要战略。大数据相关技术、产品、应用和标准不断发展，逐渐形成了包括数据资源与 API、开源平台与工具、数据基础设施、数据分析、数据应用等板块构成的大数据生态系统，并持续发展和不断完善，其发展热点呈现从技术向应用、再向治理的逐渐迁移。

2019 年至今，强调数据技术的内化，前述技术大多在新型平台，而在这一阶段各种机构开始重视自己的数据应用场景与数据的紧密结合；同时，营销云等基于云计算的工具应用日益普及。

大数据的价值本质上体现为：提供了一种人类认识复杂系统的新思维和新手段。就理论上而言，在足够小的时间和空间尺度上，对现实世界数字化，可以构造一个现实世界的数字虚拟映像，这个映像承载了现实世界的运行规律。在拥有充足的计算能力和高效的数据分析方法的前提下，对这个数字虚拟映像的深度分析，将有可能理解和发现现实复杂系统的运行行为、状态和规律。应该说大数据为人类提供了全新的思维方式和探知客观规律、改造自然和社会的新手段，这也是大数据引发经济社会变革最根本的原因。

1.3.2 大数据浪潮下数据存储的发展

大数据特点是容量在增长、种类在增长、速度也在增长，面临如此庞大的数据量，数据的存储和检索面临着巨大挑战。比如 2007 年时，Facebook 使用数据仓库存储 15 个 TB 的数据，但到了2010 年，每天压缩过的数据比过去总和还多，那时商业并行数据库很少有超过 100 个节点的，而现在雅虎的 Hadoop 集群超过 4000 个节点，Facebook 仓库节点超过 2700 个。大量的数据现在已经开始影响我们整个的工作、生活，甚至全球经济，如何存储和高效利用这些数据是需要我们解决的重要现实问题。

(1)数据存储结构发展历程

在 20 世纪 70 年代末，“数据库机器”的概念应运而生。这是一种专门应用于存储和分析数据的技术。

在 20 世纪 80 年代，随着日益增长的数据量，人们提出了“无共享”的并行数据库系统，以满足数据存储和处理方面的要求，如 Teradata 系统。

为适应互联网的发展，2007 年 1 月，数据库软件的先驱詹姆士·格雷提出了“第四范式”的概念。

多样化爆炸式增长的数据引起了数据存储方式的转变，为了更好地实现对海量的半结构化数据和非结构化数据的存储和快速查询，新的数据存储模型往往忽略了数据一致性等属性，如联机事务处理系统。

(2)数据存储技术分类

①分布式文件系统：运行在通用硬件上的分布式文件系统，具有很好的性能。

②NoSQL 数据库：NoSQL 数据库并不具有关系存储的特点，而且其对应事务并不一定满足原子性、一致性、隔离性、持续性四个基本特点。

③NewSQL 数据库：不仅具有对海量数据存储管理的基本功能，还具有更好的可扩展性并同时具有传统数据库事务的四个特性。

④大数据查询平台：该平台提供了基本的大数据查询功能，并提供一种类似于 SQL 数据查询访问机制的接口以简化查询底层数据的过程。

⑤云存储(对象存储和块存储)：是一种网上在线存储模式，即把数据存放在通常由第三方托管的多台虚拟服务器，而非专属的服务器上。

⑥GFS(google file system)：可扩展的分布式文件系统，是 Google 公司为了存储海量数据而设计的专用文件系统，用于大型的、分布式的、对大量数据进行访问的应用。

(3)数据库技术发展

传统数据库并未专为数据分析而设计，数据仓库专用设备的兴起，如 Teradata、Netezza、Greeplum、Sybase IQ 等，表明面向事务性处理的传统数据库和面向分析的分析型数据库走向分离，二者泾渭分明。数据仓库专用设备，一般都会采用软硬件一体，以提供最佳性能。这类数据库会采用更适于数据查询的技术，以列式存储或大规模并行处理(MPP)两大成熟技术为代表。另外，新兴的互联网企业也在尝试一些新技术，如 MapReduce 技术，Yahoo 的开源小组开发出 Hadoop，就是一种基于 MapReduce 技术的并行计算框架。在 2008 年之前，Facebook 就在 Hadoop 基础上开发出类似数据仓库的 Hive，用来分析点击流和日志文件。几年下来，基于 Hadoop 的整套数据仓库解决方案已日臻成熟。目前国内也有不少应用，尤其在互联网行业的数据分析，很多都是基于这个开源方案，如淘宝的数据魔方。而在一些商业性的产品中，也已经融入 MapReduce 技术，如 Aster Data。

1.4　大数据的应用及挑战

1.4.1　大数据应用

(1)大数据在社交网络中的应用

社交网络应用程序已成为人们生活的一部分。这些应用程序收集和处理用户/设备主动和被动上传的信息，然后根据分析结果在用户/设备之间建立关系。大数据可以对用户的各种信息进行多维度的关联分析，从大量数据中发现数据项集之间有趣的关联。

当前典型应用包括：Facebook、Twitter、Ins 和微博等新闻社交平台；MSN、QQ、Wechat 等社交网络平台。

(2)大数据在交通中的应用

麦肯锡全球研究院在 2013 年宣布，通过大数据对现有的基础设施的进一步强化管理和维护，每年节省将近 4000 亿美元的支出。通过对交通数据的收集和分析挖掘，对现有交通设施性能进行改善，提高其利用效率。

当前典型应用场景包括：现有的打车软件、掌上公交技术、火车晚点实时查询、实时路况查询播报等。

(3)大数据在医疗中的应用

大数据让就医、看病更简单。过去对于患者的治疗方案，大多数是通过医师的经验来进行，优秀的医师固然能够为患者提供好的治疗方案，但由于医师的水平不尽相同，所以很难保证患者都能够接受最佳的治疗方案。

而随着大数据与医疗行业的深度融合，大数据平台积累了海量的病例、病例报告、治愈方案、药物报告等信息资源。所有常见的病例、既往病例等都记录在案，医生通过有效、连续的诊疗记录，能够给病人优质、合理的诊疗方案。这样不仅加快了医生的看病效率，而且能够降低误诊率，从而让患者在最短的时间接受最好的治疗。利用医疗健康大数据，研究人员可以进行流行性疾病预防、临床决策支持、医疗器械研发、医保控费、保险开发以及慢性病健康管理。

(4)大数据在金融中的应用

随着大数据技术的应用，越来越多的金融企业也开始投身到大数据应用实践中。麦肯锡的一份研究显示，金融业在大数据价值潜力指数中排名第一。以银行业为例，中国银联涉及 43 亿张银行卡，超过 9 亿的持卡人，超过 1000 万商户，每天近 7000 万条交易数据，核心交易数据都超过了 TB 级。

大数据金融的应用也是由金融行业的业务驱动而衍生出来的。具体的应用分类也没有统一的标准。以金融行业最具代表性的银行为例，根据业务驱动应用场景大致可分为精准营销、风险控制、改善经营、服务创新和产品创新五个方面。

①精准营销：互联网时代的银行在互联网的冲击下，迫切需要掌握更多用户信息，继而构建用户360°立体画像，即可对细分的客户进行精准营销、实时营销等个性化智慧营销。

②风险控制：应用大数据技术，可以统一管理金融企业内部多源异构数据与外部征信数据，可以更好地完善风控体系。内部可保障数据的完整性与安全性，外部可控制用户风险。

③改善经营：通过大数据分析方法改善经营决策，为管理层提供可靠的数据支撑，使经营决策更加高效、快捷，精确性也更高。

④服务创新：通过对大数据的应用，改善与客户之间的交互、增加用户黏性，为个人与政府提供增值服务，不断增强金融企业业务核心竞争力。

⑤产品创新：通过高端数据分析和综合化数据分享，有效对接银行、保险、信托、基金等各类金融产品，使金融企业能够从其他领域借鉴并创造出新的金融产品。

(5)大数据在教育中的应用

信息技术已在教育领域有了越来越广泛地应用。考试、课堂、师生互动、校园设备使用、家校关系……只要技术达到的地方，各个环节都被数据包裹。

①宏观层面的应用：大数据技术在教育行业宏观层面的应用主要表现为辅助教育决策，通过大数据技术开展教育背景分析，即可实现对教育发展现状的更好把握。社会经济与教育的互为因果关系使得教育治理难度较高，为破解该难题，可由教育社会学、教育经济学等领域专家从社会背景和经济背景方面出发，构建学龄人口、人口密度、人口总量、人均财政支出、人均GDP等指标组成的社会背景模型，辅以数据科学领域专家的算法知识，即可开展模拟仿真，明确教育受到的各类指标影响，同时可了解时间和空间上教育资源差异出现的原因，更加公平的教育资源配置、未来资源分配方向的准确预测可由此实现；教育行业宏观层面大数据技术还能够用于资源诊断分析，更为合理的资源配置可由此实现。

②中观层面的应用：大数据技术在教育行业中观层面的应用主要表现为教师发展洞察、走班排课建议等方面。基于教师发展洞察进行分析可以发现，以数据量化支撑的评价方式在大数据技术支持下可取代传统的主观方式评优和选拔，优秀教师选拔、师资队伍建设和优化可获得有力支持。大数据技术可综合分析备课、授课、安全等多个场景，不同层次教师群体特征的深入洞察也可实现，同时可提供教师个体画像，为促进教师专业发展、教师队伍配置优化提供支持；基于走班排课建议进行分析可以发现，大数据技术可较好服务于学校管理，适应学生个性化发展、学生自主选择权扩大现状，传统“千校一面”的管理模式与课程体系也可随之得以改变。以近年来多地开展的“走班制”探索为例，大数据技术可为智能化“走班排课”提供支持，通过汇聚教室数量、学校师资、学生选课数据，在数据科学领域专家算法支持下，即可实现走班排课模型的科学构建，更好为学生提供个性化课表，学校的资源配置优化可同时实现。

③微观层面的应用：大数据技术在教育行业微观层面的应用主要表现为全面发展监测、科目选择建议。全面发展监测能够解决以往教育监测维度较窄、成本较高、结果时效性不高、投入较大等问题，教育的实时监测可在大数据技术支持下实现。基于大数据技术

对各类监测指标进行实时采集、自动化分析，即可实现传统测评形式优化，具体实践可采集和汇聚学习者的自我评价、学业数据、学习行为数据、人口学数据，依托学生发展评价理论模型、数据可视化技术、学习分析技术，最终提供个性化分析报告，学生发展的实时监测与反馈可由此实现。科目选择建议可更好地服务于学生的个性化发展，适应新高考变革，学生可基于自身的未来职业理想、学业能力水平兴趣爱好选出适合发展的科目组合。但值得注意的是，新高考需要学生更加全面地认识自己，并同时考虑未来职业发展、学业成绩受到的不同科目组合影响。因此，需基于大数据技术为学生的科目选择提供支持，以此构建基于大数据技术的学生科目选择模型，汇聚高校专业招生条件及学生的不同科目学业数据、职业倾向数据、心理测评数据，配合机器学习相关算法即可构建科目选择推荐模型，实现智能化科目选择建议，学生可由此更好选择适合自身发展的科目。

我们对大数据的应用不仅仅局限于以上列举的社交、交通、医疗、金融、教育层面，大数据已经进入我们生活的方方面面，各行各业都在应用大数据解决本领域内的实际问题。

1.4.2　大数据发展面临的挑战

(1)数据隐私、安全与便利性的冲突

近年来，用户隐私数据泄露事件成倍增加，事件带来损失不断扩大，用户隐私信息保护已经成为全球各国网络空间安全监管的巨大难题。

数据安全领域的所有权仍然是一个有争议的话题。例如，用户在各种社交媒体平台上传的个人信息，该数据的所有权是属于用户还是这些互联网公司的。如果是属于用户的，那么互联网公司有没有资格使用这些数据？如果是属于互联网公司的，那么互联网公司在使用这些数据时需要注意什么问题？互联网公司在什么样的情况下可以使用？在什么样的情况下需要征得用户同意才可以使用？个人信息所有权的问题在国内还缺少科学合理的立法保障，同时对互联网公司使用个人数据也缺少相关的检查机构的监管。这个争议在世界范围内都是难题，哪怕在互联网发展相对成熟的美国都存在公司未经用户同意随意采集和使用个人数据的情况，只有在发生了不良影响的时候，才通过诉讼程序来解决这一争论。这在全球范围内都是一个难以解决的问题。

例如，华尔街一位股票炒家利用电脑程序分析全球 3.4 亿推特账户的留言，以此判断民众情绪。这对提供数据的众多推特用户而言，成为被利用的对象。因此，如何在挖掘数据价值和个人隐私保护之间寻求平衡，防止数据窃取、非法添加或篡改等情况的出现，是大数据需要解决的另一个难题。

(2)数据存取和共享机制的矛盾

大数据应用场景的拓展需要加大信息的开放程度，设计出新的信息收集设备，并为海量数据的存续和分析提供支持。由于数据存储和应用方式出现新的变化，可能带来的副作用是：IT 基础架构将变得越来越一体化和外向型，对数据安全和知识产权构成更大风险。

企业在建立了完善的数据地图之后，需要对公司内部数据分级进行安全管理。一般来讲企业的数据可以分成绝密、机密、保密、公司内部分享、公开数据等几个级别，不同公司可以根据公司的内部数据分级情况进行管理。绝密级别的数据一般仅限少数人能够访问，如公司的产品技术数据、客户报价数据、采购报价数据等；机密数据是仅限公司部分级别人员或者职能部门可以访问的数据，如薪酬数据、个人信息数据、公司财务数据和订单数据等；而保密数据是在授权情况下可以由公司内部管理者访问的数据，该类数据比机密数据等级较低，可以在较大范围内共享，但又不能给全员分享，如公司的薪酬体系等；公司内部分享数据，为公司所有内部人员所用，公司所有的正式员工都可以访问，但又不可以对外公开的数据；而公司公开数据则是公司为对外宣传所对外公布的数据，如上市公司的财务报表、公司广告、软文、宣传资料等。从保密等级上划分，形成了“绝密→机密→保密→内部→公开”5个等级。公司内部管理上，针对每类数据的开放范围要制定清晰明确的标准，并在数据系统和数据库上建立相关的授权机制，从而对数据形成严格的分级管理机制。

(3)数据存储和处理安全问题

近年来，随着数据量的增长，对存储技术的要求也越来越高。比如，来自中侨调研咨询的一份报告表明中国用户最关注的大数据技术指标排名前五的分别是：高可扩展性、高可用性、并行处理能力、低延迟以及自动分层存储。

大数据的数据类型和数据结构是传统数据不能比拟的，在大数据的存储平台上，数据量是非线性甚至是指数级的速度增长的，各种类型和各种结构的数据进行数据存储，势必会引发多种应用进程的并发且频繁无序地运行，极易造成数据存储错位和数据管理混乱，为大数据存储和后期的处理带来安全隐患。当前的数据存储管理系统，能否满足大数据背景下的海量数据存储需求，还有待考验。不过，如果数据管理系统没有相应的安全机制升级，出现问题则为时已晚。

(4)大规模数据分析的挑战

数据分析是整个大数据处理流程的核心，大数据的价值产生于分析过程。从异构数据源抽取和集成的数据构成了数据分析的原始数据。根据不同应用的需求可以从这些数据中选择全部或部分进行分析。小数据时代的分析技术，如统计分析、数据挖掘和机器学习等，并不能适应大数据时代数据分析的需求，必须做出调整。

数据分析在大数据应用中十分重要，但是目前在数据分析上还存在以下四个方面的挑战：数据量过于庞大，数据分析无从下手；对于全部数据是否都要进行存储和分析处理；如何在庞大数据库中找出关键信息点；如何更好地利用数据集使其发挥更大的价值。

(5)发展需求

关于大数据，有许多大家耳熟能详的经典案例，如沃尔玛的“啤酒和尿布”案例等。通过这些例子，我们可以了解到大数据具有非常大的潜力和应用价值。如果能够分析出数据的潜在价值，它将在生活中的各个领域发挥巨大的作用。越来越多的企业和组织也确实在挖掘数据的潜在力量。大数据是一门新兴学科，专门研究利用数据学习知识。其目标是通过从数据中提取出有价值的部分来设计数据产品。它也是一门交叉学科，采用数据统计和机器学习的方法，通过挖掘数据背后的潜在价值来帮助人们理解、解决问题，从而辅助人类决策。大数据发展需要注重学术与实际应用相结合。

(6)技术挑战

在大数据的发展中，面临的技术挑战主要有以下四个方面：

①容错性：数据挖掘容错技术指数据系统运行过程中产生错误时，系统的算法能维护其正常运转，避免系统死机的情况，进而减少系统的内在差错，将其对系统的影响降至最低。容错技术能保障信息系统数据的完好性，对数据信息进行备份，减少相关信息的损失。例如，在航天、医疗、金融等行业领域中，其系统失误会造成不可估量的后果，而容错技术的运用，则会为相关的数据系统提供保障，维护数据信息的完整性。

②可扩展性：除了数据存储和采集外，大数据系统还需要能够快速地按需解决并分析数据，而不受数据采集和查询的规模和速度的影响。这被称为大数据的可扩展性，它是大数据系统首先需要关注的问题之一。

③数据质量：以医疗数据为例，目前医疗数据的来源主要为医疗机构(如医院、医学药学实验室、医疗康复中心等)和互联网。采集的数据范围广、维度高、类型种类繁多且不针对特定的问题。首先，从数据量的角度来看，医疗行业的数据量与互联网搜索及消费等行业 PB 级别的大数据仍有一定差距。由于目前国内十分缺乏医疗健康信息的合理接口，即使公共卫生与医疗健康的数据量在不断增长，仍然导致医疗数据的采集与应用严重脱节，医疗数据还未真正释放潜能。另外，大数据的相关技术(如 NoSQL 等)，在短时间内不太可能进入医院的主流技术中。其次，从数据质量的角度来看，医疗数据的采集由于缺乏统一的标准或标准未及时更新(如医院之间、科室之间标准不统一等)，以及采集人员的主观错误或数据采集系统本身的设计问题，导致其中存在大量的不确定性。例如，采集某感冒发烧患者的症状信息时，假设患者为感冒发烧状态，在记录患者状态时，使用“发烧”和“体温 37.5℃”在语义上存在一定差异，这种语义信息差异会给最终的数据挖掘和模式分类模型带来偏差。另外，统计获得的数据分布很可能在其统计过程中被人为改变，从而估计出的数据分布失真或者实际的数据分布根本无法获得，导致最终的统计学习模型不可靠。

④异构数据处理：随着数据分析对象范畴的扩大，多尺度、个性化、智能化、全天候的数据分析需求越来越多，复杂对象的数据感知面临大数据多源、异构等复杂的数据形态。

不同学科和不同技术之间、不同观测工具以及不同对象之间的观测将使得来源数据呈现多元化的特点。这些数据的类型、统计性质和数据结构完全不相同，形成了异构数据，它们随时间和空间交替变化表现出某种循环、重复或叠加，呈现周期性变化的特点。当前大数据的多源、异构以及跨平台、跨尺度、跨参数等特征导致了大数据处理的复杂性。

拓展与思考

1. 大数据的基本特征包括哪些？
2. 举例说明生活和工作中常见的大数据案例，并说明如何按数据结构进行分类。
3. 简述传统数据与大数据之间的差别。
4. 当前大数据技术面临的机遇和挑战有哪些？
5. 说说大数据技术的运用对企业的生产经营有哪些帮助？

第 2 章　数据分析概述

2.1　传统数据分析方法

2.1.1　聚类分析

聚类分析(cluster analysis)是一组将研究对象分为相对同质的群组的统计分析技术。依据研究对象(样品或指标)的特征，对其进行分类的方法，减少研究对象的数目。

(1)聚类分析的方法

传统的统计聚类分析方法包括系统聚类法、动态聚类法、有序样品聚类法和模糊聚类分析法等。

①系统聚类法：先将各个样品各看成一类，然后规定类与类之间的距离，选择距离最小的一对合并成新的一类，计算新类与其他类之间的距离，再将距离最近的两类合并，这样每次减少一类，直至所有的样品合为一类为止。

②动态聚类法：也称逐步聚类法。动态聚类法的聚类过程，可用框图来描述，框图的每一部分，均有多种方法可采用，将这些方法按框图进行组合，就会得到各种动态聚类法。

③有序样品聚类法：是聚类分析的方法之一。在通常的聚类分析中样品之间彼此是平等的，聚类时是将样品混在一起，按照距离或相似系数的标准来进行分类，但是有些客观现象在聚类时不能打乱原来样品的排列顺序。同一个阶段的样品要求是互相连接的，也就是说聚类时要求必须是次序相邻的样品才能在一类。

④模糊聚类分析法：一般是指根据研究对象本身的属性来构造模糊矩阵，并在此基础上根据一定的隶属度来确定聚类关系，即用模糊数学的方法把样本之间的模糊关系定量确定，从而客观且准确地进行聚类。

(2)聚类算法

聚类分析是数据挖掘中一个很活跃的研究领域，提出了许多聚类算法。传统的聚类算法可以被分为五类：划分方法、层次方法、基于密度的方法、基于网格的方法和基于模型的方法。

①划分方法：首先创建 k 个划分，k 为要创建的划分个数；然后利用一个循环定位技术通过将对象从一个划分移到另一个划分来帮助改善划分质量。典型的划分方法包括：

K-means、K-medoids、CLARA 和 CLARANS。

②层次方法：创建一个层次以分解给定的数据集。该方法可以分为自上而下(分解)和自下而上(合并)两种操作方式。典型的这类方法包括：BIRCH、CURE、ROCK 和 CHE-MALOEN。

③基于密度的方法：根据密度完成对象的聚类。它根据对象周围的密度不断增长聚类。典型的基于密度方法包括：DBSCAN 和 OPTICS。

④基于网格的方法：首先将对象空间划分为有限个单元以构成网格结构；然后利用网格结构完成聚类。典型的基于网格方法包括：STING、CLIQUE 和 Wave-Cluster。

⑤基于模型的方法：它假设每个聚类的模型并发现适合相应模型的数据。典型的基于模型方法包括：COBWEB 和 CLASSIT。

传统的聚类算法已经比较成功地解决了低维数据的聚类问题。但是由于实际应用中数据的复杂性，在处理许多问题时，现有的算法经常失效，特别是对于高维数据和大型数据的情况。高维聚类分析已成为聚类分析的一个重要研究方向。高维数据聚类也是聚类技术的难点。但是，受“维度效应”的影响，许多在低维数据空间表现良好的聚类方法运用在高维空间上往往无法获得好的聚类效果。

2.1.2　因子分析

因子分析(factor analysis)主要是通过少数几个因子，来描述大量指标或元素之间的关系。具体来说，就是先对几个密切相关的变量进行分组，再把每组变量统一为一个因子(之所以称为一个因子，因为它是不可观察的，即不是一个特定的变量)，然后使用这几个少数因子来揭示原始数据中最有价值的信息。因子分析的主要目的是用来描述隐藏在一组测量到的变量中的一些更基本的，但又无法直接测量到的隐性变量。

(1)因子分析的分类

因子分析的方法有两类。一类是探索性因子分析(exploratory factor analysis，EFA)，另一类是验证性因子分析(confirmatory factor analysis，CFA)。

①探索性因子分析：主要用于识别项目和具有统一概念的组群项目之间的复杂相互关系。研究者并不对各个因素之间的关系作出任何先验假设。

典型的探索性因子分析流程包括：辨认、收集观测变量；获得协方差矩阵(或 Bravais-Pearson 的相似系数矩阵)；验证将用于 EFA 的协方差矩阵(显著性水平、反协方差矩阵、Bartlett 球型测验、反图像协方差矩阵、KMO 测度)；选择提取因子法(主成分分析法、主因子分析法)：发现因素和因素载荷，因素载荷是相关系数在可变物(列在表里)和因素(专栏之间在表里)；确定提取因子的个数(以 Kaiser 准则和 Scree 测试作为提取因子数目的准则)；解释提取的因子(例如，在上述例子中即解释为“潜在因子”和“流程因子”)。

②验证性因子分析：是对社会调查数据进行的一种统计分析。它测试一个因子与相对应的测度项之间的关系是否符合研究者所设计的理论关系。验证性因子分析往往通过结构方程建模来测试。在实际科研中，验证性因子分析的过程也是测度模型的检验过程。

可以进行测度模型及包括因子之间关系的结构方程建模并拟合的统计软件有很多，比如 LISREL、AMOS、EQS、MPLUS 等。其中最常用的是 LISREL。在 LISREL 这个软件中有三种编程语言：PRELIS 是用来做数据处理或简单运算，比如做一些回归分析，计算一个样本的协方差矩阵；LISREL 是一种矩阵编程语言，它用矩阵的方式来定义我们在测度项与构件、构件之间的关系，然后采用一个估计方法（如极大似然估计）进行模型拟合；SIMPLIS 是一种简化的结构方程编程语言，适合行为研究者使用。一般来讲，研究者需要先通过 SIMPLIS 建立测度模型，然后进行拟合。根据拟合的结果，测度模型可能需要调整，抛弃质量差的测度项，然后拟合，直到模型的拟合度可以接受为止。

(2)因子分解的类型

作为因子分析的一个重要环节，因子分解的类型也有很多。

①主成分分析(principal component analysis，PCA)：是一种目前广泛使用的因子提取方法，也是 EFA 的第一阶段。

②规范因子分析：是像 PCA 一样计算相同模型的另一种不同方法，主要使用主轴法。

③共同因素分析：也称为主要因素分析或主轴因式分解，该分析主要是为了得到最少数目的能够解释一组变量的共同方差(相关性)的因素。

④图像因子分解：是基于预测变量而不是实际变量的相关矩阵，其中每个变量都是使用多元回归的方法从其他变量中预测得出。

(3)因子分析的目的

主要目的有以下三个：

①探索结构：在变量之间存在高度相关性的时候，我们希望用较少的因子来概括其信息。

②简化数据：把原始变量转化为因子得分后，使用因子得分进行其他分析，例如，聚类分析、回归分析等。

③综合评价：通过每个因子得分计算出综合得分，对分析对象进行综合评价。

因子分析就是将原始变量转变为新的因子，这些因子之间的相关性较低，而因子内部的变量相关程度较高。

(4)因子分析的步骤

①判断数据是否适合因子分析。因子分析的变量要求是连续变量，分类变量不适合直接进行因子分析。建议个案个数是变量个数的 5 倍以上，这只是一个参考依据，并不是绝对的标准。KMO 检验统计量在 0.5 以下，不适合因子分析，在 0.7 以上时，数据较适合因子分析，在 0.8 以上时，说明数据极其适合因子分析。

②构造因子变量。

③利用因子旋转方法，使得因子更具有实际意义。

④计算每个个案因子得分。

(5)确定提取因子个数的标准

①初始特征值大于 1 的因子个数。

②累计方差贡献率达到一定水平(60%)的因子个数。

③碎石图中处于较陡峭曲线上所对应的因子个数。

④依据对研究事物的理解而指定因子个数。

2.1.3　相关分析

相关分析(correlation analysis)是一种用于确定观测现象之间的相关规律，从而对其进行预测和控制的分析方法。它是描述客观事物相互间关系的密切程度，并用适当的统计指标表示出来的过程。

(1)相关分析的分类

①按相关的程度分为完全相关、不相关和不完全相关：

完全相关：两种依存关系的标志，其中一个标志的数量变化由另一个标志的数量变化所确定，则称完全相关，也称函数关系。

不相关：两个标志彼此互不影响，其数量变化各自独立，称为不相关。

不完全相关：两个现象之间的关系，介于完全相关与不相关之间称不完全相关。

②按相关的方向分为正相关和负相关：

正相关：相关关系表现为因素标志和结果标志的数量变动方向是一致的，称为正相关。

负相关：相关关系表现为因素标志和结果标志的数量变动方向是相反的，称为负相关。

③按相关的形式分为线性相关和非线性相关：

线性相关：一种现象的一个数值和另一种现象相应的数值在直角坐标系中确定为一个点，称为线性相关。

非线性相关：自变量与变量之间不呈线性关系，而是呈曲线或抛物线关系或不呈定量关系，则这种关系叫作非线性关系。

④按影响因素的多少分为单相关和复相关：

单相关：如果研究的是一个结果标志同某一因素标志相关，就称为单相关。

复相关：如果分析若干因素标志对结果标志的影响，称为复相关或多元相关。

(2)相关关系

确定相关关系的存在，相关关系呈现的形态和方向，相关关系的密切程度。其主要方法是绘制相关图表和计算相关系数。

①相关表：编制相关表前首先要通过实际调查取得一系列成对的标志值资料作为相关分析的原始数据。

单变量分组相关表：自变量分组并计算次数，而对应的因变量不分组，只计算其平均值。该表特点是使冗长的资料简化，能够更清晰地反映出两变量之间相关关系。

双变量分组相关表：自变量和因变量都进行分组而制成的相关表，这种表形似棋盘，故又称棋盘式相关表。

②相关图：利用直角坐标系第一象限，把自变量置于横轴上，因变量置于纵轴上，而将两变量相对应的变量值用坐标点形式描绘出来，用于表明相关点分布状况的图形。相关图被形象地称为相关散点图。因素标志分了组，结果标志表现为组平均数，所绘制的相关图就是一条折线，这种折线又称相关曲线。

③相关系数(correlation coefficient)：是反应变量之间关系密切程度的统计指标，相关

系数的取值区间在 1 到-1 之间。1 表示两个变量完全呈正相关，-1 表示两个变量完全呈负相关，0 表示两个变量不相关。数据越趋近于 0 表示相关关系越弱。以下是相关系数的计算公式。

$$r_{xy} = \frac{S_{xy}}{S_x S_y} \tag{2-1}$$

式中，r_{xy} 为样本相关系数；S_{xy} 为样本协方差；S_x 为 x 的样本标准差；S_y 为 y 的样本标准差。下面分别是 S_{xy} 协方差与 S_x 和 S_y 标准差的计算公式。由于是样本协方差和样本标准差，因此分母使用的是 $n-1$。

S_{xy} 样本协方差计算公式：

$$S_{xy} = \frac{\sum_{i=1}^{n}(X_i - \bar{X})(Y_j - \bar{Y})}{n - 1} \tag{2-2}$$

S_x 样本标准差计算公式：

$$S_x = \sqrt{\frac{\sum (X_i - \bar{X})^2}{n - q}} \tag{2-3}$$

S_y 样本标准差计算公式：

$$S_y = \sqrt{\frac{\sum (Y_j - \bar{Y})^2}{n - 1}} \tag{2-4}$$

相关系数的优点是可以通过数字对变量的关系进行度量，并且带有方向性，1 表示正相关，-1 表示负相关，可以对变量关系的强弱进行度量，越靠近 0 相关性越弱。缺点是无法利用这种关系对数据进行预测，简单地说就是没有对变量间的关系进行提炼和固化，形成模型。要利用变量间的关系进行预测，则需要使用回归分析方法。

2.1.4 回归分析

回归分析(regression analysis)指的是确定两种或两种以上变量间相互依赖的定量关系的一种统计分析方法。基于一组实验或观察数据，回归分析能够识别随机隐藏的变量之间的依赖关系，可以将变量之间的复杂且未确定的相关性，改变成简单且规则的相关性。

回归的最早形式是最小二乘法(ordinary least squares，OLS)。早在 20 世纪 50 年代和 60 年代，经济学家就开始计算回归。在 1970 年之前，它需要经过长达 24 小时的计算才能从一个回归中分析得出结果。

(1)回归分析的分类

回归分析按照涉及的变量的多少，分为一元回归和多元回归分析；按照因变量的多少，可分为简单回归分析和多重回归分析；按照自变量和因变量之间的关系类型，可分为线性回归分析和非线性回归分析。如果在回归分析中，只包括一个自变量和一个因变量，且二者的关系可用一条直线近似表示，这种回归分析称为一元线性回归分析。如果回归分析中包括两个或两个以上的自变量，且自变量之间存在线性相关，则称为多重线性回归分析。

另外，还有两种特殊的回归方式：一种是在回归过程中可以调整变量数的回归方法，称为逐步回归；另一种是以指数结构函数作为回归模型的回归方法，被称为 Logistic 回归。

①线性回归(linear regression)：是人们在学习预测模型时首选的技术之一。在这种技术中，因变量是连续的，自变量可以是连续的也可以是离散的，回归线的性质是线性的。

回归分析按照变量的数量分为一元回归和多元回归。两个变量使用一元回归，两个以上变量使用多元回归。

线性回归使用最佳的拟合直线(即回归线)在因变量(Y)和一个或多个自变量(X)之间建立一种关系。用一个方程式来表示它，即 $Y=a+bX+e$，其中 a 表示截距，b 表示直线的斜率，e 是误差项。这个方程可以根据给定的预测变量(s)来预测目标变量的值(图 2-1)。多元线性回归可表示为 $Y=a+b_1X_1+b_2X_2+e$，其中 a 表示截距，b_1，b_2 表示直线的斜率，e 是误差项。多元线性回归可以根据给定的预测变量(s)来预测目标变量的值。

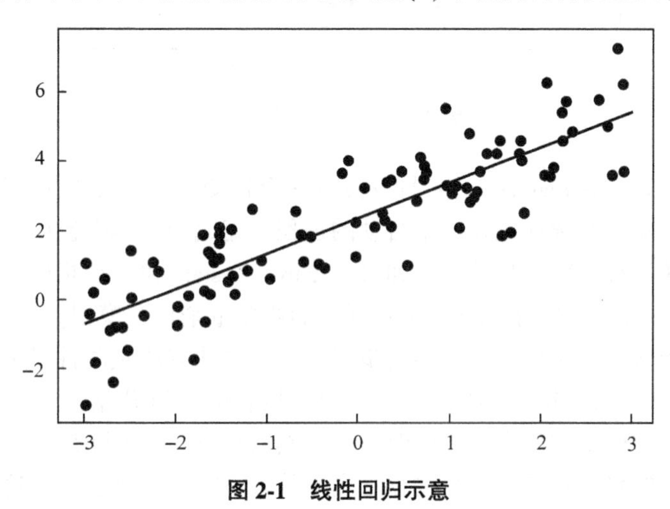

图 2-1　线性回归示意

②逻辑回归(logistic regression)：是用来计算“事件=Success”和“事件=Failure”的概率。当因变量的类型属于二元(1/0，真/假，是/否)变量时，我们就应该使用逻辑回归。这里，Y 的值为 0 或 1，它可以用以下方程表示。

$$odds = \frac{p}{1-p} \tag{2-5}$$

$$\ln(odds) = \ln\left(\frac{p}{1-p}\right) \tag{2-6}$$

$$\text{Logit}(p) = \ln\left(\frac{p}{1-p}\right) = b_0 + b_1X_1 + b_2X_2 + \cdots + b_kX_k \tag{2-7}$$

上述式子中，p 表示具有某个特征的概率。

这里使用的是二项分布(因变量)，需要选择一个对于该分布最佳的连接函数，它就是 Logit 函数。在上述方程中，通过观测样本的极大估计值来选择参数，而不是最小化平方和误差(如在普通回归使用的)。

③多项式回归(polynomial regression)：就是回归方程中自变量的指数大于 1。

$$y = a + bX^2 \tag{2-8}$$

在这种回归技术中，最佳拟合线不是直线。而是一个用于拟合数据点的曲线表示（图 2-2）。

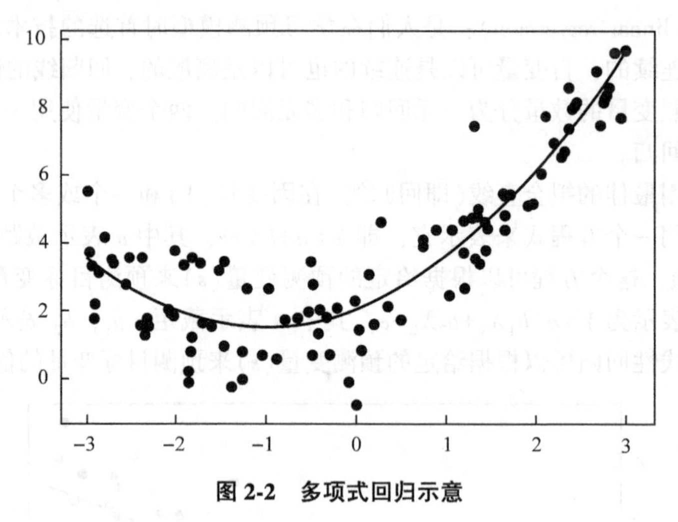

图 2-2 多项式回归示意

④逐步回归（stepwise regression）：即在处理多个自变量时，可以使用这种形式的回归。在这种技术中，自变量的选择是在一个自动的过程中完成的，其中包括非人为操作。

逐步回归是通过观察统计量的值，如 R-square、t-stats 和 AIC 指标，来识别重要的变量。逐步回归通过同时添加/删除基于指定标准的协变量来拟合模型。

最常用的逐步回归方法包括：标准逐步回归法，这种方法做两件事情，即增加和删除每个步骤所需的预测；向前选择法，从模型中最显著的预测开始，然后为每一步添加变量；向后剔除法，与模型的所有预测同时开始，然后在每一步消除最小显著性的变量。

这种建模技术的目的是使用最少的预测变量数来最大化预测能力，这也是处理高维数据集的方法之一。

⑤岭回归：当数据之间存在多重共线性（自变量高度相关）时，就需要使用岭回归分析（ridge regression）。当存在多重共线性时，尽管最小二乘法测得的估计值不存在偏差，它们的方差也会很大，从而使得观测值与真实值相差甚远。岭回归通过给回归估计值添加一个偏差值，来降低标准误差。

在线性等式中，预测误差可以划分为两个分量，一个是偏差造成的，另一个是方差造成的。预测误差可能会由这两者或两者中的任何一个造成。在这里，我们将讨论由方差所造成的误差。

岭回归通过收缩参数 λ 解决多重共线性问题。具体请看下面的等式：

$$\underbrace{L2 = \text{argmin}\,\|y - X \times \beta\|_2^2}_{\text{Loss}} + \underbrace{\lambda\,\|\beta\|_2^2}_{\text{Penalty}} \tag{2-9}$$

在这个公式中，有两个组成部分：一个是最小二乘项，另一个是 β^2（β-平方）的 λ 倍，其中 β 是相关系数。为了收缩参数把它添加到最小二乘项中以得到一个非常低的方差。

（2）回归分析的基本步骤

回归分析是处理变量之间相关关系的一种数学方法，其解决问题的大致步骤如下：

①收集一组包含因变量和自变量的数据；

②选定因变量和自变量之间的模型，即一个数学式子，利用数据按照一定准则(如最小二乘)计算模型中的系数；

③利用统计分析方法，对不同的模型进行比较，找出效果最好的模型；

④判断得到的模型是否适合于这组数据；

⑤利用模型对因变量作出预测或者解释。

2.1.5　A/B 测试

A/B 测试，也称为水桶测试。它通过比较测试组，制定能改善目标变量的计划。在软件快速上线的过程中，A/B 测试能够帮助用户快速试错，并进行针对性修改，能够帮助用户了解对产品的改动。

目前市面上的主流方法，是频率学派和贝叶斯学派这两种。相比较频率学派 A/B 测试，贝叶斯 A/B 测试周期更短。

(1)贝叶斯 A/B 测试的优点

首先，针对用户活跃变化大，难以预估样本量和实验时长的问题，只要确定了实验观察变量及其先验，贝叶斯 A/B 测试可以不用预估样本量就开始观察，能很好地解决频率学派 A/B 测试实施之前诸多的实验设置问题，同时也为前期实验设计节省了工作量。

其次，与频率学派 A/B 测试必须等到实验结束才能评估结果不同，贝叶斯的方法可以实时地观测和评估实验结果。这样，基于贝叶斯的 A/B 测试就可以根据实验的实时评估结果，灵活决定是要继续实验还是停止实验做出决策。

最后，贝叶斯 A/B 测试相对于频率学派的 A/B 测试可以使用更少的样本得到结论，这样就可以更快进行 A/B 测试的迭代。

对于那些采用频率学 A/B 测试需要耗时很久且提升效果不显著的版本更新实验，可以采用贝叶斯 A/B 测试更快地得出结论，从而可以快速实现众多小的产品改进，最终实现大的版本迭代。

(2)A/B 测试的核心思想

A/B 测试最核心的思想，即：多个方案并行测试；每个方案只有一个变量不同；以某种规则优胜劣汰。

需要特别留意的是第 2 点，它暗示了 A/B 测试的应用范围，必须是单变量。

A/B 测试已经被当作应对某些市场变化的商业战略。如 WEB 应用 UI 风格验证。

2.1.6　统计分析

统计分析是指对收集到的有关数据资料进行整理归类并进行解释的过程。统计分析是统计工作中统计设计、资料收集、整理汇总、统计分析、信息反馈五个阶段中最关键的一步。如果缺少这一步或这一步做得不好，将降低统计工作的作用。统计分析，大致可分为如下三个步骤：

第一步是收集数据，这是进行统计分析的前提和基础。收集数据的途径众多，可通过实验、观察、测量、调查等获得直接资料，也可通过文献检索和阅读等来获得间接资料。

第二步是整理数据，是按一定的标准对收集到的数据进行归类汇总的过程。

第三步是分析数据，是指在整理数据的基础上，通过统计运算，得出结论的过程，它是统计分析的核心和关键。

2.1.7 数据挖掘

数据挖掘是从大量不完全、杂乱、模糊和随机的数据中，提取隐藏的、未知的，但可能有用的信息和知识的过程。数据挖掘也通常被称作数据分析、数据融合和决策支持等。

(1)数据挖掘的主要元素和作用

数据挖掘包括五个主要元素：

①提取、转换和加载事务数据到数据仓库中；

②在多维数据库系统中存储和管理数据；

③为业务分析师和信息技术专业人员提供数据访问；

④通过应用软件分析数据；

⑤以图形或者表格的格式呈现数据。

数据挖掘的主要作用是用相应的分析方法来完成以下六个不同的任务：分类、估计、预测、关联分组或关联规则、聚类、描述和可视化。

(2)数据挖掘的方法

挖掘方法一般分为机器学习方法、神经网络方法和数据库方法。

①机器学习方法：在数据分析领域，机器学习是一种用于设计预测的复杂模型和算法的方法。

②神经网络方法：神经网络定义是由多个简单的高度互连的处理元件组成的计算系统，其通过对外部输入的动态状态进行响应来处理信息。

③数据库方法：数据库方法主要包括多维数据分析或联机分析处理(on-line analytical processing，OLAP)，以及属性导向归纳法(attribute-oriented induction，AOI)。

2.2 大数据分析方法

大多数用于数据挖掘或统计分析的工具，往往都会针对大数据集进行优化。一些分析工具和数据库现在已经可以处理大数据。用于高级分析和大数据的现代工具和技术，对原始数据、非标准数据和低质量的数据都有很强的包容性。大数据是非常有价值的特殊财富，这也是人们进行大数据分析的真正出发点。

2.2.1 散列法

散列法(hashing)或哈希法是一种将字符组成的字符串转换为固定长度(一般是更短长度)的数值或索引值的方法。由于通过更短的哈希值比用原始值进行数据库搜索更快，这种方法一般用来在数据库中建立索引并进行搜索，同时还用在各种解密算法中。构造散列函数的目标是使散列地址尽可能均匀分布在散列空间上，同时使计算尽可能简单。常用的构造散列函数的方法包括直接地址法、数字分析法、除余数法、平方取中法、折叠法。

(1)直接地址法

直接地址法是以关键字 key 本身或关键字加上某个常量 c 作为散列地址的方法。对应的散列函数 $H(key)$ 为：

$$H(key) = key + c \tag{2-10}$$

在使用时，为了使散列地址与存储空间吻合，可以调整 c。这种方法计算简单，并且没有冲突。它适合于关键字的分布基本连续的情况，若关键字分布不连续、空号较多，将会造成较大的空间浪费。

(2)数字分析法

数字分析法是假设有一组关键字，每个关键字由 n 位数字组成，如 k_1，k_2，…，k_n。数字选择法是从中提取数字分布比较均匀的若干位作为散列地址。

例如，有一组有 6 位数字组成的关键字，见表 2-1 左边一列表示。

表 2-1　关键字分布

关键字	散列地址(0..99)	关键字	散列地址(0..99)
912356	13	892556	95
952456	54	…	…
964852	68	872265	72
982166	81		

(3)除余数法

除余数法是选择一个适当的 p($p\leq$散列表长 m)去除关键字 k，所得余数作为散列地址的方法。对应的散列函数 $H(k)$ 为：

$$H(k) = k\%p \tag{2-11}$$

式中，p 最好选取小于或等于表长 m 的最大素数。

这是一种最简单，也是最常用的散列函数构造方法。

(4)平方取中法

平方取中法是取关键字平方的中间几位作为散列地址的方法，因为一个乘积的中间几位和乘数的每一位都相关，故由此产生的散列地址较为均匀，具体取多少位视实际情况而定。例如，有一组关键字集合(0100，0110，0111，1001，1010，1110)，平方之后得到新的数据集合(0010000，0012100，0012321，1002001，1020100，123210)，那么，若表长为 1000，则可取其中第 3、4 和 5 位作为对应的散列地址为(100，121，123，020，201，321)。

(5)折叠法

折叠法是首先把关键字分割成位数相同的几段(最后一段的位数可少一些)，段的位数取决于散列地址的位数，由实际情况而定，然后将它们的叠加和(舍去最高进位)作为散列地址的方法。

折叠法又分移位叠加和边界叠加。移位叠加是将各段的最低位对齐，然后相加；边界叠加则是将两个相邻的段沿边界来回折叠，然后对齐相加。

例如，关键字 k=98123658，散列地址为 3 位，则将关键字从左到右每三位一段进行划分，得到的三个段为 981、236 和 58，叠加后值为 1275，取第 3 位 275 作为关键字 98123658 的元素的散列地址；如若用边界叠加，即为 981、632 和 58 叠加后其值为 1671，取第 3 位得 671 作为散列地址。

2.2.2 布隆过滤器

本质上布隆过滤器(bloom filter)是一种数据结构，同时它也是一种比较巧妙的概率型数据结构(probabilistic data structure)，特点是高效地插入和查询，可用来检验“某样东西一定不存在或者可能存在”。相较于传统的 List、Set、Map 等数据结构，它更高效，占用空间更少，但其缺点是其返回的结果是概率性的，而不是确切的值。

(1)布隆过滤器的组成

布隆过滤器核心实现是一个超大的位数组和几个哈希函数(图 2-3)。

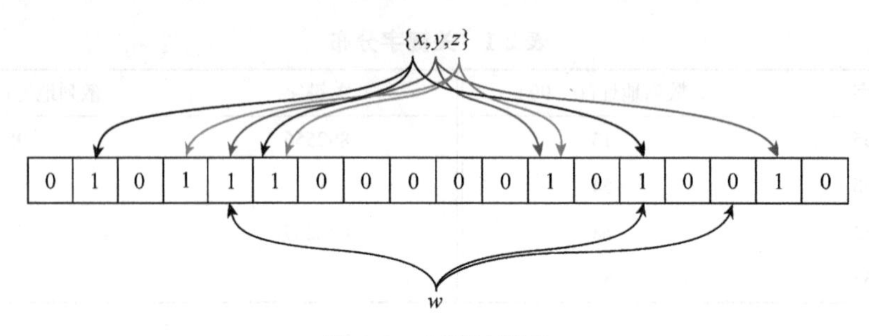

图 2-3 布隆过滤器

但哈希函数的个数需要权衡，个数越多，则布隆过滤器 bit 位置为 1 的速度越快，且布隆过滤器的效率越低；若个数太少，其误报率会变高。

下面将介绍选择哈希函数个数和布隆过滤器长度的计算公式。

设 k 为哈希函数个数，m 为布隆过滤器长度，n 为插入的元素个数，p 为误报率。

选择适合业务的哈希函数个数 k 值公式：

$$k=\frac{m}{n}\ln 2 \tag{2-12}$$

选择适合业务的布隆过滤器长度 m 值公式：

$$m=-\frac{n\ln p}{(\ln 2)^2} \tag{2-13}$$

k 次哈希函数某一 bit 未被置为 1 的概率为：

$$\left(1-\frac{1}{m}\right)^k \tag{2-14}$$

插入 n 个元素后依旧为 0 的概率和为 1 的概率分别如下：

$$\left(1-\frac{1}{m}\right)^{nk} \tag{2-15}$$

$$1-\left(1-\frac{1}{m}\right)^{nk} \tag{2-16}$$

标明某个元素是否在集合中所需的 k 个位置都按照如上的方法设置为 1，但是该方法可能会使算法错误地认为某一原本不在集合中的元素却被检测为在该集合中，该概率由以下公式确定：

$$\left[1-\left(1-\frac{1}{m}\right)^{nk}\right]^{k} \approx (1-\mathrm{e}^{\frac{-kn}{m}})^{k} \tag{2-17}$$

(2)布隆过滤器的优点与缺点

相比于其他的数据结构，布隆过滤器在空间和时间方面都有巨大的优势。布隆过滤器存储空间和插入/查询时间都是常数。另外，Hash 函数相互之间没有关系，方便由硬件并行实现。布隆过滤器不需要存储元素本身，在某些对保密要求非常严格的场合有优势。

布隆过滤器可以表示全集，其他任何数据结构都无法做到。但是布隆过滤器的缺点和优点一样明显，误算率是其中之一。随着存入的元素数量增加，误算率随之增加。常见的补救办法是建立一个小的白名单，存储那些可能被误判的元素。但是如果元素数量太少，则使用散列表。

另外，一般情况下不能从布隆过滤器中删除元素。我们很容易想到把位列阵变成整数数组，每插入一个元素相应的计数器加 1，这样删除元素时将计数器减掉即可。然而要保证安全地删除元素并非如此简单，首先我们必须保证删除的元素的确在布隆过滤器里面，这一点单凭这个过滤器是无法保证的。另外，计数器回绕也会造成问题。

(3)布隆过滤器常见的适用场景

布隆过滤器常见的适用场景有如下几种：

①利用布隆过滤器减少磁盘 IO 或者网络请求：一旦一个值必定不存在的话，系统可以不用进行后续昂贵的查询请求。另外，既然使用布隆过滤器来加速查找和判断是否存在，那么性能较低的哈希函数是最好的选择。

②大 Value 拆分：所谓大 Value 拆分，即首先 Redis 因其支持 setbit 和 getbit 操作，且纯内存性能高等特点，因此天然就可以作为布隆过滤器来使用，但使用布隆过滤器的场景，往往是数据量极大的情况，在这种情况下，布隆过滤器使用空间也比较大。例如，用于公司 userid 匹配的布隆过滤器，就需要 512MB 的大小，这对 redis 来说是绝对的大 Value 了，这就增加了 Redis 的阻塞风险，因此当存在体积庞大的布隆过滤器时，我们就需要对这种大 Value 进行拆分，拆分为足够小的 Bitmap。例如，将 512MB 的大 Bitmap 拆分为 1024 个 512kB 的 Bitmap。

2.2.3　索引法

索引是为了加速对表中数据行的检索而创建的一种分散的存储结构。索引是针对表而建立的，它是由数据页面以外的索引页面组成的，每个索引页面中的行都会含有逻辑指针，以便加速检索物理数据。

(1)索引的特点

在数据库关系图中，可以在选定表的“索引/键”属性页中创建、编辑或删除每个索引类型。当保存索引所附加的表，或保存该表所在的关系图时，索引将保存在数据库中。

在关系数据库中，索引是一种单独的、物理的对数据库表中一列或多列的值进行排序的一种存储结构，它是某个表中一列或若干列值的集合和相应的指向表中物理标识这些值的数据页的逻辑指针清单。索引的作用相当于图书的目录，可以根据目录中的页码快速找到所需的内容。

表 2-2 所列的是二者的共性特点，理解这些后就对索引的优缺点有了一个大致的认识。

表 2-2 目录和索引的特点

序号	目录	索引
1	目录占据页面	索引占磁盘空间
2	目录是有序的	索引有序
3	字数少时目录作用不大	数据量小时没必要建索引
4	更新字就得更新目录	更新数据也需更新索引

(2)索引类型

①普通索引：是最基本的索引，它没有任何限制，值可以为空。

②单列索引：即一个索引只包含单个列，一个表可以有多个单列索引，但这不是组合索引。

③唯一索引：是不允许其中任何两行具有相同索引值的索引。当现有数据中存在重复的键值时，大多数数据库不允许将新创建的唯一索引与表一起保存。数据库还可能防止添加将在表中创建重复键值的新数据。

④主键索引：简称为主索引。数据库表中一列或列组合(字段)的值唯一标识表中的每一行，该列称为表的主键。在数据库关系图中为表定义主键将自动创建主键索引，主键索引是唯一索引的特定类型。该索引要求主键中的每个值都唯一。当在查询中使用主键索引时，它还允许对数据进行快速访问。

⑤组合索引：指在多个字段上创建的索引，只有在查询条件中使用了创建索引时的第一个字段，索引才会被使用。使用组合索引时遵循最左前缀集合。可以说，组合索引是多列值组成的一个索引，专门用于组合搜索，其效率大于索引合并。

⑥全文索引：主要用来查找文本中的关键字，而不是直接与索引中的值相比较。在大量数据中，通过其中的某个关键字，就能找到该字段所属的记录行。全文索引在开发中很少用，因为其占用很大的物理空间，降低了记录的修改性。

⑦聚集索引：也称为聚簇索引。在聚集索引中，表中行的物理顺序与键值的逻辑(索引)顺序相同。一个表只能包含一个聚集索引，即如果存在聚集索引，就不能再指定 Clustered 关键字。索引不是聚集索引，则表中行的物理顺序与键值的逻辑顺序不匹配。与非聚集索引相比，聚集索引通常提供更快的数据访问速度。聚集索引更适用于很少对表进行增删改操作的情况。

⑧非聚集索引：也叫非簇索引。在非聚集索引中，数据库表中记录的物理顺序与索引顺序可以不相同。一个表中只能有一个聚集索引，但表中的每一列都可以有自己的非聚集索引。如果在表中创建了主键约束，SQL Server 将自动为其产生唯一性约束。在创建主键约束时，如果指定 Clustered 关键字，则将为表产生唯一聚集索引。

2.2.4　字典树

字典树，即 Trie 树，又称为单词查找树或键树，是一种树形结构，同时也是一种哈希树的变种。典型应用是用于大量的字符串(但不仅限于字符串)的统计和排序，所以经常被搜索引擎系统用于文本词频统计。它的优点是最大限度地减少无谓的字符串比较，查询效率比哈希表高。字典树的核心思想是用空间换时间，利用字符串的公共前缀来降低查询时间以达到提高效率的目的。

(1)字典树的基本性质

①根节点不包含字符，除根节点外，每一个节点都只包含一个字符。

②从根节点到某一节点，路径上经过的字符连接起来，为该节点对应的字符串。

③每个节点的所有子节点包含的字符都不相同。

【例】单词列表为“apps”，“apply”，“apple”，“append”，“back”，“backen”以及“basic”对应的字母树如图 2-4 所示。

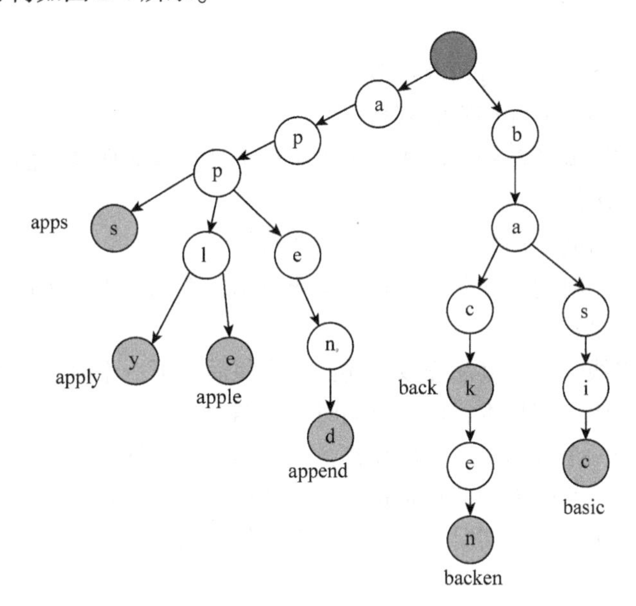

图 2-4　字母树

例如，保存“apple”和“apply”时，由于它们的前四个字母是相同的，所以希望它们共享这些字母，而只对剩下的部分进行分开存储。可以很明显地发现，字母树很好地利用了串的公共前缀，节约了存储空间。

(2)应用场景

除了上面的例子外，还可以应用在以下场景中：

①串的快速检索：给出 N 个单词组成的熟词表，以及一篇全用小写英文书写的文章，请你按最早出现的顺序写出所有不在熟词表中的生词。

在这道题中，我们可以用数组枚举、哈希法、字典树，先把熟词建一棵树，然后读入文章进行比较，这种方法效率是比较高的。

②“串”排序：给定 N 个互不相同的仅由一个单词构成的英文名，让你将它们按字典序从小到大输出，用字典树进行排序，采用数组的方式创建字典树，这棵树的每个结点的所有单词很显然地按照其字母大小排序，对这棵树进行先序遍历即可。

③最长公共前缀：对所有串建立字典树，对于两个串的最长公共前缀的长度，即他们所在的结点的公共祖先个数，于是问题就转化为当时公共祖先问题。

2.2.5 并行计算

并行计算(parallel computing)是指同时运用多种计算资源解决计算问题的过程，是提高计算机系统计算速度和处理能力的一种有效手段。它的基本思想是用多个处理器来协同求解同一问题，即将被求解的问题分解成若干个部分，各部分均由一个独立的处理机来并行计算。并行计算系统既可以是专门设计的、含有多个处理器的超级计算机，也可以是以某种方式互连的，由若干台独立计算机构成的集群。通过并行计算集群完成数据的处理，再将处理的结果返回给用户。

(1)并行计算的特点

①能够被分解成为并发执行离散片段；

②不同的离散片段能够在任意时刻执行；

③采用多个计算资源的花费时间要小于采用单个计算资源所花费的时间。

(2)并行计算的分类

并行计算可分为时间上的并行和空间上的并行。

①时间上的并行：时间上的并行是指流水线技术，例如，工厂生产食品的时候步骤分为：清洗、消毒、切割和包装。

如果不采用流水线，一个食品完成上述四个步骤后，下一个食品才进行处理，耗时且影响效率。但是采用流水线技术，就可以同时处理四个食品。这就是并行算法中的时间并行，在同一时间启动两个或两个以上的操作，大大提高计算性能。

②空间上的并行：空间上的并行是指多个处理机并发地执行计算，即通过网络将两个以上的处理机连接起来，达到同时计算同一个任务的不同部分，或者单个处理机无法解决的大型问题。

(3)并行计算的未来

在过去的二十多年中，快速发展的网络、分布式系统以及多处理器计算机架构表明并行化才是计算的未来。在同一时期，超级计算机的性能已经有了至少 50 万倍的增加，而且目前还没有达到极限的迹象。目前的峰值计算速度已经达到了 10^{18}/秒。

2.3 大数据分析架构

由于来源和种类广泛，结构各异，且大数据的应用领域广泛，对于具有不同应用需求的大数据，我们应考虑不同的分析架构。大数据分析可以根据实时要求分为离线分析和实时分析；按照层次的不同，又可以分为内存级分析、商业智能级分析(business intelligence，BI)和大规模级分析。

2.3.1　离线分析

离线分析指不在生产系统上直接做数据处理，把生产系统上的数据导入另外一个专门的数据分析环境（数据仓库中），在和生产系统脱离的情况下对数据进行计算和处理。离线数据平台通常和 Hadoop Hive、数据仓库、ETL、维度建模、数据公共层等联系在一起（图 2-5）。

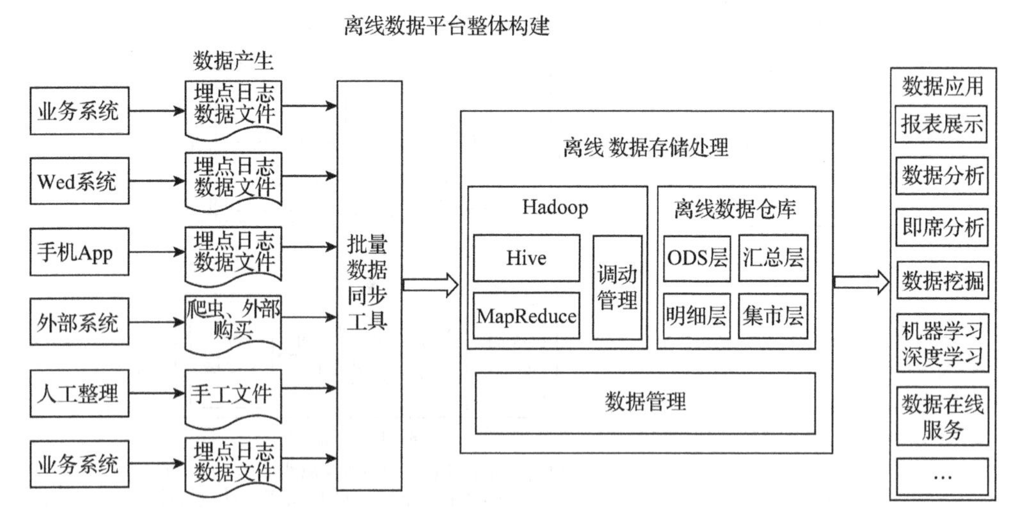

图 2-5　离线数据平台整体架构

在大数据和 Hadoop 没有出现之前，离线数据平台就是数据仓库，数据部门也就是数据仓库部门。即使在今天，在很多对数据相关概念和技术没有太多了解的人看来，数据部门还是数据仓库部门。Hadoop 出现之前，数据仓库的主要处理技术是商业化数据库，比如微软的 SQL Server、甲骨文的 Oracle、IBM DB2。随着大数据的兴起以及数据的持续爆炸和指数级别增长，Hadoop 以及 MapReduce Hive 等大数据处理技术得到越来越广泛地接受和应用。如图 2-5 所示，Hadoop 模块也可以用商业化的工具替代，比如微软的 SQL Server、甲骨文 Oracle 等关系数据库，也可以用 MPP 架构的 TeraData、HP Vertica、EMC Green-Plum。

2.3.2　实时分析

实时大数据分析是指对规模巨大的数据进行分析，利用大数据技术高效地快速完成分析，达到近似实时的效果，更及时地反映数据的价值和意义。

网络技术、通信技术的发展，使得终端数据的实时上报传输成为可能，使业务系统发生变化，进而导致用户对时效性需求的不断提高。为了应对这种变化，开始在离线大数据架构基础上加了一个加速层，使用流处理技术直接完成那些实时性要求较高的指标计算，然后整合离线计算，从而给用户一个完整的实时计算结果，这便是 Lambda 架构。

Lambda 架构的目标是设计出一个能满足实时大数据系统关键特性的架构，包括：高容错、低延时和可扩展等。Lambda 架构整合离线计算和实时计算，融合不可变性(immutability)，读写分离和复杂性隔离等一系列架构原则，可集成 Hadoop、Kafka、Storm、Spark、Hbase 等大数据组件。

随着 Flink 等流处理引擎的出现，流处理技术逐渐成熟，这时为了解决两套代码的问题，LickedIn 的 Jay Kreps 提出了 Kappa 架构(图 2-6)。Kappa 架构可以认为是 Lambda 架构的简化版。在 Kappa 架构中，需求修改或历史数据重新处理都通过上游重放完成。

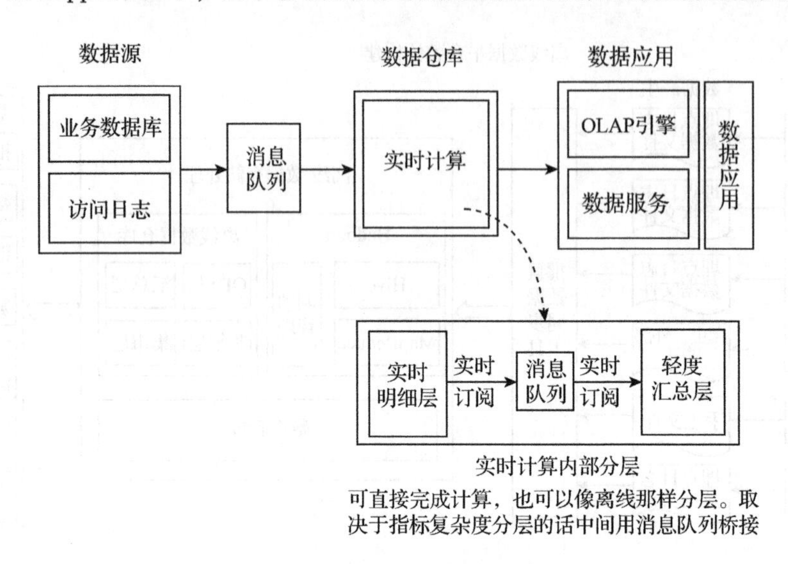

图 2-6　Kappa 架构示意

(1)实时计算的特征

①无限数据：无限数据指的是一种不断增长的，基本上无限的数据集。这些通常被称为“流数据”，而与之相对的是有限的数据集。

②无界数据处理：一种持续的数据处理模式，能够通过处理引擎重复地去处理上面的无限数据，是能够突破有限数据处理引擎的瓶颈。

③低延迟：延迟是多少并没有明确的定义。但我们都知道数据的价值将随着时间的流逝降低，时效性将是需要持续解决的问题。

(2)实时计算的应用场景

随着实时技术发展趋于成熟，实时计算应用越来越广泛，以下仅列举常见的几种实时计算的应用。

①实时智能推荐：智能推荐会根据用户历史的购买或浏览行为，通过推荐算法训练模型，预测用户未来可能会购买的物品或喜爱的资讯。

②实时欺诈检测：在金融领域的业务中，常常出现各种类型的欺诈行为，例如，信用卡欺诈、信贷申请欺诈等。而如何保证用户和公司的资金安全，是近年来许多金融公司及银行共同面对的挑战。运用 Flink 流式计算技术能够在毫秒内完成对欺诈行为判断指标的计算，然后实时对交易流水进行实时拦截，避免因为处理不及时而导致的经济损失。

③舆情分析：舆情数据每日数据量可能超百万，年数据量可达到几十亿的数据。而且

爬虫爬过来的数据是舆情，如果要求响应时间控制在秒级。爬虫将数据爬到大数据平台的 Kafka 里，在里面做 Flink 流处理，去重去噪做语音分析，写到 ElasticSearch 里。大数据的一个特点是多数据源，大数据平台能根据不同的场景选择不同的数据源。

④复杂事件处理：对于复杂事件处理，比较常见的集中于工业领域，例如，对车载传感器、机械设备等实时故障检测，这些业务类型通常数据量都非常大，且对数据处理的时效性要求非常高。通过利用 Flink 提供的 CEP 进行时间模式的抽取，同时应用 Flink 的 Sql 进行事件数据的转换，在流式系统中构建实施规则引擎，一旦事件触发报警规则，便立即将报警结果通知下游通知系统，从而实现对设备故障快速预警检测，车辆状态监控等目的。

⑤实时机器学习：实时机器学习是一个比较宽泛的概念，传统静态的机器学习主要侧重于运用静态模型和历史数据进行训练并提供预测。很多时候用户的短期行为，对模型有修正作用，或者说是对业务判断有预测作用。对系统来说，需要采集用户最近的行为并构建特征工程，然后通过实时机器学习系统进行机器学习。如果动态地实施新规则，或是推出新广告，那么将具有很大的参考价值。

2.3.3　内存级分析

内存级分析(in-memory analytics)是指当数据存放在计算机的随机存取存储器(RAM)中时查询数据的方式，和存储在物理磁盘中数据的查询方式相反。

内存级分析适用于总数据量在集群内存的最大级别以内的情况。MongoDB 是一种代表性的内存级分析架构，优点包括：弱一致性(最终一致)，文档结构的存储方式，支持大容量的存储，负载均衡，第三方支持丰富，性能优越。

2.3.4　商业智能分析

商业智能(business intelligence，BI)，又称商业智慧或商务智能，是指用现代数据仓库技术、线上分析处理技术、数据挖掘和数据展现技术进行数据分析以实现商业价值。商业智能作为一个工具，是用来处理企业中现有的数据，并将其转换成知识、分析和结论，辅助业务或者决策者做出正确且明智的决定。商业智能是帮助企业更好地利用数据提高决策质量的技术，包含了从数据仓库到分析型系统等。

(1)商务智能的基本架构

BO 公司曾定义过一种商务智能的基本架构，它是一种开放式的系统架构，可以分布式集成现有的系统。这个架构包括数据层、业务层和应用层三部分，即：数据层基本上就是 ETL(extract-transform-load)过程，业务层主要是联机分析处理(OLAP)和 Data Mining 的过程，应用层主要包括数据的展示、结果分析和性能分析等过程。

(2)商务智能的实施步骤

实施商业智能系统是一项复杂的系统工程，整个项目涉及企业管理、运作管理、信息系统、数据仓库、数据挖掘、统计分析等众多门类的知识。因此，用户除了要选择合适的商业智能软件工具外，还必须按照正确的实施方法才能保证项目取得成功。商业智能项目的实施步骤可分为：

①需求分析：需求分析是商业智能实施的第一步，在其他活动开展之前必须明确定义企业对商业智能的期望和需求，包括需要分析的主题、各主题可能查看的角度(维度)、需要发现的企业规律、需要明确的用户需求。

②数据仓库建模：通过对企业需求的分析，建立企业数据仓库的逻辑模型和物理模型，并规划好系统的应用架构，将企业各类数据按照分析主题进行组织和归类。

③数据抽取：数据仓库建立后必须将数据从业务系统中抽取到数据仓库中，在抽取的过程中还必须将数据进行转换、清洗，以适应分析的需要。

④建立商业智能分析报表：商业智能分析报表需要专业人员按照用户制定的格式进行开发，用户也可自行开发。

⑤用户培训和数据模拟测试：对于开发—使用分离型的商业智能系统，最终用户的使用是相当简单的，只需要点击操作就可针对特定的商业问题进行分析。

⑥系统改进和完善：任何系统的实施都必然是不断完善的。商业智能系统更是如此，在用户使用一段时间后可能会提出更多、更具体的要求，这时需要再按照上述步骤对系统进行重构或完善。

2.3.5 海量分析

当数据量表完全超过商业智能和传统关系数据库的能力时，将用到海量数据分析。目前，大多数的大规模分析使用 Hadoop 的 HDFS 来存储数据，Hadoop 多维分析平台架构图如图 2-7 所示，并使用 MapReduce 进行数据分析。

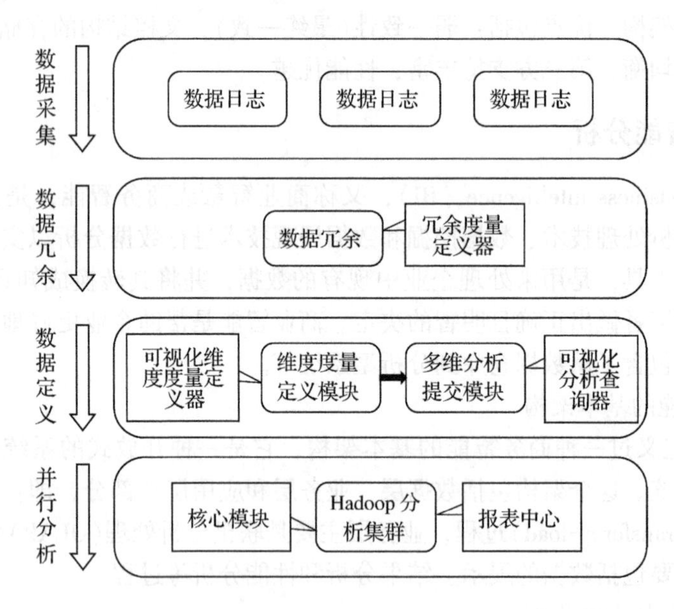

图 2-7 Hadoop 多维分析平台架构图

不同复杂度的分析、数据分析算法的时间复杂性和空间复杂性在不同类型的数据和应用需求间存在极大差异，对于适用于并行处理的应用，可以设计分布式算法，并且可以使用并行处理模型来进行数据分析。根据不同的业务需求，数据分析的算法差异巨大，而数据分析的算法复杂度和架构是紧密关联的。很多易并行问题(embarrassingly parallel)，计算可以分解成完全独立的部分，或者很简单地就能改造出分布式算法，如大规模脸部识别、图形渲染等，这样的问题自然是使用并行处理集群比较适合。大多数统计分析、机器学习问题可以用 MapReduce 算法改写。MapReduce 目前最擅长的计算领域有流量统计、推荐引擎、趋势分析、用户行为分析、数据挖掘分类器、分布式索引等。

2.4 大数据分析应用

有许多工具可用于大数据挖掘和分析，包括专业和业余软件、昂贵的商业软件和免费的开源软件。

2.4.1 R 语言

R 语言是一种开源编程语言和软件环境，用于数据挖掘、数据分析和可视化。当计算密集型任务时，可能需要在 R 环境中用 C、C++和 Fortran 编程代码。此外，熟练的用户可以直接调用 R 中的 R 对象。

R 语言的特点如下：

①R 语言是 S 语言的实现，是一种解释语言：与 S 语言相比，R 语言更受欢迎，因为它是开源的。

②R 语言及其库实现了各种统计和图形技术包括线性和非线性建模、经典统计测试、时间序列分析、分类、聚类等。

③易扩展：用户可以编写 C、C++、Java、.NET 或 Python 代码以直接操作 R 对象。

④支持矩阵运算：R 语言的数据结构包括向量、矩阵、数组、数据帧(类似于关系数据库中的表)和列表。

R 语言是解释运行的语言(与 C 语言的编译运行不同)，它的执行速度比 C 语言慢得多，不利于优化。但它在语法层面提供了更加丰富的数据结构操作并且能够十分方便地输出文字和图形信息，所以它广泛应用于数学和统计学领域。

2.4.2 Excel 和SQL

Excel 结合 SQL Server 的 Business Intelligence Development Studio 集成环境，在多种算法的支持下，具有很强的数据挖掘功能(图 2-8)，同时能将挖掘结果很好地展示给用户，在实际的生产或研究中对海量数据的分析具有重要意义，能基本满足实际的数据分析需求。

Excel 采用插件的形式来实现数据挖掘功能，其数据挖掘插件主要包括两个工具：

①Excel 表分析工具：可以利用 SQLServer 数据挖掘对电子表格数据进行更强大的分析；

②Excel 数据挖掘客户端：可以连接外部数据源。Excel 数据挖掘插件结合了 SSAS (SQL server analysis services)，Excel+SQL 数据挖掘系统结构如图 2-8 所示，其功能很强大，使用起来也很方便。

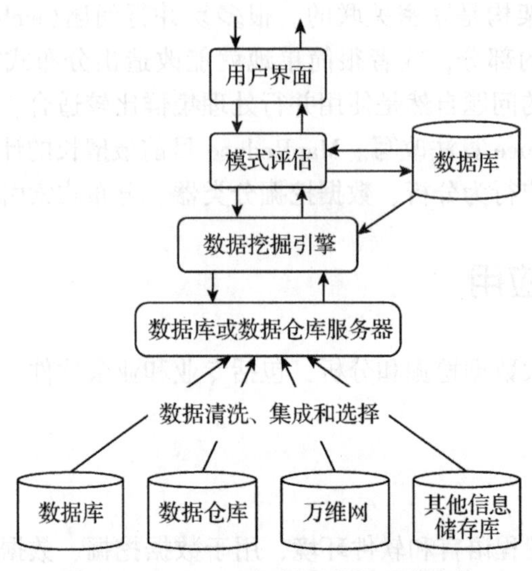

图 2-8　Excel+SQL 数据挖掘系统结构

Excel 数据挖掘客户端(图 2-9)是日常工作中经常使用的功能强大的工具。

图 2-9　Excel 数据挖掘工具栏示意

它提供一个快速直观的界面，可用于创建、测试和管理数据挖掘结构和模型，同时不会降低 SQL Server Analysis Services 中的数据挖掘所提供的强大自定义功能。

除了提供数据建模算法外，Excel 数据挖掘客户端还提供一个集测试、预测和绘图于一体的桌面数据挖掘解决方案。Excel 数据挖掘功能的有效利用将大幅提升数据挖掘的效率，使数据挖掘这种数据分析方法得到推广和应用。

2.4.3　RapidMiner

RapidMiner 是一个用于数据挖掘、机器学习和预测分析的开源软件。RapidMiner 提供的数据挖掘和机器学习程序包括抽取、转换和加载(ETL)、数据预处理和可视化、建模、评估和部署等。

其产品集包括：RapidMiner Studio、RapidMiner Server、RapidMiner Radoop。

RapidMiner Studio 是一个数据分析的图形化开发环境，用来进行机器学习、数据挖掘、文本分析、预测性分析和商业分析。它能实现完整的建模步骤，包括数据加载、汇集、转化、数据准备(ETL)、数据分析和预测阶段。

RapidMiner Server 是一个服务器环境，可使强大的预测性分析得到专有的计算能力支持。该环境可以运行在局域网服务器或外网连接的服务器上，与 RapidMiner Studio 无缝集成。

RapidMiner Radoop 是一个与 Hadoop 集群相连接的扩展，可以通过拖拽自带的算子执行 Hadoop 技术特定的操作，避免了 Hadoop 集群技术的复杂性，简化和加速了在 Hadoop 上的分析。

2.4.4 KNIME

KNIME(konstanz information miner)是一个对用户友好、智能、开源的平台。该平台包括了数据集成、数据处理、数据分析和数据挖掘。借助 KNIME Analytics Platform，可以使用直观的拖放式图形界面创建可视化工作流程，而无须编码。

其特点包括：使用 Java 编写，基于模块，易扩展；允许处理仅受可用硬盘空间限制的大数据量；集成了各种其他开源项目。

它允许用户直观地创建数据流(或管道)，有选择地执行一些或所有分析步骤，然后检查结果、模型和交互式视图。它是用 Java 编写的，并且基于 Eclipse，利用其扩展机制来添加提供附加功能的插件。核心版本已经包含数百个数据集成模块(文件 I/O，支持所有通用 JDBC 的通用数据库管理系统的数据库节点)、数据转换(包括过滤器、转换器、组合器)以及常用的数据分析和可视化方法。

2.4.5 Weka 和Pentaho

Weka(waikato environment for knocoledge analysis，怀卡托智能分析环境)是一个基于 Java 环境下的免费和开源的机器学习和数据挖掘软件，提供了数据处理、特征选择、分类、回归、聚类、关联规则和可视化等功能。集合了大量能承担数据挖掘任务的机器学习算法，包括对数据进行预处理、分类、回归、聚类、关联规则，以及在新的交互式界面上的可视化。

如果想个人实现数据挖掘算法，可以浏览 weka 的接口文档。在 weka 中集成自己的算法，甚至借鉴它的方法，自己实现可视化工具并不是件很困难的事情。

Pentaho 是最流行的开源商业智能软件之一，是基于 Java 平台的套件商业智能。它整合了多个开源项目，允许商业分析人员或开发人员创建报表、仪表盘、分析模型、商业规则和商业智能流程。

2.4.6 MATLAB

MATLAB 是一款强大的数学软件，用于数据分析、无线通信、深度学习、图像处理与计算机视觉、信号处理、量化金融与风险管理、机器人、控制系统等领域。它的一大优势在于具有完备的图形处理功能，实现计算结果和编程的可视化，较为适合有一定计算机编程基础的用户。

2.4.7 SAS Enterprise Miner

SAS Enterprise Miner 是数据挖掘市场上令人敬畏的竞争者。它的图形用户界面(GUI)是数据流驱动的，且易于理解和使用。它允许一个分析者通过构造一个使用链接连接数据结点和处理结点的可视数据流图，以建造一个模型。此外，此界面允许把处理结点直接插入到数据流中。由于支持多种模型，所以允许用户比较(评估)不同模型并利用评估结点选择最适合的模型。该设计适用于初学者以及有经验的用户。

2.5 物流业中的数据分析

2.5.1 基于数据驱动的ABC分类法

(1)ABC分类法的含义

ABC分类法又称帕累托分析。由维尔弗雷多·帕累托首创，被广泛运用于经济管理领域。管理学家戴克将此方法应用在库存管理上，并命名为ABC法。其主要思想是根据事物在某一方面的主要特征，例如：连锁超市对商品的库存需求量，进行分类排队，将重点管理对象和一般管理对象进行分类，从而有差别地确定管理方式的一种分析方法。ABC分类法的核心即对不同类型的商品采取不同管理手段。在传统ABC分类法中，主要考虑每种库存物品的数量和资金占用利润贡献率这两个因素划分ABC类物品，见表2-3。

表2-3 传统ABC分类法

种类	品种比例	资金比例	管理优先程度
A	10%~20%	70%~80%	高
B	20%~40%	15%~25%	中
C	45%~70%	5%~15%	低

(2)ABC分类法的步骤

其ABC分类步骤如下：

第一步，收集数据。按分析对象和分析内容，收集数据信息。

第二步，分析数据。按照某一对比的标准(如销售金额)进行排序，顺序为从大到小，将排序后的结果整理为表格形式，以方便查看。

第三步，计算各种商品销售金额占销售金额总额的比率。

第四步，将各种商品的销售金额和销售金额比率进行累加，得到累计销售金额比率，从而得出累计库存商品需求百分比。

第五步，分类，参考表2-3中各类商品比例区间，将累计比率在0~80%的，列为A类商品，累计比率在80%~90%的，为B类商品，累计比率在90%~100%的，为C类商品。其中，A类商品为最重要商品，B类商品为较重要商品，C类商品为不重要商品。再根据三种商品的重要程度，进行不同的管理。

(3)基于数据驱动的ABC分类法及应用

基于传统ABC分类法，目前国内外学者大多选择结合数据驱动技术运用各类算法进行建模仿真优化ABC分类法，从而实现高效准确的分类。例如，F. Y. Partovi以进出库频次、产品重要性、进出库操作难易程度作为ABC分类法的标准，提出了应用反向传播和遗传算法两种学习方法的基于人工神经网络的库存分类ABC分类法，并且结合数据分析证明优化后的 ABC 分类法提高了分类的预测精度。

与此同时，ABC 分类法与大数据挖掘软件共同出现在库存管理研究里的趋势越来越明朗。例如，利用 Python 中的 Numpy、Pandas 库获取的销售、库存等数据进行预处理后，可以结合 ABC 分类法将其按照一定标准进行分组聚合，分析分类结果并得出销售、库存特点。

2.5.2　货运数据分析

有效的供应链管理是实体经济发展的重要保障，货运企业则是供应链中重要的组成部分之一。据统计，我国传统货运企业有上万家，但信息化程度普遍较低，严重制约了我国物流低成本、高效率发展。加快货运行业的网络化、智能化，是降低货运成本、提升货运业运转效率的必然选择。在这种背景下，众多货运信息平台应运而生，如菜鸟(https://www.cainiao.com/)、慧聪物流网(https://56.hc360.com/)、好运物流网(http://www.haoyun56.com/)等。

对货运数据进行分析的思路主要考虑：

①明确数据分析目标：需要通过现有数据解决哪些问题？怎样运用这些数据解决问题？

②理解数据的基本含义、分析维度以及数据之间的联系。

③根据拟定好的分析目标对数据进行预处理，包括清洗、筛选等操作。

④运用软件或编程语言对数据进行计算、分析，选择合适的方式输出结果(如可视化展示)。

教材以好运物流网上的车货匹配数据为例，简要介绍货运数据分析的思路和流程。

(1)货运数据获取与介绍

运用 Python 编辑爬虫程序(或通过八爪鱼等数据采集工具)获取好运物流网上“货运车辆”一栏中的车货匹配信息，在搜索条件中设置“车辆出发地/所在地”和“到达地”为广东省内的广州、深圳、佛山、东莞、茂名和湛江 6 个城市，在时间上截取 2021 年 5 月 8 日至 2021 年 6 月 22 日之间的货运需求信息，如图 2-10 所示。

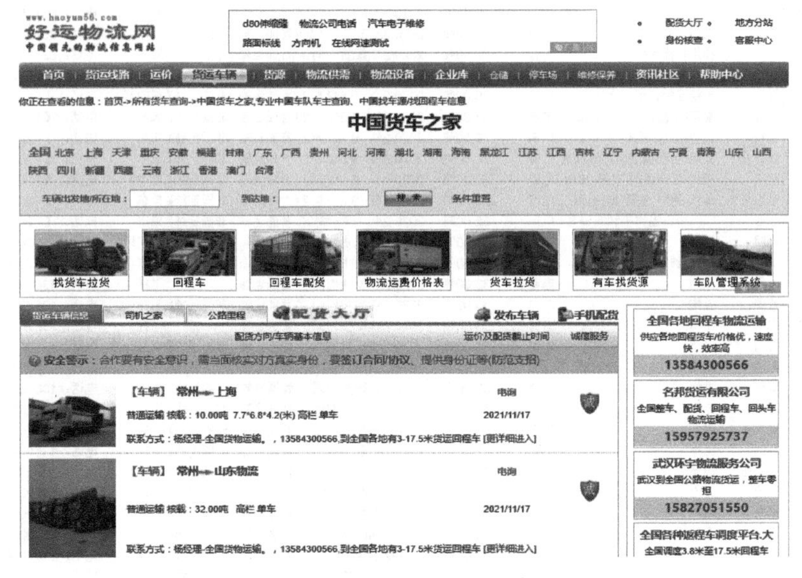

图 2-10　好运物流网示意

主要提取的维度包括起始城市、到达城市和信息发布时间，如图 2-11 所示。爬取到的数据如图 2-12 所示。

【车辆】 深圳→济宁　电询
普通运输 核载：49.00吨　平板 半挂　2021/11/14
联系方式：胡经理，13650949996,13660819789 [更详细进入]

【车辆】 深圳→潍坊　电询
普通运输 核载：49.00吨　平板 半挂　2021/11/14
联系方式：胡经理，13650949996,13660819789 [更详细进入]

【车辆】 深圳→烟台　电询
普通运输 核载：49.00吨　平板 半挂　2021/11/14
联系方式：胡经理，13650949996,13660819789 [更详细进入]

【车辆】 深圳→东营　电询
普通运输 核载：49.00吨　平板 半挂　2021/11/14
联系方式：胡经理，13650949996,13660819789 [更详细进入]

【车辆】 深圳→枣庄　电询
普通运输 核载：49.00吨　平板 半挂　2021/11/14
联系方式：胡经理，13650949996,13660819789 [更详细进入]

【车辆】 深圳→淄博　电询
普通运输 核载：49.00吨　平板 半挂　2021/11/14
联系方式：胡经理，13650949996,13660819789 [更详细进入]

【车辆】 深圳→青岛　电询
普通运输 核载：49.00吨　平板 半挂　2021/11/14
联系方式：胡经理，13650949996,13660819789 [更详细进入]

【车辆】 深圳→菏泽　电询
普通运输 核载：49.00吨　平板 半挂　2021/11/14
联系方式：胡经理，13650949996,13660819789 [更详细进入]

图 2-11　货运数据提取示意

2240	14070	舟山	温州	电询	30.00吨	2020/2/6(	17.5*3*2.8	普通运输	非固定线路	单车	电话：057	2020/2/6 10:30:47
2241	14394	宁波	温州	4200.00电	145.00吨	2020/2/6(	13*2.4*2.8	普通运输	非固定线路	半挂	电话：057	2020/2/6 10:30:47
2242	14946	慈溪	温州	电询	31.00吨	2020/2/6(	17.5*3*2.8	普通运输	非固定线路	单车	电话：057	2020/2/6 10:30:47
2243	15450	南京	温州物流专线	电询	30.00吨	2020/2/6(	配货时间	普通运输	专线	单车	电话：025	2020/2/6 9:40:59
2244	15737	常州	温州配货	电询	32.00吨	2020/2/9	13*9.6*6.8	货运出租	专线	半挂	电话：货i	2020/2/6 9:30:07
2245	16029	厦门	宁德温州台州绍兴淮安临iì	电询	20.00吨	2020/2/9	9.6*2.5*2.	大件运输	非固定线路	前四后八	电话：【	2020/2/6 9:25:39
2246	16081	上海	嘉定区-昆山-温州-丽江返	电询	5.00吨	2020/2/9	4.2*2.2*2.	普通运输	非固定线路	单车	电话：【	2020/2/6 9:26:20
2247	16242	杭州	金华-丽水-温州-台州-宁波	电询	10.00吨	2020/2/9	6.8*2.4*2.	普通运输	非固定线路	单车	电话：【	2020/2/6 9:22:24
2248	16305	商河县	蒙阴-新沂-宝应-高港-仙居	电询	20.00吨	2020/2/9	9.6*2.5*2.	大件运输	非固定线路	单车	电话：【	2020/2/6 9:19:14
2249	16334	南京	湖州-杭州温州-宁德-福州-	电询	10.00吨	2020/2/9	6.8*2.5*2.	普通运输	非固定线路	单车	电话：【	2020/2/6 9:16:28
2250	16377	宝山区	海盐-磐安-永嘉-温州-返程	电询	20.00吨	2020/2/9	9.6*2.5*2.	大件运输	非固定线路	单车	电话：【	2020/2/6 9:17:02
2251	16514	三亚	江门中山温州平和龙海泉州	电询	32.00吨	2020/2/9	17.5*3*3(	普通运输	非固定线路	单车	电话：【	2020/2/6 9:21:07
2252	16538	昆明	温州	电询	33.00吨	2020/2/6(	配货时间	普通运输	非固定线路	后双桥	电话：136	2020/2/6 8:48:32
2253	16584	江宁区	溧阳-长兴-德清-诸暨-温州	电询	20.00吨	2020/2/9	9.6*2.5*2.	大件运输	非固定线路	单车	电话：【	2020/2/6 9:20:16
2254	16773	太原	温州	电询	33.00吨	2020/2/6(	配货时间	普通运输		半挂	电话：136	2020/2/6 8:48:32
2255	16839	西安	温州	电询	33.00吨	2020/2/6(	配货时间	普通运输	非固定线路	半挂	电话：136	2020/2/6 8:48:32
2256	17104	沈阳	温州	电询	33.00吨	2020/2/6(	配货时间	普通运输		半挂	电话：136	2020/2/6 8:48:32
2257	17179	济南	温州	电询	33.00吨	2020/2/6(	配货时间	普通运输	非固定线路	半挂	电话：136	2020/2/6 8:48:32
2258	17326	南昌	温州	电询	33.00吨	2020/2/6(	配货时间	普通运输	非固定线路	半挂	电话：136	2020/2/6 8:48:32
2259	17607	南京	温州	电询	33.00吨	2020/2/6(	配货时间	普通运输	非固定线路	半挂	电话：136	2020/2/6 8:48:32
2260	17687	长沙	温州	电询	33.00吨	2020/2/6(	配货时间	普通运输	非固定线路	半挂	电话：136	2020/2/6 8:48:32
2261	17949	武汉	温州	电询	33.00吨	2020/2/6(	配货时间	普通运输	非固定线路	半挂	电话：136	2020/2/6 8:48:32
2262	18041	郑州	温州	电询	33.00吨	2020/2/6(	配货时间	普通运输	非固定线路	半挂	电话：136	2020/2/6 8:48:32
2263	18247	石家庄	温州	电询	33.00吨	2020/2/6(	配货时间	普通运输	非固定线路	半挂	电话：136	2020/2/6 8:48:32
2264	18366	贵阳	温州	电询	33.00吨	2020/2/6(	配货时间	普通运输	非固定线路	半挂	电话：136	2020/2/6 8:48:32
2265	18697	南宁	温州	电询	33.00吨	2020/2/6(	配货时间	普通运输	非固定线路	半挂	电话：136	2020/2/6 8:48:32
2266	19051	福州	温州	电询	33.00吨	2020/2/6(	配货时间	普通运输	非固定线路	半挂	电话：136	2020/2/6 8:48:32
2267	19293	合肥	温州	电询	33.00吨	2020/2/6(	配货时间	普通运输	非固定线路	半挂	电话：136	2020/2/6 8:48:32

图 2-12　货运数据爬取结果示意

(2)数据预处理

数据预处理包括清洗、去重等操作。在本案例中，需要将“到达城市”全部按所属省份进行归类，例如，将杭州市、湖州市、绍兴市和温州市全部归为浙江省。同时，由于本案例的数据为城市间的货运需求信息，重复出现的数据表示需求出现的频次，因此不进行去重操作，数据重复的次数即为城市间的货运需求频次。

选择起始城市、到达城市和货运频次，构建城市货运信息边表格和节点表格。边表格代表城市间的货运需求联系，包括起始城市(source)、到达省份(target)和边的权重(value)，如图 2-13 所示。节点表格代表产生货运需求的各个城市，包括节点在边表格中对应的名称(ID)和显示标签(label)，如图 2-14 所示。

其中，标签(label)一栏可直接通过复制名称(ID)得到，也可按照需求自己输入，最终显示到网络图上的是标签(label)一栏的内容。由于本案例整理得到的数据全部为中文格式，因此，在 Gephi 中进行设置时，需要在预览部分将字体设置为中文格式，中文字体才可以正常显示。

	A	B	C
1	Source	Target	Value
2	广州市	浙江省	11
3	广州市	云南省	14
4	广州市	四川省	19
5	广州市	陕西省	14
6	广州市	山西省	8
7	广州市	山东省	18
8	广州市	青海省	8
9	广州市	宁夏回族	5
10	广州市	内蒙古自	4
11	广州市	辽宁省	13
12	广州市	吉林省	9
13	广州市	江西省	12
14	广州市	江苏省	21
15	广州市	黑龙江省	10
16	广州市	海南省	3
17	广州市	湖南省	15
18	广州市	湖北省	13
19	广州市	河南省	21
20	广州市	河北省	14
21	广州市	贵州省	8
22	广州市	广西壮族	13
23	广州市	甘肃省	10
24	广州市	福建省	10
25	广州市	安徽省	20
26	广州市	广东省	15
27	广州市	重庆	1
28	广州市	天津	1
29	广州市	上海	4
30	广州市	北京	2
31	广州市	新疆	1

图 2-13　货运网络边表格

	A	B	C
1	ID	Label	
2	浙江省	浙江省	
3	云南省	云南省	
4	四川省	四川省	
5	陕西省	陕西省	
6	山西省	山西省	
7	山东省	山东省	
8	青海省	青海省	
9	宁夏回族自治区	宁夏回族自治区	
10	内蒙古自治区	内蒙古自治区	
11	辽宁省	辽宁省	
12	吉林省	吉林省	
13	江西省	江西省	
14	江苏省	江苏省	
15	黑龙江省	黑龙江省	
16	海南省	海南省	
17	湖南省	湖南省	
18	湖北省	湖北省	
19	河南省	河南省	
20	河北省	河北省	
21	贵州省	贵州省	
22	广西壮族自治区	广西壮族自治区	
23	甘肃省	甘肃省	
24	福建省	福建省	
25	安徽省	安徽省	
26	广东省	广东省	
27	重庆	重庆	
28	天津	天津	
29	上海	上海	
30	北京	北京	
31	新疆维吾尔自治	新疆维吾尔自治区	

图 2-14　货运网络节点表格

(3)货运数据分析方法

本书运用社会网络分析方法对货运数据进行分析。社会网络分析方法强调用网络的观点描述系统的组成及相互作用关系。将各城市抽象为节点，将城市之间的货运需求联系抽象为边，从而将系统整体抽象为一个货运需求网络。货运需求网络是一个有向加权网络，边的方向代表货运起始城市和到达城市的相互关系，边的权重则代表两个城市间的货运需求频次。

接下来我们从几个问题入手，从网络总体到具体节点，一步步深入剖析网络的拓扑结构。

①基于 Gephi 的货运网络分析：将整理好的边表格与节点表格导入 Gephi 软件中，构建货运需求网络，如图 2-15 所示。

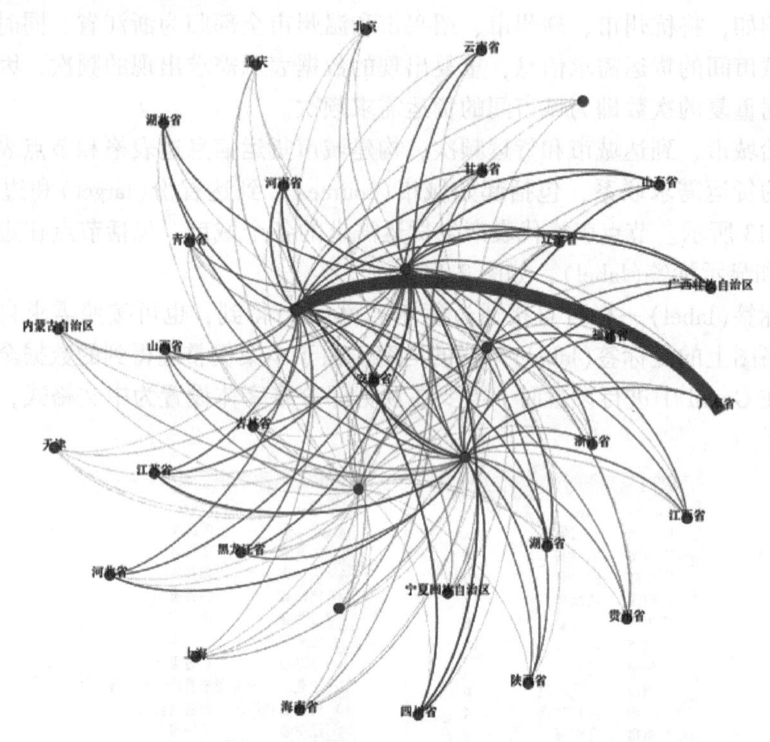

图 2-15　广州等 6 个城市货运需求网络(Gephi 输出结果)

上下文 ×		
节点：357		
边：1003		
有向图		
过滤　统计 ×		
设置		
⊟ 网络概述		
平均度	2.81	运行
平均加权度	4.3	运行
网络直径	4	运行
图密度	0.008	运行
点击次数		运行
模块化	0.249	运行
PageRank		运行
连接部件		运行
Girvan-Newman Clustering		运行
⊟ 节点概述		
平均聚类系数	0.636	运行
特征向量中心度		运行
⊟ 边概述		
平均路径长度	2.344	运行

图 2-16　利用Gephi 计算网络分析指标

在输出网络图时，需要在预览部分进行设置，设置的内容主要包括：是否显示标签、节点标签(包括节点字体、字号、颜色、轮廓等)、边(包括边的厚度、颜色、弧度、透明度)等。利用软件计算出网络的节点总数、边总数和网络密度，如图 2-16 所示。

由计算结果可知，广东省内 6 个城市同全国 31 个省(直辖市、自治区)间均存在货运需求联系，但联系并不密切、频繁，网络密度仅为 0.008。

②基于 Gephi 的度分布分析：度分布是刻画货运网络最直接的指标。以下分为点度中心度、中介中心度、接近中心度进行分析。

第一是点度中心度计算与分析。点度中心度可以用来衡量货运网络中节点城市处于中心地位的程度。对于无向网络而言，点度中心度仅有一个值。由于货运需求网络是一个有向网络，因此，点度中心度又分为点出度和点入度。其中，节点城市点出度越大，说明该城市对其他城市的辐射影响力越强，在网络中的地位越高；相反，节点城市点入度越大，说明该城市受到周围核心城市的辐射影响力越大。利用 Gephi 计算货运需求网络中各节点的点度中心度，结果见表 2-4。

表 2-4　点度中心度计算结果

ID	点入度	点出度	点度中心度
广州市	67	61	128
深圳市	4	3	7
东莞市	64	106	170
佛山市	4	1	5
茂名市	63	189	252
湛江市	5	0	5

第二是中介中心度计算与分析。中介中心度概念测度的是某节点在多大程度上是网络中其他节点的“中介”，描述网络中所有最短路径中经过某节点的数量比例，用于衡量货运网络中节点城市作为其他城市联系桥梁的作用。中介中心度越高，表明该节点在网络中的中转和衔接能力越高，越多地占据网络传输的关键位置，对其他城市之间的联系与沟通产生的影响越大，对整个货运网络的资源控制力也越强。利用 Gephi 计算货运需求网络中各节点的中介中心度，结果见表 2-5。

表 2-5　中介中心度计算结果

ID	中介中心度	ID	中介中心度
广州市	0. 051225812	佛山市	0. 002958079
深圳市	0. 016335059	茂名市	0. 099556613
东莞市	0. 049058264	湛江市	0. 001225956

第三是接近中心度计算与分析。接近中心度采用最短路径距离来度量网络中某一节点与其他节点之间的接近程度，是衡量城市间货运通达性的重要指标。在有向图中，接近中心度分为出接近中心度(out-closeness centrality)和入接近中心度(in-closeness centrality)。出接近中心度表征节点的辐射力(radiality)，指的是一个点到达其他点的容易程度，通过一个点到其他点的最短距离的和的倒数，接近中心度越大，该节点到其他点越容易。入接近中心度表征节点的整合力(integration)，是通过计算走向一个点的边来测量出其他点(nodes)到达这个点(node)的容易程度，一个点的入接近中心度越高，说明其他点到该节点越容易。接近中心度高的城市能得到更多的物流资源与支持，其产生的货运需求也能够得到更为及时地响应和疏解。利用 Gephi 计算货运需求网络中各节点的接近中心度，见表 2-6。

本节以好运物流网上的车货匹配数据为例，简要介绍了运用社会网络分析法和 Gephi 软件对货运数据进行分析的思路及步骤：在网络整体结构层面，采用网络节点总数、边总数、网络密度三个指标，并运用 Gephi 软件对网络总体形态进行刻画；在网络拓扑结构层面，采用点度中心度、中介中心度和接近中心度三个指标，分析各城市在货运需求网络中

表 2-6 接近中心度计算结果

ID	出接近中心度	入接近中心度
广州市	0. 51929707	0. 200296296
深圳市	0. 406804506	0. 138453661
东莞市	0. 558828335	0. 200296296
佛山市	0. 387293499	0. 138453661
茂名市	0. 653851777	0. 198969831
湛江市	0	0. 141782407

的地位。对于分析结果的进一步解读，还需要读者在实战中积累经验，从而对不同计算指标有更精准、更独特地把握。

拓展与思考

1. ABC 分类法的操作步骤是（　　）。

A. 将各种商品按金额大小顺序排列—计算出各类商品的金额比重和品种比重—再将商品划分为 A、B、C 三种类别

B. 将各类商品按种类区分—计算出各类商品的金额比重和品种比重—再将商品划分为 A、B、C 三种类别

C. 将各类商品按大小顺序排列—计算出各类商品的比重—再将商品划分类别

D. 将各种商品按品种划分—计算出各种商品的比重—再将商品划分类别

2. ABC 分类法的核心为（　　）。

A.“分清主次，抓住重点”

B.“分清多少，抓大放小”

C.“分清好坏，剔除次品”

D.“分清贵贱，保护贵品”

3. 以下哪一指标不属于社会网络分析法的范畴？（　　）

A. 出度中心度

B. 模块度

C. 入接近中心度

D. 中介中心度

4. 判断：ABC 分析法的理论基础是“关键的少数和一般的多数”。（　　）

5. 对于______网络，点度中心度又分为点出度和点入度。

第3章 数据分析平台

3.1 数据分析工具介绍

当今社会的数据来自各个方面，在面对庞大而复杂的数据，选择一个合适的处理工具显得很有必要。“工欲善其事必先利其器”，一个好的工具不仅可以使企业的工作事半功倍，而且可以在竞争日益激烈的云计算时代，挖掘大数据价值，及时调整战略方向。

大数据是指庞大而复杂数据集，企业需要使用专门设计的硬件和软件工具进行处理。数据集海量多源，这些数据集来源各异，包括传感器数据、气候信息、公开的信息，例如，杂志、报纸、文章等。大数据产生的其他例子包括购买交易记录、网络日志、病历、军事监控、视频和图像档案，以及大型电子商务。大数据分析的过程就是在研究大量数据的过程中探索数据的相关性和其他隐藏在数据背后的有价值的信息，可以帮助企业更好地适应变化，并做出更明智的决策。在本教材中使用的大数据处理分析工具介绍如下：

(1)蓝鲸数据挖掘平台

采用可视化编程的设计思路(即用图形化的方法，来建立整个挖掘流程)，集成数据处理、建模、评估等一整套功能，适合缺乏计算机科学知识的用户。

蓝鲸是为数据挖掘爱好者以及专家提供的一个交互式机器学习和数据挖掘工具，采用图形化方式建模，内置统计、降维、分类、聚类、回归等模型。

(2)商业智能分析平台

商业智能分析平台是基于商业智能分析理论研发的一站式商业智能工具。无须编程即可完成数据问题探索。平台提供多种聚合函数、丰富的可视化图表，交互式仪表盘，还支持数据模型设计和 SQL 查询，帮助用户快速掌握业务数据分析技能。

它主要运用了现代数据仓库技术、在线分析处理技术、数据挖掘和资料展现技术进行资料分析以实现商业价值，并且是自助可视化分析商业智能平台，可进行数据可视化、数据统计、SQL 数据探索等能力培养，通过引入企业实战案例，掌握运用数据洞察、分析和解决问题的能力。

3.2 蓝鲸数据挖掘平台概述

蓝鲸数据挖掘平台是一款数据挖掘分析工具，具有适合不同用户群体的多层架构，从无经验的数据挖掘初学者到喜欢通过其脚本界面访问该工具的程序员，都将会有一个良好的使用体验。

蓝鲸数据挖掘平台封装了机器学习、数据预处理和数据可视化等算法，目的是以一种最为简约的方式来解决具体业务场景中的问题，该工具的重点在于数据分析与挖掘，例如，安装库中的机器学习算法包含梯度下降法、朴素贝叶斯分类器、k 近邻、决策树、随机森林、CN2 规则、支持向量机、神经网络、Adaboost、线性回归和逻辑回归等。同时，将实现不同功能的算法封装在组件(节点)中，以方便用户的调用，并专注于业务分析。用户可以随时调用封装于组件(节点)之中的机器学习方法，用于不同场景下的建模，并且可以纵向比较不同参数下模型的优劣。朴素贝叶斯分类器、逻辑回归和支持向量机可以通过列线图来探索，这些列线图提供了对特征的重要性及其价值的洞察，也可以用来解释模型的预测。无监督的方法，如关联规则、PCA、SVD 和不同类型的聚类方法(K-means 和层次聚类等)都可以采用合适的可视化方法来进行探测分析。

蓝鲸数据挖掘平台提供了丰富的可视化方法集合：除了常见的可视化(如箱线图、分布图和散点图等)方法外，还包含多元可视化展现方式，如热图、马赛克图、滤网图、线图、框图和一些数据投影技术，如多维度交互分析图、主成分分析、线性投影图、剪影图等。用户可以交互式地实现不同的可视化方式，或将它们连接到可接收、可视化数据的其他小组件。蓝鲸数据挖掘平台还可以帮助用户发现具有洞察力的可视化效果，可自动将其按规则排列，或者将它们组织成一个可视化的网络，蓝鲸数据挖掘平台还包含强大的地图可视化组件，同样重点关注交互性和灵活性。

3.2.1 平台操作流程

用户可以通过选择特定组件的方式来构建相关工作流，以便进行数据分析与挖掘。每个组件封装了特定的功能，例如，数据载入、数据采样、特征选择、建模、训练预测、交叉验证等。蓝鲸数据挖掘平台具有的基础强度和灵活性在不同的方面可以将组件组合成新的模式。

组件的开发和设计特别强调数据可视化和交互性。例如，树查看器允许用户单击树中的节点，这样会将属于该节点的数据样本传输到与树查看器窗口小组件连接的任何窗口组件。因此，用户可以构建一棵树，然后通过观察来自相关节点的数据实例的数据表，或者通过为来自树的不同节点的数据绘制散点图来研究其内容。

蓝鲸数据挖掘平台中实施数据挖掘的基本步骤包括：商业理解、数据理解、数据准备、训练模型、模型评估、方案实施等，如图 3-1 所示。

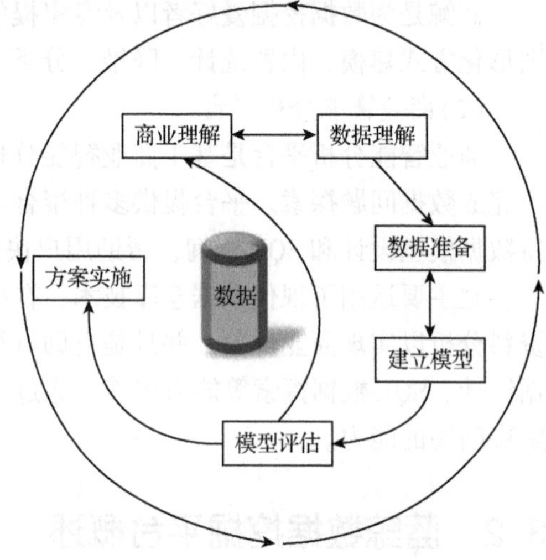

图 3-1 数据挖掘任务的操作流程

3.2.2　数据探索方法

数据探索是数据分析与挖掘领域中的基础性工作，用于观测原始数据中存在的规律以及难以估量的信息。蓝鲸数据挖掘平台中提供了多种方法来实现探索性数据分析，并封装于不同组件(节点)中，如数据区域中的数据表格等组件(节点)，可视化区域中的箱线图、分布图、散点图、滤网图、马赛克图、线性投影图、热图、维恩图、剪影图、列线图、地图等组件(节点)。

(1)数据表格

数据表格，位于数据区域[图 3-2(左)]，用途是：查看数据表格中的数据集详情。换而言之，就是在其输入端口接收一个或多个数据集，并以电子表格的形式予以呈现。数据实例可以按不同属性实现不同方式的排序(如降序和升序)。该组件还支持手动选择数据实例，并将其输出到下一个组件[图 3-2(右)]。

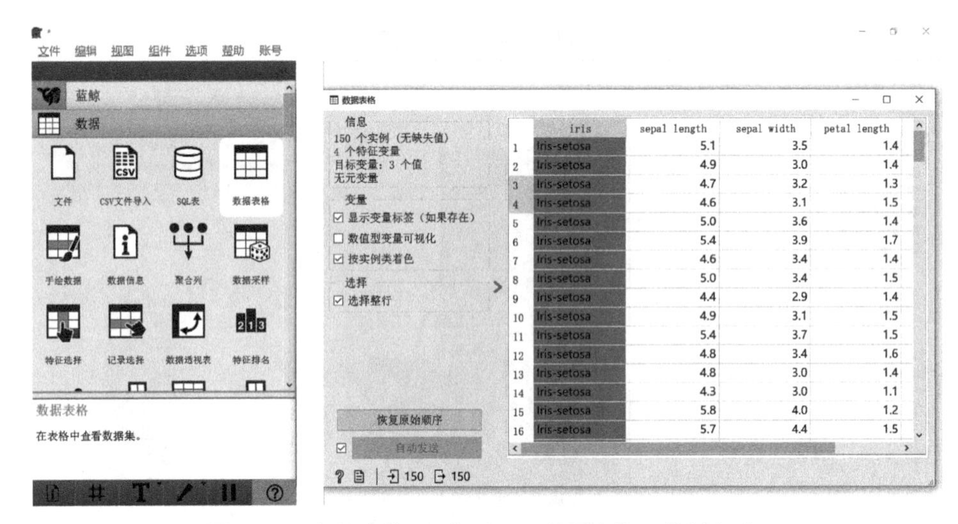

图 3-2　“数据表格”示意(左)/“数据表格”对话框(右)

如图 3-2(右)所示，数据表格中显示了数据的简要情况，如有 150 个实例、4 个特征变量等，数据表格也显示了每一条数据的具体数值等详细情况。

(2)箱线图

位于可视化区域的箱线图组件，用于显示属性值的分布情况。使用这个组件来观测新数据是一个很好的方式，可以快速发现数据中存在的异常，例如，重复值、异常值等(图 3-3)。

(3)分布图

位于可视化区域的分布图组件，用于显示离散型或连续型属性特征的值分布情况。如果数据包含一个类变量，则分布可以以该类变量为条件，其属性值为选项，来呈现不同的数据分布状态。对于离散型属性，图表中显示出每个属性值出现在数据中的频数分布状况。如果数据包含类变量，则将显示其每个属性值的类分布(图 3-4)。

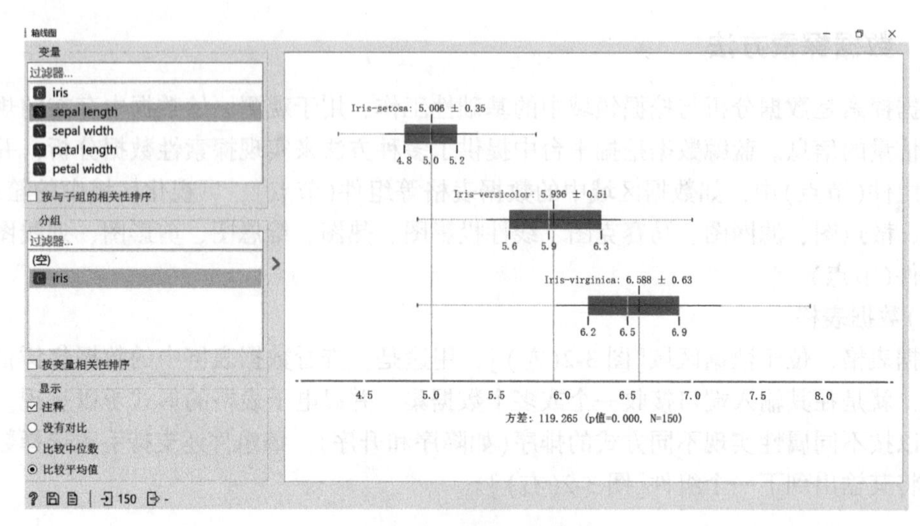

图 3-3　箱线图的示例图

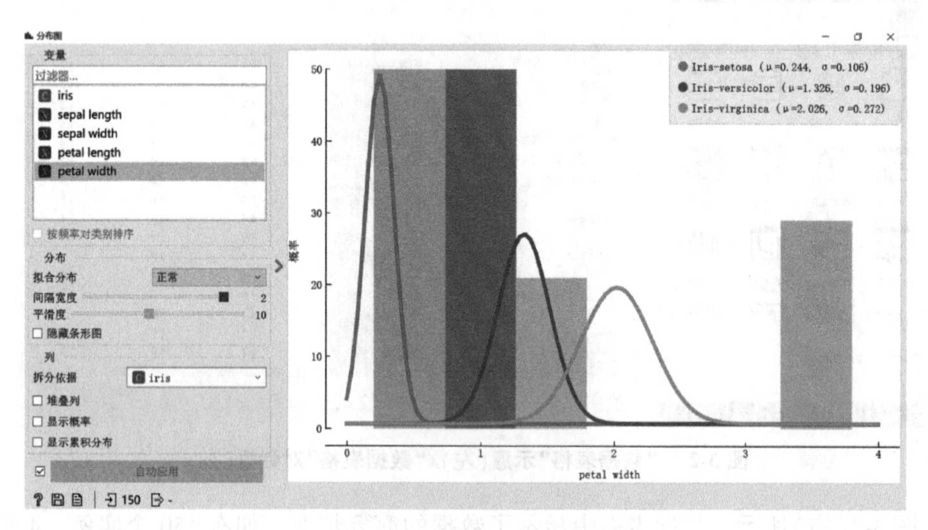

图 3-4　分布图的示例图

(4)散点图

位于可视化区域的散点图组件，为连续型属性和离散型属性提供可视化二维散点图。数据集显示为点的集合，每个点都具有确定横轴位置(X 轴)及纵轴位置(Y 轴)的属性特征。图形中的各种参数配置，如散点颜色、大小和形状，轴标题和抖动幅度都可以在该组件对话框的左侧进行调整(图 3-5)。

(5)马赛克图

位于可视化区域的马赛克图组件，用于双向频率表或列联表(交叉表)的图形展现。它用于对来自两个或多个定性或定量变量的数据进行可视化，为用户提供了更有效地识别不同变量之间关系的手段(图 3-6)。

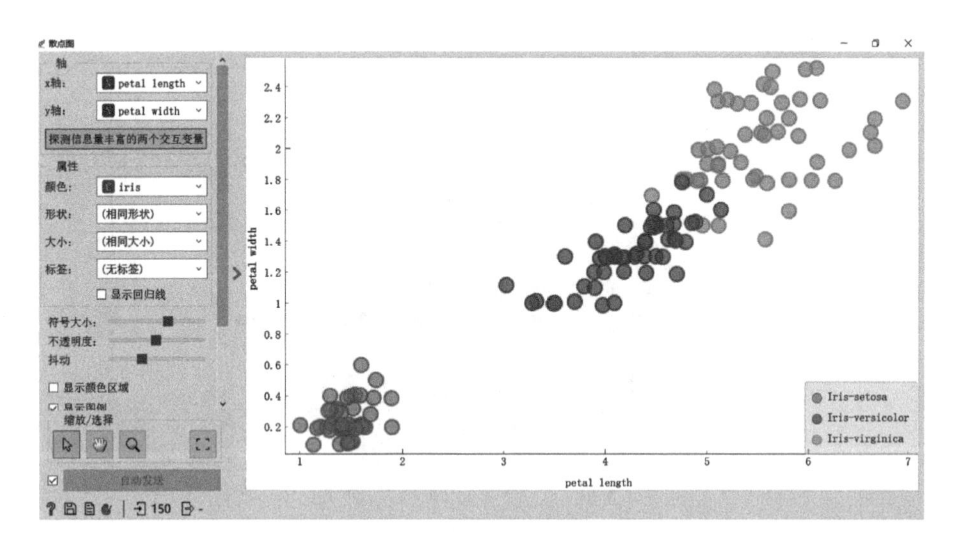

图 3-5　散点图的示例图

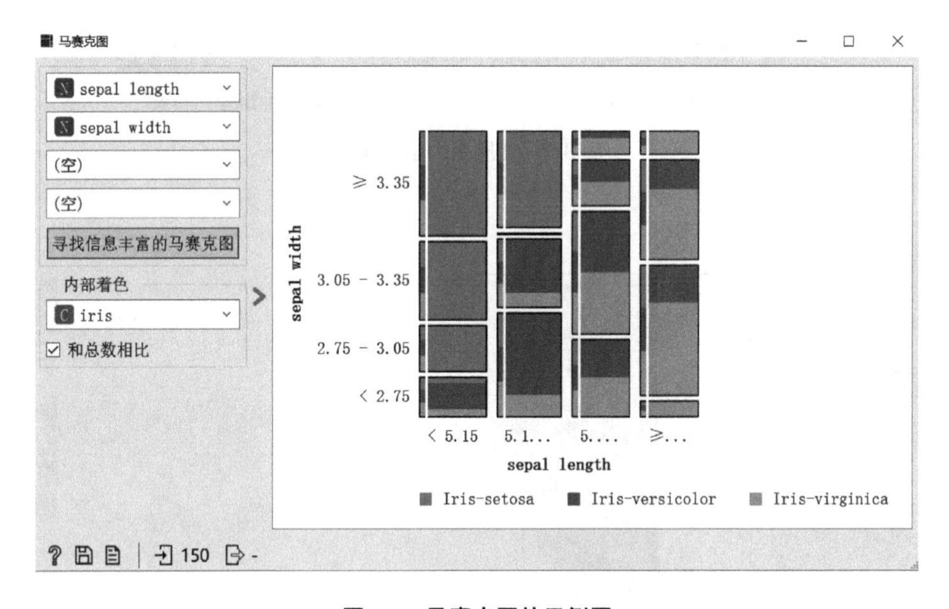

图 3-6　马赛克图的示例图

(6)维恩图

位于可视化区域的维恩图组件，用于显示数据集之间的逻辑关系。该可视化方式由不同颜色的圆圈来表示两个或多个数据集。交叉点是属于多个数据集的子集。要进一步分析或可视化子集，单击交叉区域即可(图 3-7)。

(7)剪影图

位于可视化区域的剪影图组件，提供了数据集群内一致性的图形表示，并为用户提供了直观评估集群质量的方法。轮廓系数是一种衡量对象与其他集群相比，与自身集群的相似程度的指标，对于创建剪影图至关重要。轮廓系数接近 1 表示数据实例接近集群中心，

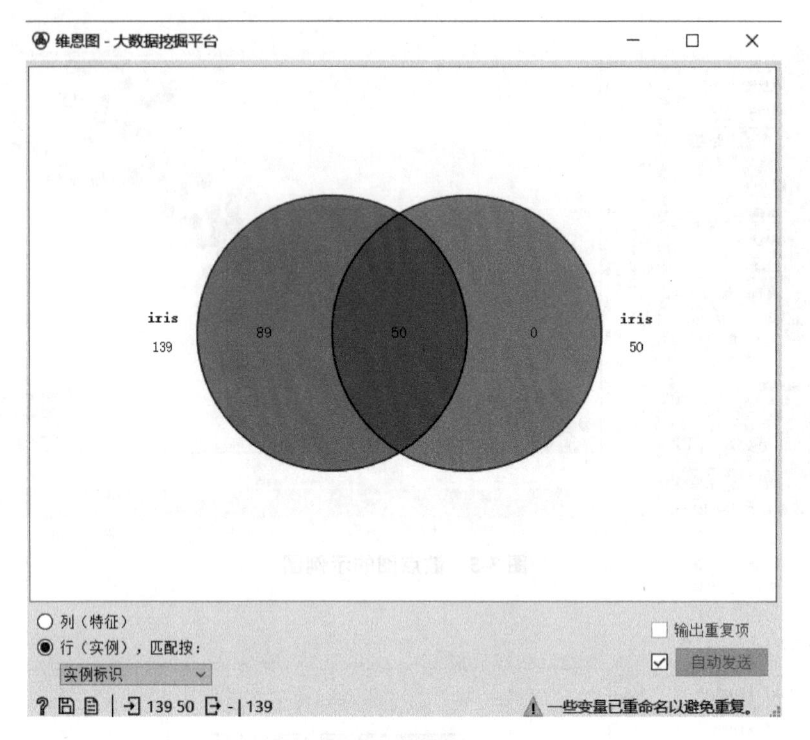

图 3-7　维恩图的示例图

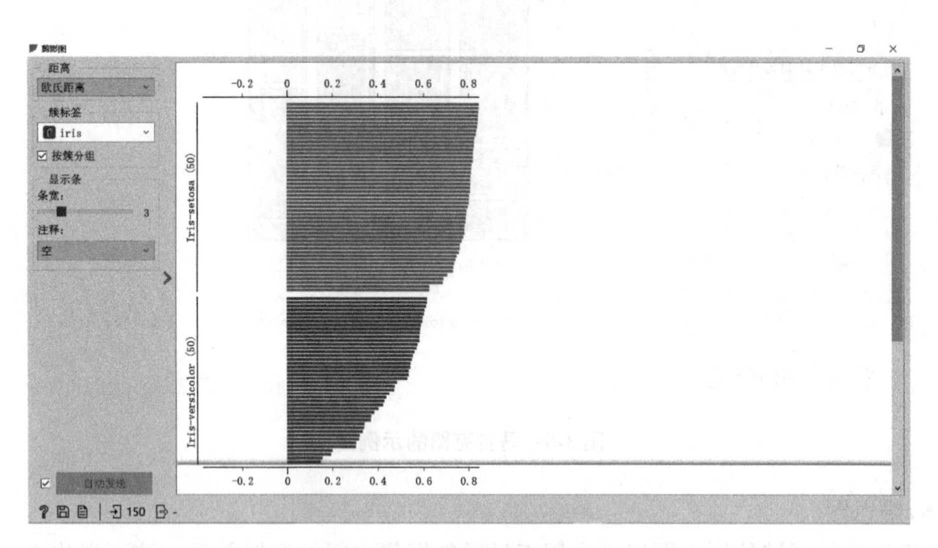

图 3-8　剪影图的示例图

而轮廓系数接近 0 的实例位于两个集群之间的边界上(图 3-8)。

(8)地理图

位于地理分析区域的地理图组件，将地理空间数据映射到地图上，并提供了多种丰富的地图可视化方式，如卫星图、路网图、山水图等，它只适用于包含经度和纬度变量的数据集(图 3-9)。

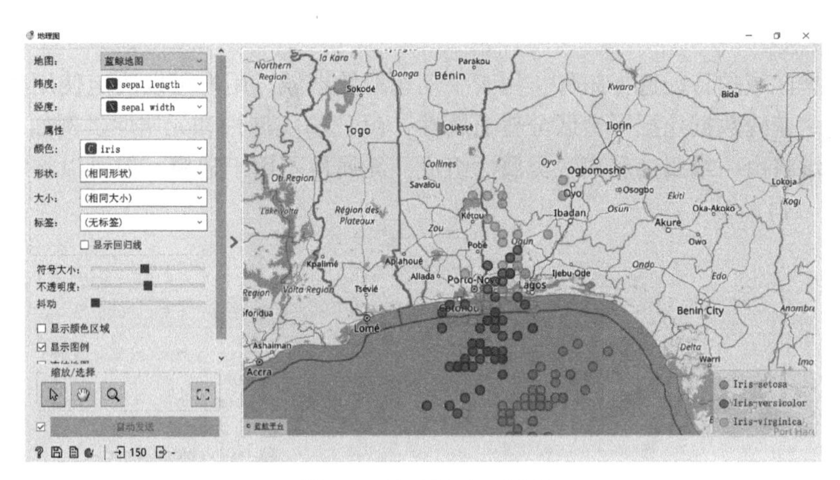

图 3-9　地理图的示例图

3.2.3　数据预处理方法

数据预处理是数据挖掘领域建模前的一项至关重要的基础性工作，包括对缺失值、异常值等噪声的处理，抽取对目标变量最为显著的特征，构造更能刻画目标变量的属性特征等。涉及的相关组件包含数据区域中的数据采样、特征选择、记录选择、特征排名、数据合并(按记录或特征)、随机化、预处理(集成组件)、缺失值处理、异常值处理、编辑域等。

(1)数据采样

位于数据区域的数据采样组件，用于从输入数据集中，按照条件抽取数据。该组件集成了从输入端口采样数据的多种方法。它输出一个采样数据集和一个未采样数据集(来自输入集的实例不包含在采样数据集中)。用户可以通过改变数据的输出信号来实现特定数据的采样(图 3-10)。

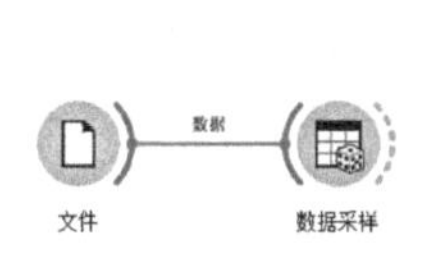

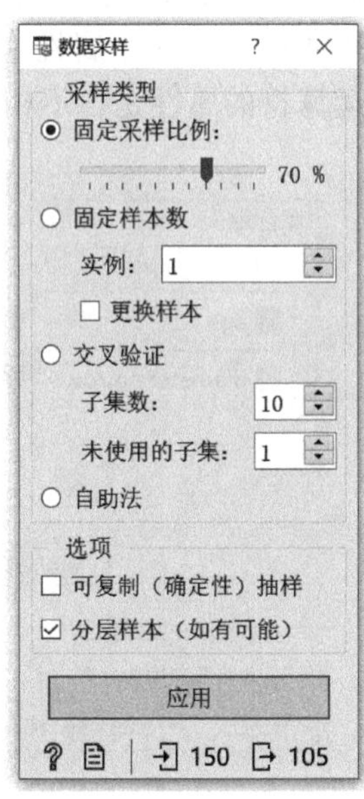

图 3-10　数据采样的示例图

(2)特征选择

位于数据区域的特征选择组件，用于手动选取数据域。用户可以决定使用哪些属性以及如何使用。蓝鲸数据挖掘平台区分普通属性，(可选)类属性和元属性。例如，为了构建分类模型，域将由一组属性和离散类属性组成。元属性不用于建模，但可以将它们用作实例标签(图 3-11)。

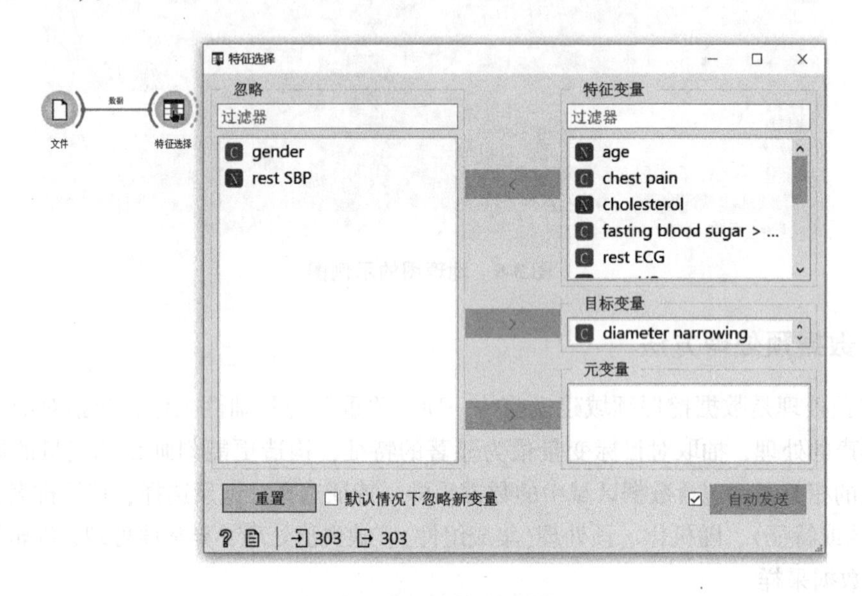

图 3-11　特征选择的示例图

(3)记录选择

位于数据区域的记录选择组件，可以根据用户定义的条件，从输入数据集中选择一个子集。匹配规则的实例被放置在输出匹配数据通道中。记录选择的标准被表示为一个合并选项的集合，条件选项是通过选择一个属性，从属性列表中选择一个属性。对于离散型、连续型和字符串型来说运算符的属性是各不相同的(图 3-12)。

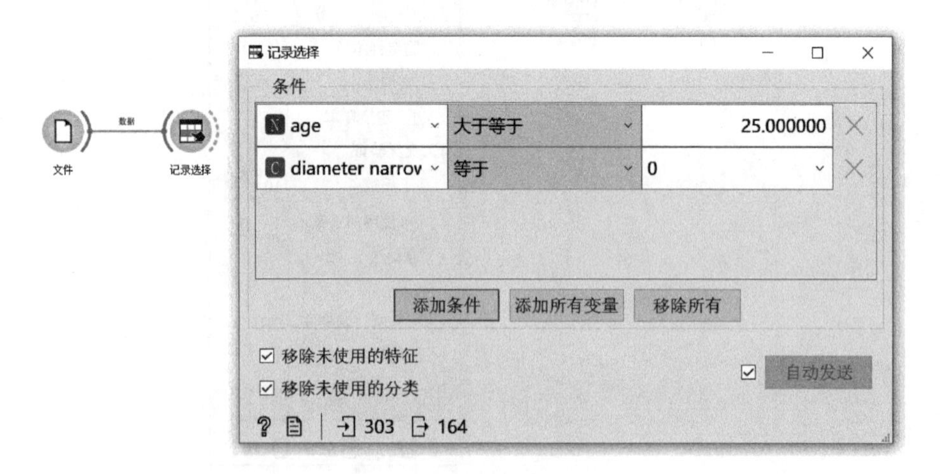

图 3-12　记录选择的示例图

(4)特征排名

位于数据区域的特征排名组件，考虑类标记数据集(分类或回归)，并根据它们与类的相关性对属性进行评分(图 3-13)。

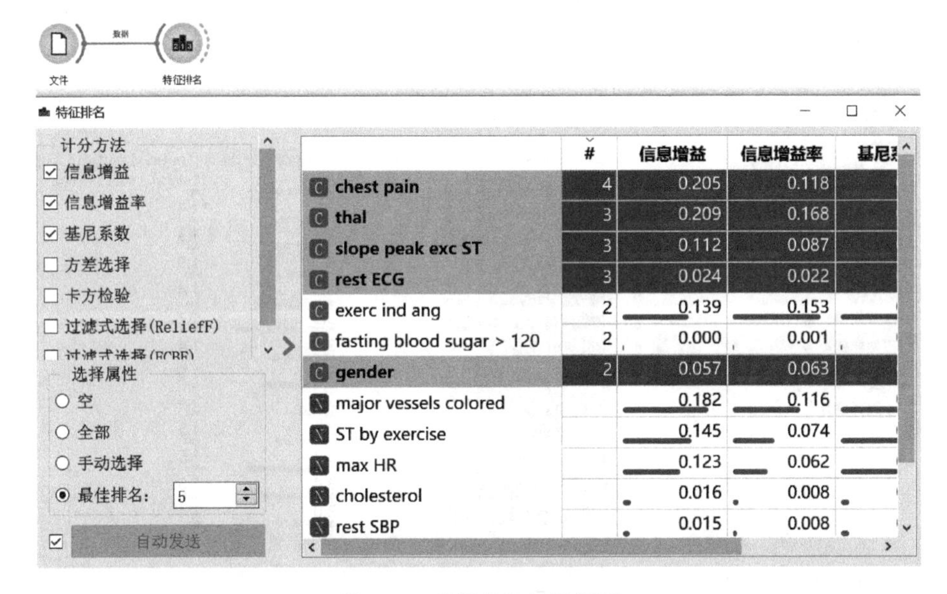

图 3-13　特征排名的示例图

(5)数据合并(按记录或特征)

位于数据区域的数据合并组件，功能是基于属性合并数据集。在输入中，需要两个数据集，主表数据和附表数据。允许从每个数据集中选择属性，这将用于执行合并。该组件对应于来自输入数据的实例，来自输入附表数据的属性被附加到该实例(图 3-14)。

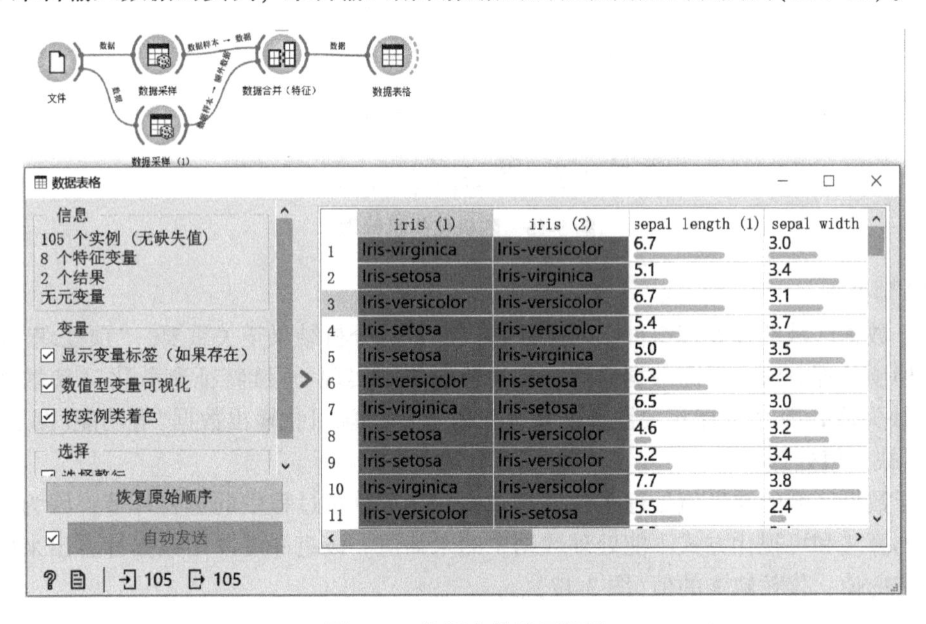

图 3-14　数据合并的示例图

(6) 随机化

位于数据区域的随机化组件，在输入中接收一个数据集，并输出相同的数据集，其中可按类属性或和元属性随机输出(图 3-15)。

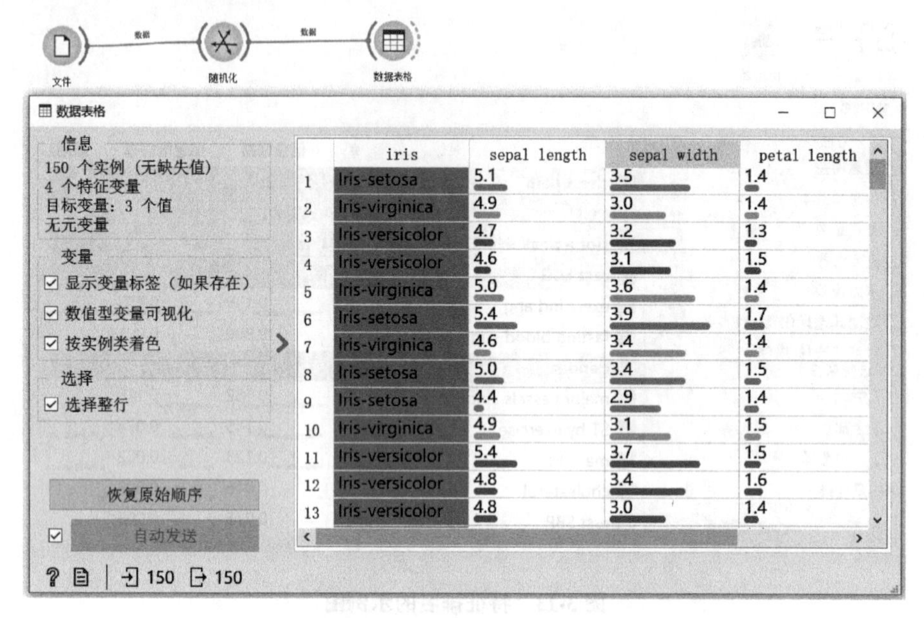

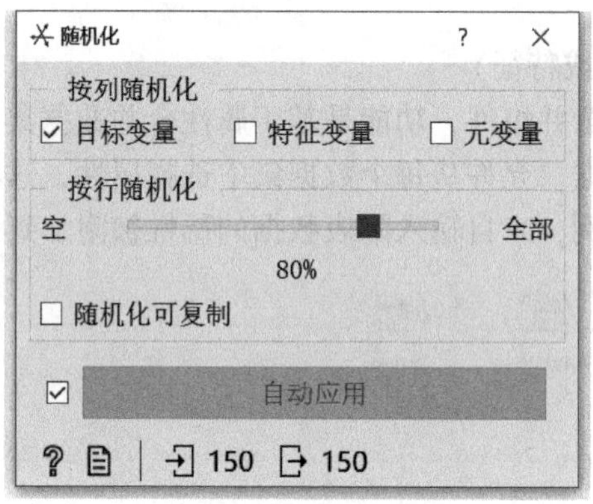

图 3-15　随机化的示例图

(7) 预处理

位于数据区域的预处理组件，对于获得高质量的分析结果至关重要。“预处理”组件集成了 9 种预处理方法来提高数据质量，用户可以集中实现“连续特征离散化”“离散数据连续化”“缺失值处理”“选择相关性高的特征”或“按条件随机化输出数据”等功能(图 3-16)。

(8) 缺失值处理

位于数据区域的缺失值处理组件，是数据挖掘与分析过程中的重要环节，因为一些机器学习的算法和可视化方式不能处理数据中的未知值。该组件可以用数据计算出来的值或用户设定的值，代替缺失的值(图 3-17)。

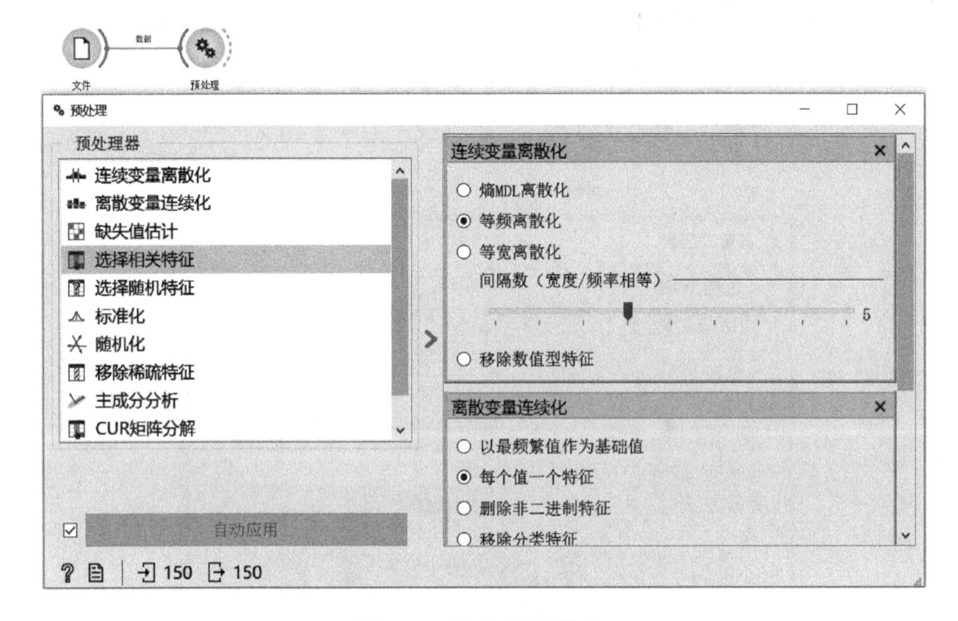

图 3-16 预处理的示例图

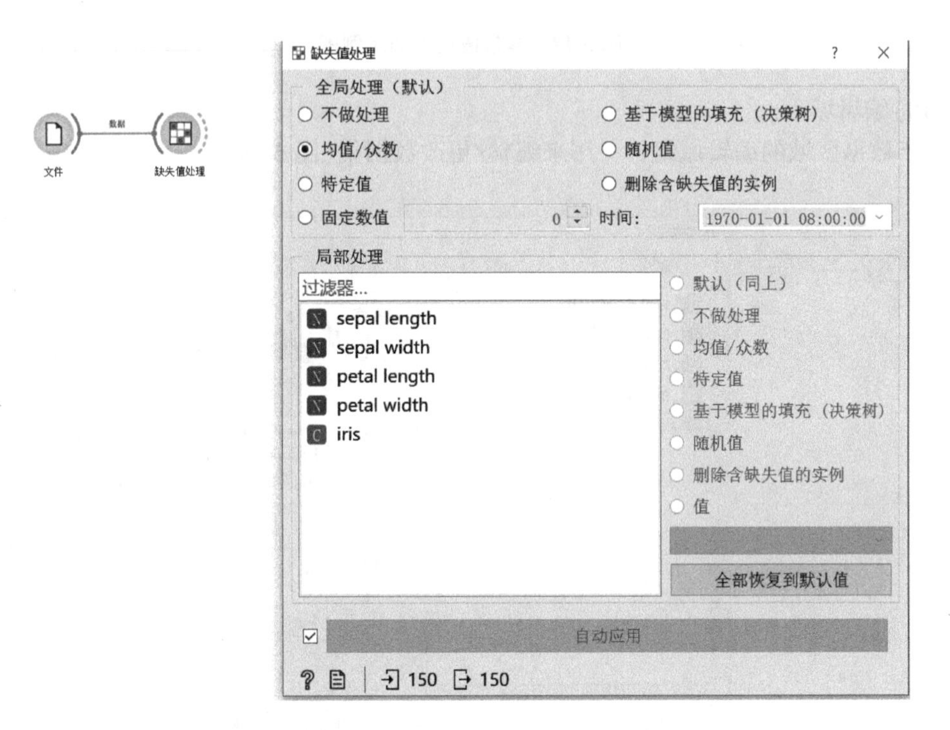

图 3-17 缺失值处理的示例图

(9)异常值处理

位于数据区域的异常值处理组件，集成了两种异常值检测方法。这两种方法都可以对数据集进行分类，一种是使用 SVM(多核)，另一种是协方差估计方法。具有非线性核

(RBF)的一类 SVM 在非高斯分布下表现良好，而协方差估计方法仅适用于具有高斯分布的数据(图 3-18)。

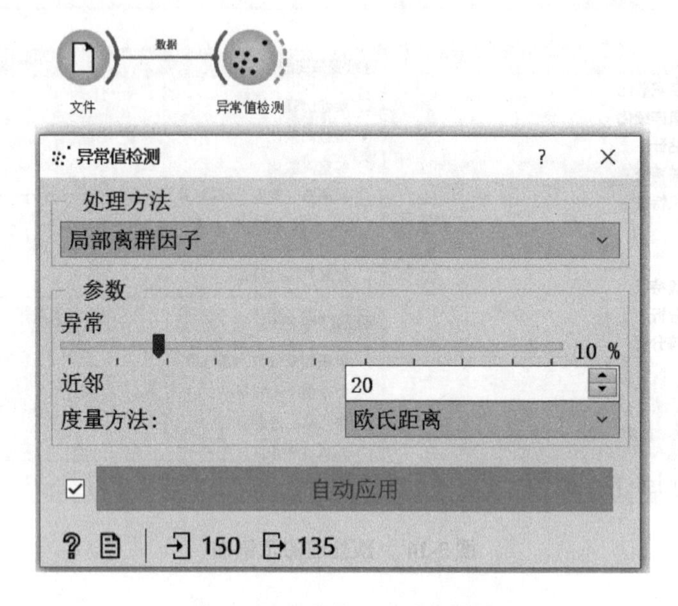

图 3-18　异常值处理的示例图

(10)编辑域

位于数据区域的编辑域组件，用来编辑/更改数据集(图 3-19)。

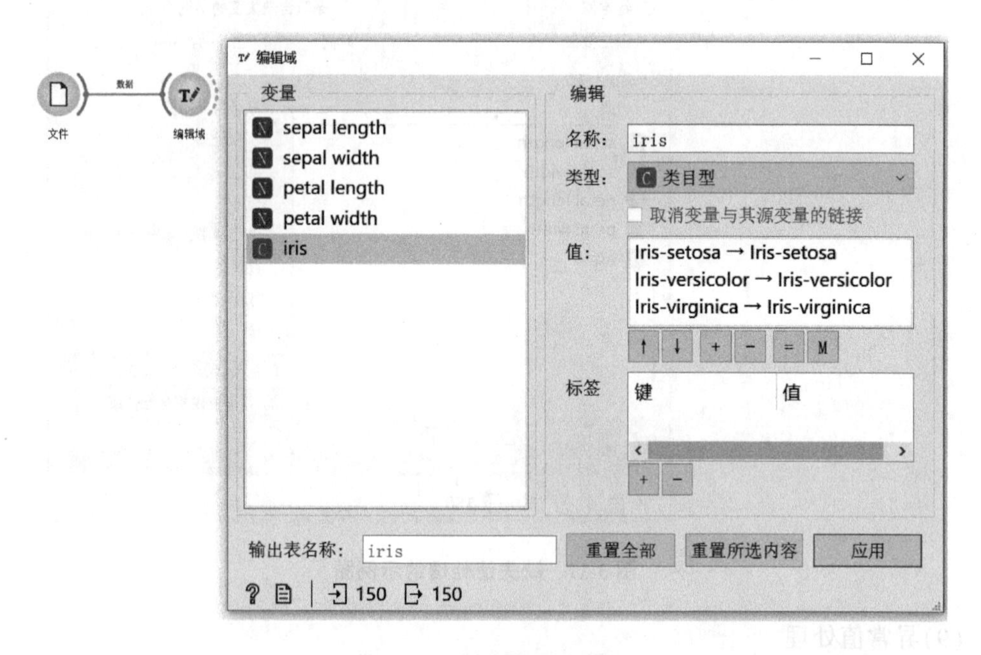

图 3-19　编辑域的示例图

3.2.4　预测算法

(1)基本概念

蓝鲸数据挖掘平台提供的分类回归算法集中于模型区域中，包括 CN2 规则归纳、K 近邻(KNN)、决策树、随机森林、支持向量机(SVM)、线性回归、逻辑回归、朴素贝叶斯、AdaBoost、神经网络、梯度下降等。此外，还提供了模型保存与模型加载组件，用户可自定义将训练完毕的模型保存至本地，并可将其部署至蓝鲸数据挖掘平台环境用于预测。

①CN2 规则算法：是一种典型的分类方法，即使在可能存在噪声的数据中，也能有效地归纳简单易懂的形式规则。CN2 规则算法仅适用于分类场景下的问题。

②K 近邻(KNN)：使用该算法搜索特征空间中 k 个最接近的训练样本，并将其平均输出用作最终的预测输出。

③决策树：是一种较为简单的机器学习算法，按照分类的纯度将数据分解成不同的分裂节点。蓝鲸数据挖掘平台中的决策树算法可以处理离散型和连续型的数据集，也可以用于分类预测和回归预测任务。

④随机森林：是一种用于分类预测、回归预测和其他任务的集成学习方法。随机森林模型构建了一组决策树模型，每棵决策树都是从训练数据的抽样样本中训练而成。当训练单一决策树模型时，抽取任意属性子集，从中选择分裂数据的最佳属性。模型最终的输出是基于森林中多棵决策树的多数投票结果。随机森林适用于分类预测和回归预测任务。

⑤支持向量机(support vector machine，SVM)：是一种利用超平面来分割属性空间，从而最大化不同类或类值的实例之间的机器学习算法。该算法通常产生很高的预测性能结果。该小部件适用于分类预测和回归预测任务。

⑥线性回归：该组件构造了从其输入数据中学习线性函数的学习器(预测器)。该模型能够识别预测变量 x_i 与响应变量 y 之间的关系。此外，可以指定套索回归(L1)和岭回归(L2)等正则化参数。套索回归使 L1 范数惩罚和 L2 范数惩罚的岭回归正则化的最小二乘损失函数的惩罚版本最小化。线性规则仅适用于回归预测任务。

⑦逻辑回归：从数据中建立逻辑回归模型。它只适用于分类预测任务。

⑧朴素贝叶斯：从数据中训练一个朴素贝叶斯模型。它只适用于分类预测任务。

⑨AdaBoost：是 Boosting 体系下的一种集成学习算法，也是一种迭代算法，其核心思想是针对同一个训练集训练不同的预测器(弱预测器)，然后把这些弱预测器集合起来，构成一个更强的最终预测器(强预测器)。AdaBoost 适用于分类预测和回归预测。

⑩神经网络：具有反向传播的多层感知器(MLP)算法。神经网络小组件调用 sklearn 库中的多层感知器算法，可以训练非线性模型以及线性模型。

⑪梯度下降：该组件使用随机梯度下降算法，利用线性函数最小化所选损失函数。该算法通过一次考虑一个样本来逼近真实的梯度，并且同时基于损失函数的梯度来更新模型。对于回归，它返回预测值作为总和的最小值，即 M-估计量，特别适用于大规模和稀疏的数据集。

(2)回归分析在房价预测中的应用

数据采用经典的房屋价格预测数据(housing)，算法部分选用“线性回归”以及“随机森林”算法来构建预测模型(图 3-20)。

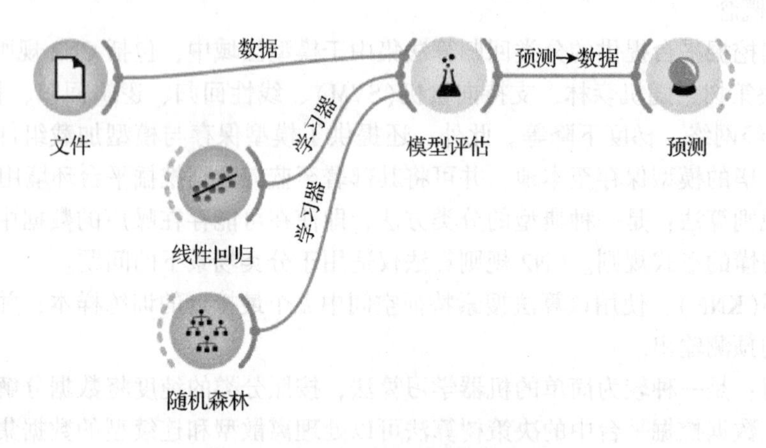

图 3-20 房屋价格预测模型流程图

以线性回归与随机森林为基础构建房屋价格预测数据的回归预测模型，由于数据体量较小，采用“10 折交叉检验法”进行模型训练(图 3-21)，通过比较两种不同预测模型的各种参数性能可以发现，随机森林模型的优势明显。然而随机森林模型内部较为复杂，训练时间成本较大，对机器的性能要求高。因此，具体场景中如何选用需要进一步商榷。

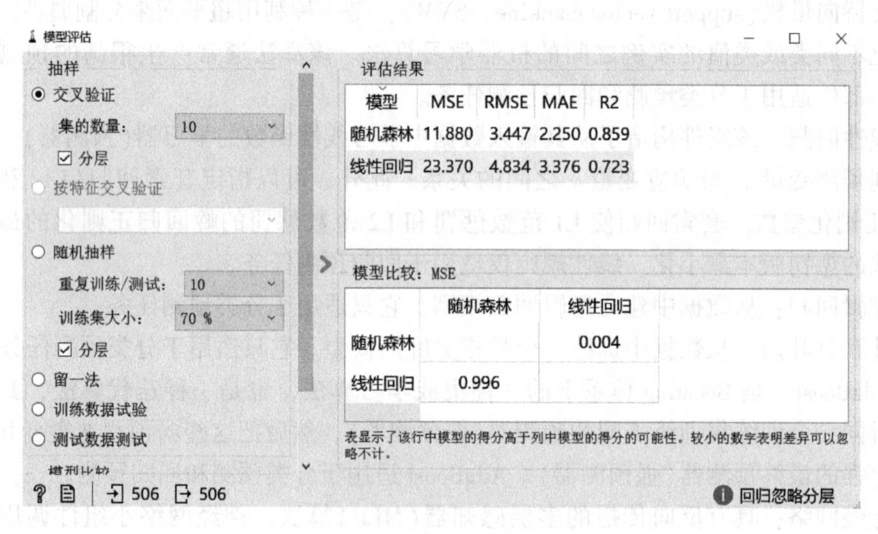

图 3-21 模型评估的结果

3.2.5 聚类分析算法

(1)基本概念

蓝鲸数据挖掘平台的聚类分析算法封装于无监督模块中。主要包含 K-means 聚类和层次聚类两种算法。

①K-means 聚类算法：是典型的基于原型的目标函数聚类方法的代表，它是将数据点

到原型的某种距离作为优化的目标函数，利用函数求极值的方法得到迭代运算的调整规则。K-means 聚类算法以欧氏距离作为相似度测度，它是求对应某一初始聚类中心向量 V 最优分类，使得评价指标 J 最小。算法采用误差平方和准则函数作为聚类准则函数。

②层次聚类：层次聚类是另一种主要的聚类方法。生成一系列嵌套的聚类树来完成聚类。单点聚类处在树的最底层，在树的顶层有一个根节点聚类。根节点聚类覆盖了所有数据点。根据距离矩阵计算任意类型对象的分层聚类，并显示相应的树形图。

(2) 聚类分析在鸢尾花品种识别中的应用

数据进一步采用经典鸢尾花(*Iris*)数据，希望通过聚类分析将不同品种的鸢尾花区分开来。由于聚类分析属于无监督学习的范畴，数据中不应当存在目标字段，可通过“特征选择”组件将其过滤，聚类算法选用经典的 K-means 算法进行模型训练，为了观测聚类效果，引入箱线图与散点图等可视化方式(图 3-22)。

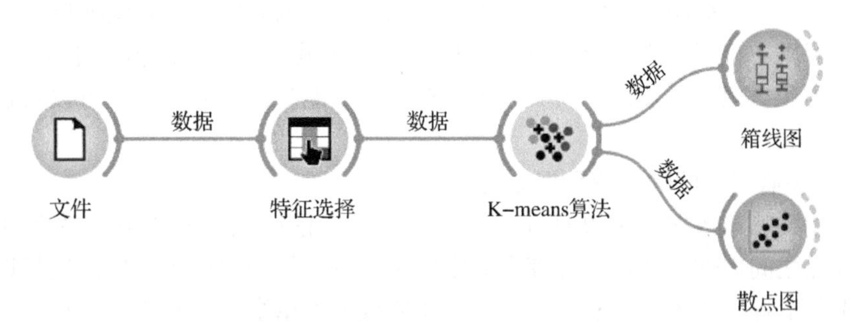

图 3-22　鸢尾花聚类模型流程图

本案例构建了以 K-means 聚类算法为基础的鸢尾花(iris)的聚类模型，簇的数量设置为 3，可以将不同的鸢尾花较好地区分开来，第三类品种的鸢尾花在花瓣长度及花萼长度分布上普遍较长，第二类品种的鸢尾花居中，第一类品种的鸢尾花普遍较短(图 3-23)。

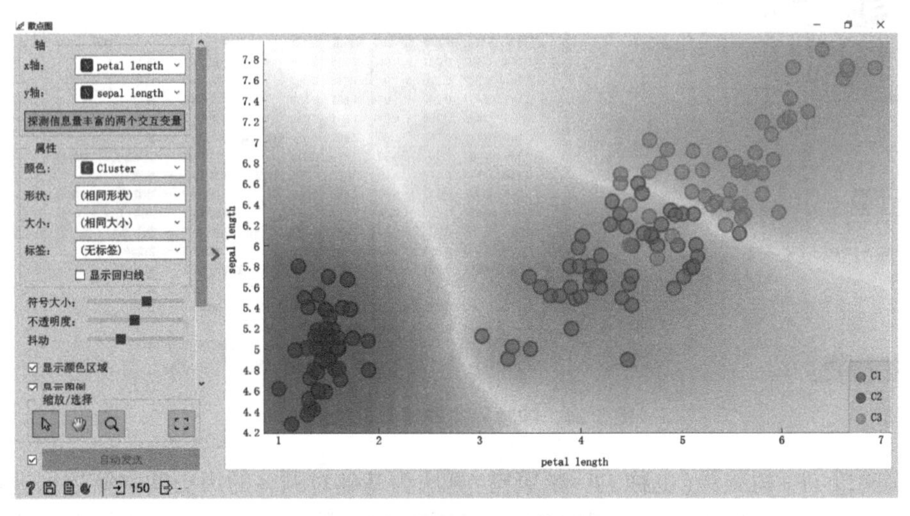

图 3-23　鸢尾花聚类散点图

3.2.6 关联规则算法

(1)基本概念

蓝鲸数据挖掘平台中关联规则相关功能组件位于关联分析区域。根据关联规则挖掘过程的两个阶段，关联分析区域由频繁项集、关联规则两个组件组成。主要封装的算法是FP-树频集算法，采用分而治之的策略，在经过第一遍扫描之后，把数据集中的频集压缩进一棵频繁模式树(FP-tree)，同时依然保留其中的关联信息，随后再将FP-tree分化成一些条件库，每个库和一个长度为1的频集相关，然后对这些条件库分别进行挖掘。当原始数据量很大的时候，也可以结合划分的方法，使得一个FP-tree可以放入主存中。实验表明，FP-树频集算法对不同长度的规则都有很好的适应性，同时在效率上较之Apriori算法有很大的提升。

①频繁项集：根据用户设定的最小支持度阈值在数据集中查找频繁项集。

②关联规则：根据用户设定的最小支持度阈值和最小置信度阈值产生关联规则项集，其中包括前项和后项，以及每一条关联规则对应的性能参数得分。用户可以自定义输出带特定项目的关联规则。

(2)基于关联规则的购物篮数据分析

数据采用购物篮数据，希望通过关联规则分析，挖掘顾客购物篮中关联性较高的商品，分析商品之间内在的属性，为商家制定销售决策，如捆绑销售、提高销量以及强化利润在业务上的支撑。为了简化实验难度，本实验仅考虑单维度关联规则分析，即只考虑物品之间的关联性，因此需要使用特征选择组件过滤掉无关字段。FP-频繁树算法被用于本实验中，用于观测商品之间的购买关联性以及关联的强度(图3-24)。

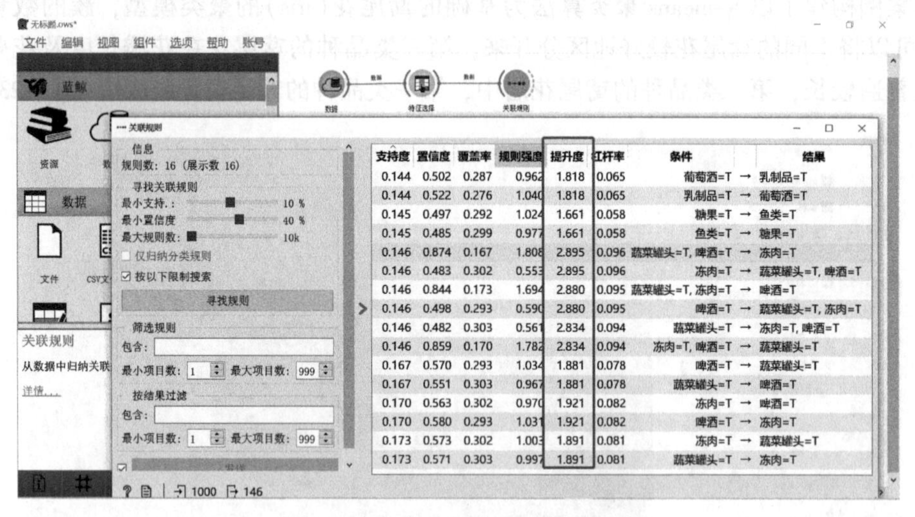

图3-24 购物篮关联规则模型结果

本实验以FP-树频集(也称FP-频繁树)算法为基础对顾客的历史购物篮数据进行了关联分析，输出了较高质量的关联规则条目。在真实的场景中，可为商场或超市的管理者的经营决策提供战略上的支撑，可以考虑将所属同一库区关联性较强的商品放置于相邻货架，或者在一些节假日里制定相关的捆绑销售以促进商品的销量。

3.2.7　平台功能

蓝鲸是为数据挖掘爱好者以及专家提供的一个交互式机器学习和数据挖掘工具，采用图形化方式建模，内置统计、降维、分类、聚类、回归等模型。产品具有以下功能特色：

（1）交互式数据可视化

蓝鲸使用智能数据可视化方式来进行数据挖掘工作，帮助发现海量数据中隐藏的规律。可以用来探索分布图、箱线图和散点图，或者深入研究决策树、层次聚类、关联规则、时间序列、热图等。即使是多维数据也可以在 2D 平面中变得有意义，特别是在特征排名和选择方面具有强大的功能。

蓝鲸中的可视化组件包括散点图、箱线图、直方图、树图、地图、轮廓图等。用户可以从散点图中选中某些数据点，或者在树图中选中一个节点、一个分支，这样的操作将发送至组件的输出端并形成相应的数据子集。

（2）探索性数据分析

交互式可视化可以用于探索性数据分析。用户可以直接从图和数据表中选择数据子集，并将它们放在下游的组件中。例如，从分层集群的树图中选择一个集群，并将其映射到 MDS 图中的 2D 数据表示，或者检查它们在数据表中的值，或者观察它的特征值在一个方框中的分布。

（3）智能可视化

在进行数据分析与挖掘的过程中可能会面临很多选择，例如，当数据有大量特征时，我们应该在散点图中对哪些特征进行可视化才能获得最大的信息量，智能可视化功能可以很好地解决这个问题。在蓝鲸的散点图组件中，当提供类信息时，散点图可以找到最佳类分离的投影。

（4）生成报告

用户可以通过单击将模型中最重要的可视化、统计信息生成报告，并且从报告中直接访问每个组件的历史工作流和可视化。

（5）可视化编程

蓝鲸对于初学者和专家、数据科学家来说，都是一个很好的数据挖掘工具。得益于它的用户界面，用户可以专注于数据分析、挖掘，而不是费力地编程，从而使复杂的数据挖掘模型构建变得简单。

（6）基于组件的数据挖掘

在蓝鲸软件中，数据挖掘工作通过将组件连接成工作流来实现。每个组件嵌入了一些数据检索、预处理、可视化、建模或评估任务。将不同的组件组合成工作流，就可以构建完整的数据挖掘模型。有了丰富的组件库，用户就有了更多的选择空间。

（7）交互式的数据探索

蓝鲸的组件可以实现相互通信。它可以接收输入端的数据，对其进行过滤或处理，并通过输出发送至下一个组件。蓝鲸中的数据挖掘工作流通常从一个“文件”组件开始，它可以读取数据并将其输出到下一个组件，例如，输出到“数据表格”组件来查看数据。若更改一个组件中的任意参数，此变化将立即通过下游工作流进行传播。并且如果组件窗口是打开的，用户可以即时地看到数据变化的结果。

(8)智能工作流设计界面

蓝鲸软件即使对于完全的初学者也能轻松上手。从“文件”及其组件开始，画布上将自动显示可以连接到其输出端的所有组件。例如，在放置了“距离”组件后，画布上便可以显示其输出端可能要连接的“分层集群”组件。组件中的所有其他缺省值也设置为简单的分析方法，即使不了解统计学、机器学习或探索性数据挖掘的知识，也可以轻松完成数据分析。

3.2.8 平台获取

本书涉及的数据挖掘案例均是基于蓝鲸数据挖掘平台实现的，可在平台官网(https：//bw.dashenglab.com)购买后下载使用，除教材中的数据和案例资源，该平台还包含其他行业资源，能够满足企业和科研机构绝大多数的分析需求。

3.3 商业智能分析平台

3.3.1 平台总体概述

数据可视化分析已成为职场必备技能，培养学生的数据思维、提升数据统计分析与可视化能力已成为人才培养的必然趋势。自助可视化商业智能分析平台——数据多维可开展数据可视化、数据统计、SQL数据探索等能力培养，引入物流、供应链、电商等企业实战案例，使学生掌握运用数据洞察业务、分析问题和解决问题的能力。

商务智能是指利用数据仓库、在线分析处理技术、数据挖掘、数据可视化等，从大量的数据中钻取信息与知识，为企业提供信息采集、加工处理信息、经营管理、流程自动化和决策支持等功能的智能化应用。商业智能，用一句话来讲就是从数据中提取有用信息来获得目标问题的答案，简单地讲就是业务、数据、数据价值应用的过程。

3.3.2 平台功能

(1)数据管理及配置

支持Excel数据上传、自有数据库连接，可连接MySql、PostgreSQL、Druid、MongoDB等关系型和非关系型数据库，且可以对多个表进行数据关联查询，也可以选择性关联多个数据源。

(2)数据查询

允许用户数据表格分析，可以在非常友好的界面下利用OLAP和内存引擎进行过滤、分类、排序和生成图表。

(3)数据可视化

提供可视化交互式用户界面(UI)，支持14种可视化图表，包括折线图、柱状图、条形图、组合图、面积图、散点图、环图等一些常见图形外，还支持趋势图、地理图、漏斗图、散点图等。

(4)仪表盘设计

用于提供多层面图表的展示。

3.3.3　平台获取

本书涉及的数据挖掘案例均是基于商业智能分析平台实现的，可在平台官网(https：//bias. dashenglab. com)购买后下载使用，里面包含丰富的数据，能够满足企业和科研机构绝大多数的分析需求。相比于前文提到的一些分析工具，这两款软件简单且功能强大，它们易于实施与部署，通过拖、拉、点击几步操作即可完成，无须太多的专业背景，每个人都能轻松掌握，真正实现了“亲自上阵”“所见即所得”。

拓展与思考

1. 蓝鲸数据挖掘平台提供了丰富的可视化方法集合，包括（　　）。

A. 箱线图

B. 分布图

C. 散点图

D. 马赛克图

2. 蓝鲸数据挖掘平台软件中位于数据区域的（　　）组件，用于从输入数据集中，按照条件抽取数据。

A. 特征选择

B. 数据采样

C. 随机化

D. 域编辑

3. 蓝鲸数据挖掘平台提供的分类回归算法，包括（　　）等。

A. 决策树

B. 朴素贝叶斯

C. 线性回归

D. 支持向量机

4. 蓝鲸数据挖掘平台包含许多标准的可视化组件，（　　）很好地显示了对属性的相关性的描述。

A. 框图

B. 散点图

C. 热图

D. MDS

第4章 商品销量预测实验

4.1 案例引入

2016年，阿里巴巴董事局主席马云首次提出“新零售”的概念。新零售是企业以互联网为依托，通过运用大数据、人工智能等先进技术手段，对商品的生产、流通与销售过程进行升级改造，进而重塑业态结构与生态圈，并对线上服务、线下体验以及现代物流进行深度融合的零售新模式。新零售时代的物流不仅要比谁做得更快，而且要尽量减少积压库存。商家的成本除了传统仓储配送费用外，还有库存积压所产生的成本。新零售时代的物流要更精确地预测销量、调拨库存，把商品送到消费者身边。现有一个A企业有线上线下的销售渠道，也需要解决这样一个问题。

A是一家大型电商平台，销售超数万品牌、上千万种商品，涉及家电、手机、电脑、母婴、服装等十多种品类。其仓库分布在天津、上海、广州等地区。同时线下门店有上千家，线上线下同时卖货。由于需求预测不准，导致仓库库存堆积，产生大量呆滞库存的同时，还有部分品类经常断货，为了优化库存结构，降低存货成本，提高顾客满意度，企业需要准确预测各个区域商品需求。

以历史一年商品信息数据为依据，运用数据挖掘技术和方法(如时间序列ARIMA)，精准刻画商品需求的变动规律，对未来一周的全国性商品需求量进行预测。假设领导将此任务分配给你，你会用什么模型进行销量预测?

4.2 知识点讲解

4.2.1 预测方法

销量预测指的是根据以往销售数据结合未来一段时间内各种因素的影响，对商品的销量和销售额做出估计。常用的模型有时间序列、卡尔曼滤波、线性回归、非参数回归、历史平均、神经网络和支持向量机等。本实验将采用时间序列模型。

时间序列指由同一现象在不同时间上的相继观察值排列而成的序列，也称时间数列、动态数列。随机性时间序列模型的特点是把时间序列数据作为由随机过程产生的样本来分析，多数影响时间序列的因素具有随机性质，因此时间序列的变动也具有随机性质。

4.2.2 ARIMA 模型

随机性事件序列分析法常用 ARIMA 模型、组合模型。本实验时间序列将采用 ARIMA 模型[注：ARIMA(p，d，q)模型是 ARMA(p，q)模型的拓展]求解。

ARMA 模型(auto regressive moving average model)是指自回归滑动平均模型。其基本思想是某些时间序列是依赖于时间的一组随机变量，构成该时间序列的单个序列值虽然具有不确定性，但整个序列的变化却有一定的规律性，可以用相应的数学模型近似描述。

一个平稳的时间序列总可以找到生成它的平稳的随机过程或模型，一个非平稳的随机时间序列通常可以通过差分的方法将它变换为平稳的，对差分后平稳的时间序列也可找出对应的平稳随机过程或模型。因此，如果我们将一个非平稳时间序列通过 d 次差分，将它变为平稳的，然后用一个平稳的 ARMA(p，q) 模型作为它的生成模型，则我们就说该原始时间序列是一个自回归移动平均综合模型时间序列，记为 ARIMA(p，d，q)。

4.2.3 模型评估

(1)标准差

标准差(standard deviation，SD)是方差的算术平方根，是各数据偏离平均数的距离的平均数，反映一个数据集的离散程度。

(2)均方根误差

均方根误差(root mean square error，RMSE)是均方误差的算术平方根，在实际测量中，观测次数 n 总是有限的，真值只能用最可信赖(最佳)值来代替。方根误差对一组测量中的特大或特小误差反应非常敏感，所以均方根误差能够很好地反映出测量的精密度。RMSE 数值越小，说明预测模型描述实验数据具有更好的精确度。

(3)平均绝对误差和平均绝对百分误差

平均绝对误差(mean absolute error，MAE)是所有单个观测值与算术平均值的偏差的绝对值的平均。与平均误差相比，平均绝对误差由于离差被绝对值化，不会出现正负相抵消的情况，因而平均绝对误差能更好地反映预测值误差的实际情况。

平均绝对百分误差(mean absolute percent error，MAPE)是个相对值，而不是绝对值，所以单看 MAPE 的大小没有意义，可以用来对不同模型同一组数据的评估。

(4)赤池信息量准则

赤池信息量准则(akaike information criterion，AIC)，是衡量统计模型拟合优良性的一种标准，是由日本统计学家赤池弘次创立和发展的。赤池信息量准则是建立在熵的概念基础上，可以权衡所估计模型的复杂度和此模型拟合数据的优良性。

4.3 实验过程

4.3.1 数据观察与载入

想要分析数据首先要了解数据，对数据的情况进行多角度观察，然后才能建模。数据涉及某国内大型电商平台所覆盖全国总仓、分仓数据。时间跨度：2014 年 10 月 1 日至 2015 年 12 月 27 日，数据特征包括商品本身的一些分类：类目、品牌等，还有包含用户历史行为特征：浏览人数、加购人数、购买人数。本案例以全国总仓需求数据为例(表 4-1)。

表 4-1　原始数据特征列表

商品 ID	仓库 CODE	叶子类目 ID	大类目 ID	品牌 ID	供应商 ID	浏览次数	流量 UV
被加购次数	加购人次	收藏夹人次	拍下笔数	拍下金额	拍下件数	拍下 UV	成交金额
成交笔数	成交件数	成交人次	直通车引导浏览次数	淘宝客引导浏览次数	搜索引导浏览次数	聚划算引导浏览次数	直通车引导浏览人次
淘宝客引导浏览人次	搜索引导浏览人次	聚划算引导浏览人次	非聚划算支付笔数	非聚划算支付金额	非聚划算支付件数	非聚划算支付人次	

(1)新建一个工作流

登录蓝鲸数据挖掘平台，单击“文件”-“新建”，在出现的“工作流信息”对话框中，新建一个工作流(图 4-1)。

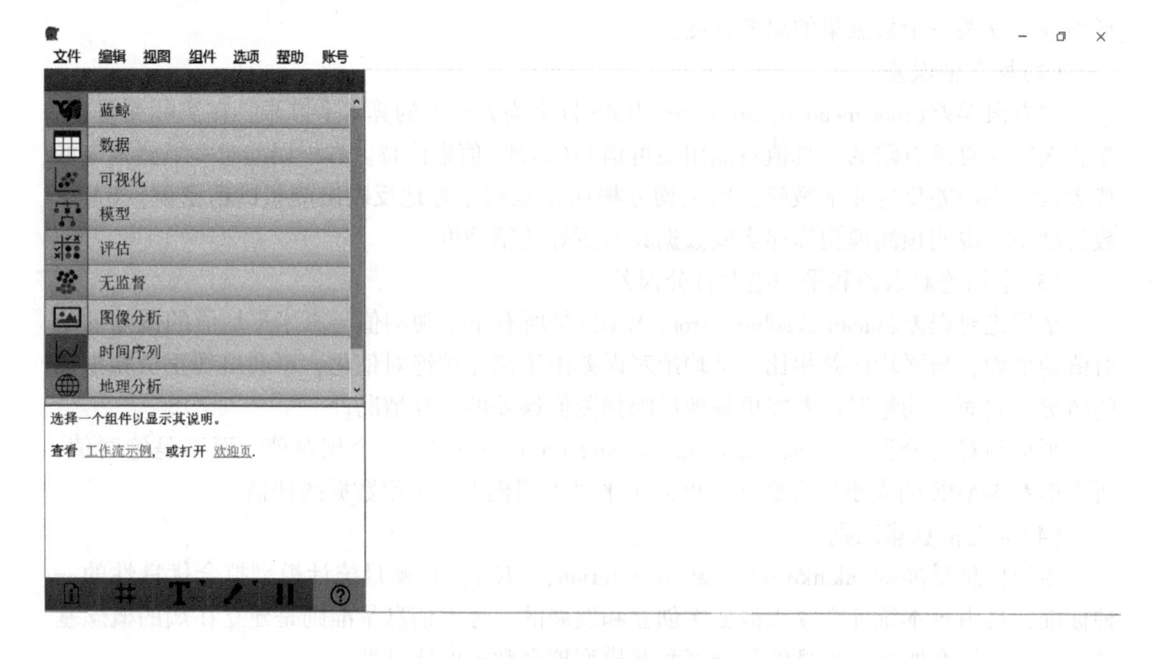

图 4-1　创建一个新的工作流

(2)数据载入

由于本案例涉及数据体量庞大，放置云端便于统一存储管理，用户只需相关组件(节点)即可实现调用。在蓝鲸区域中选择数据组件，双击打开出现对话框，下拉菜单选择智能分仓数据集中的商品信息表(图 4-2)，数据传输速度受用户当前网速的影响。

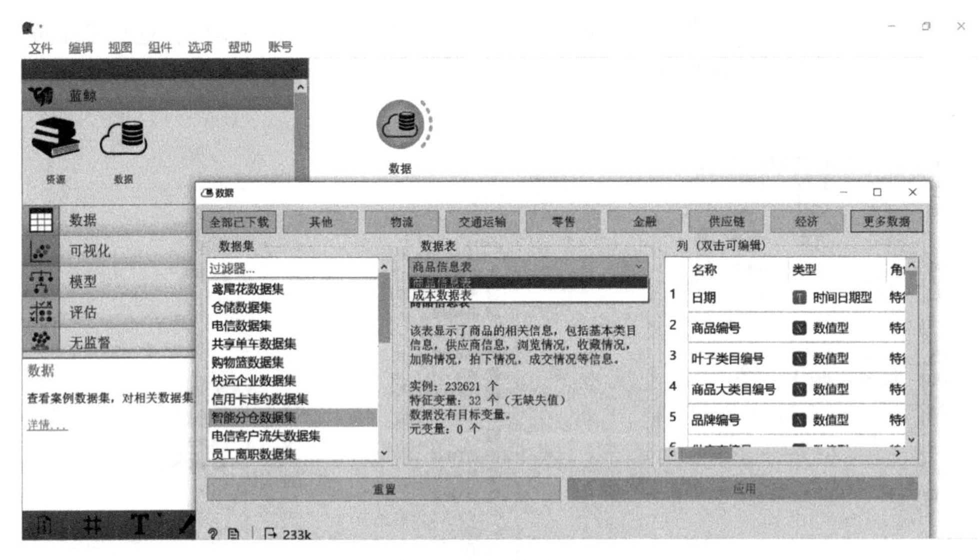

图 4-2　获取云端数据

(3) 原始数据观测

如图 4-3 所示，在数据区域中选择数据表格组件，并与蓝鲸数据组件相连，双击打开，重要的字段信息有日期、成交件数、商品编号。结果对话框的左上角数据简要区域展现原始数据的基本信息，包括数据的体量显示是 232621 条数据，特征维度有 32 个字段以及缺失值比率，有无元变量等信息；对话框的右侧区域展现原始数据的二维列表，数据时间跨度：从 2014 年 10 月 1 日到 2015 年 12 月 27 日。

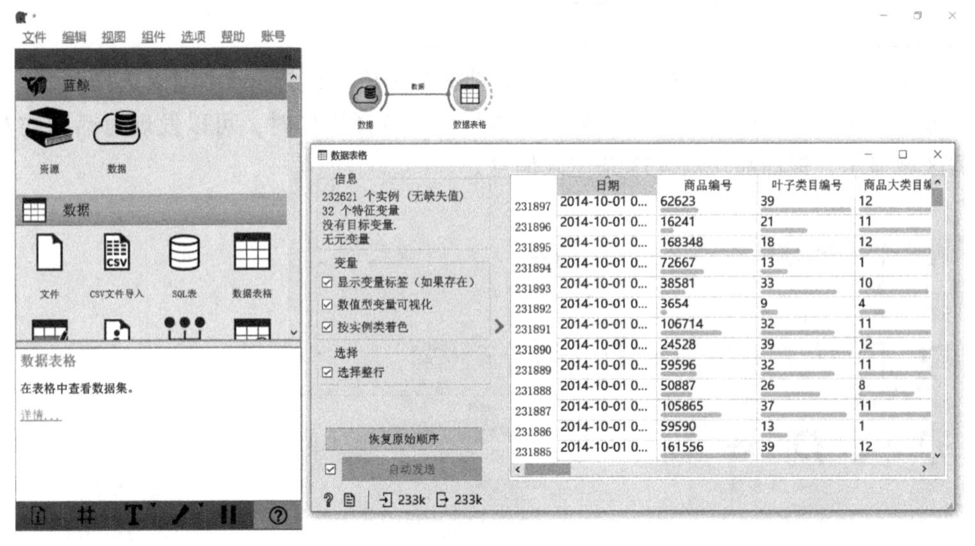

	日期	商品编号	叶子类目编号	商品大类目编
231897	2014-10-01 0...	62623	39	12
231896	2014-10-01 0...	16241	21	11
231895	2014-10-01 0...	168348	18	12
231894	2014-10-01 0...	72667	13	1
231893	2014-10-01 0...	38581	33	10
231892	2014-10-01 0...	3654	9	4
231891	2014-10-01 0...	106714	32	11
231890	2014-10-01 0...	24528	39	12
231889	2014-10-01 0...	59596	32	11
231888	2014-10-01 0...	50887	26	8
231887	2014-10-01 0...	105865	37	11
231886	2014-10-01 0...	59590	13	1
231885	2014-10-01 0...	161556	39	12

图 4-3　原数据观测

4.3.2　数据清洗

如图 4-4 所示，载入数据之后，要保证数据的质量，只有有效的数据才能产生有效的结果。上一步的观察结果显示该数据集没有缺失字段，是完整的数据集，所以可依据需求进行特征选择。与源数据连接一个“特征选择”组件，基于时间序列模型，这里特征变量只选择日期，目标变量为成交件数，元变量为商品编号字段。

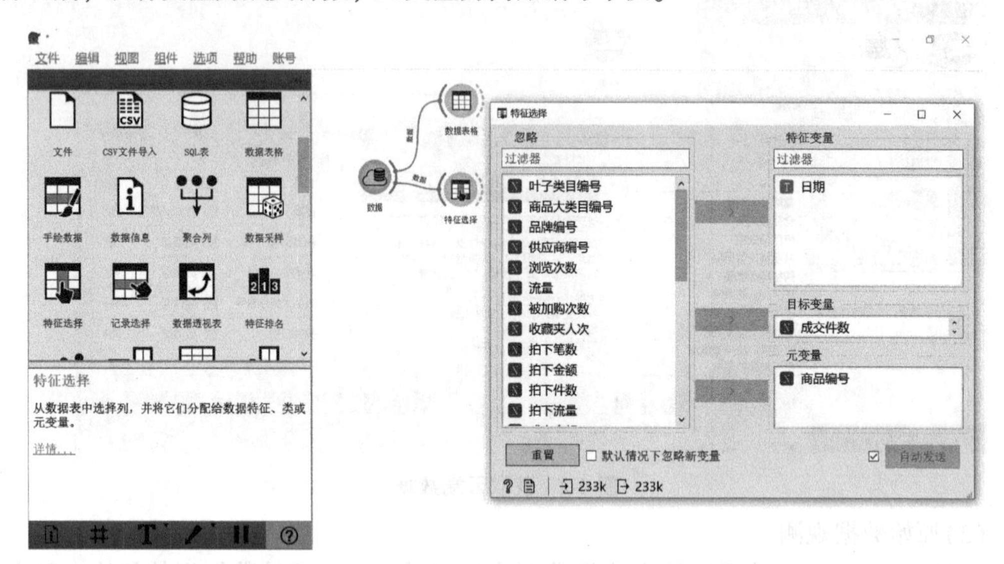

图 4-4　特征选择示意

4.3.3　探索性数据分析

为了深入观测商品需求的变化，避免异常值的影响，需要针对具体商品进行探索分析，包括：商品选择和商品需求变化分析。

(1)商品选择

如图 4-5 所示，先选取少量样本进行探索性数据分析。选择一个“记录选择”组件，筛选商品编号为 197 作为研究目标进行分析。进行商品选择操作时，可以发现对话框的左下角数据区域显示，该商品包含 453 条记录信息。

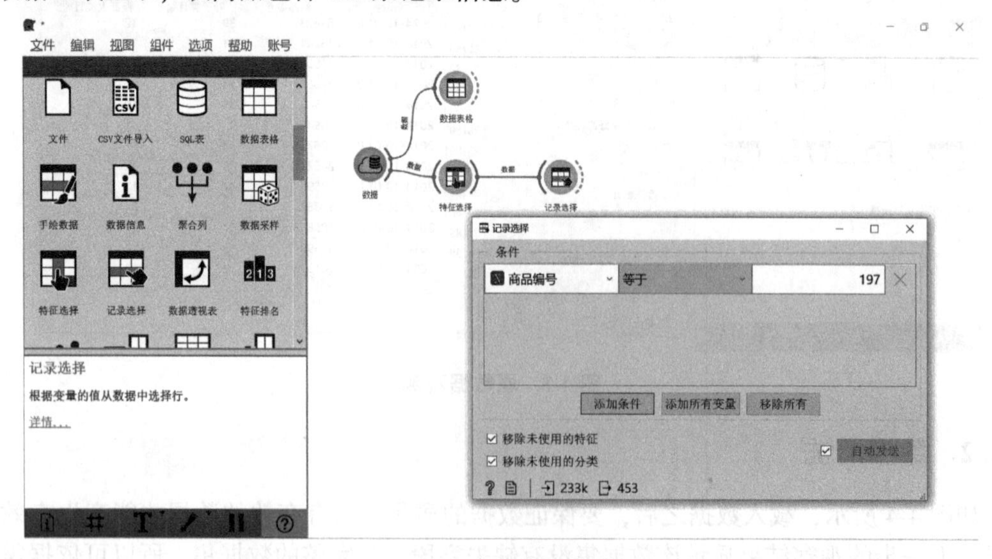

图 4-5　商品选择示意

(2)商品需求变化分析

如图 4-6 所示，选择商品后，可以利用可视化工具进行探索分析。首先进行序列图可视化，序列图可以查看一段时间内商品销量的波动情况。从结果中可以看出，商品(商品编号 = 197)的需求变化除了个别异常值外总体稳定。这是个显而易见的现象，商家会在一些特殊的日子开展相关的优惠活动以及广告的大量宣传，从而导致在一些时间点商品销量的突然暴增，例如“双十一”“618”“双十二”等特殊时间点。

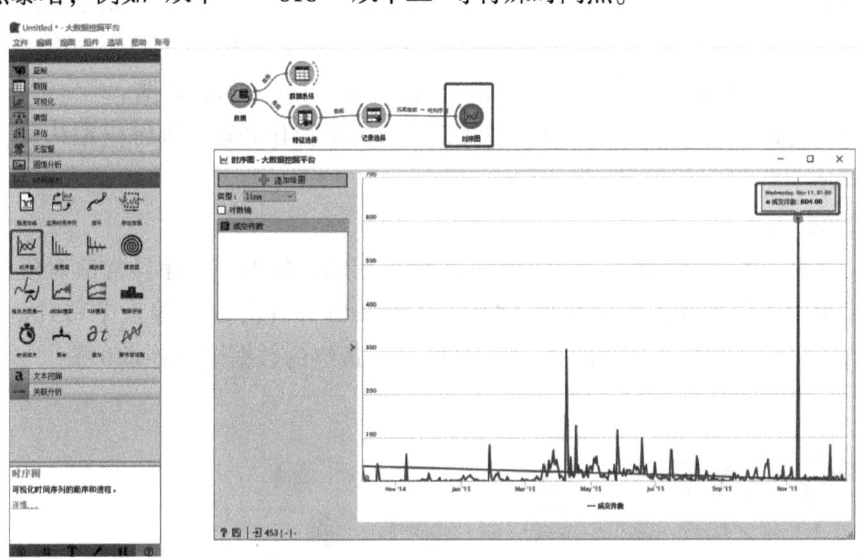

图 4-6　商品需求分析(基于序列图)

为了观察该商品的月度销量变化趋势，将引入螺旋图进行观察(图 4-7)。从结果可以看出，2014 年只有 10 月、11 月及 12 月三个月的需求数据，且需求量都相对不大。

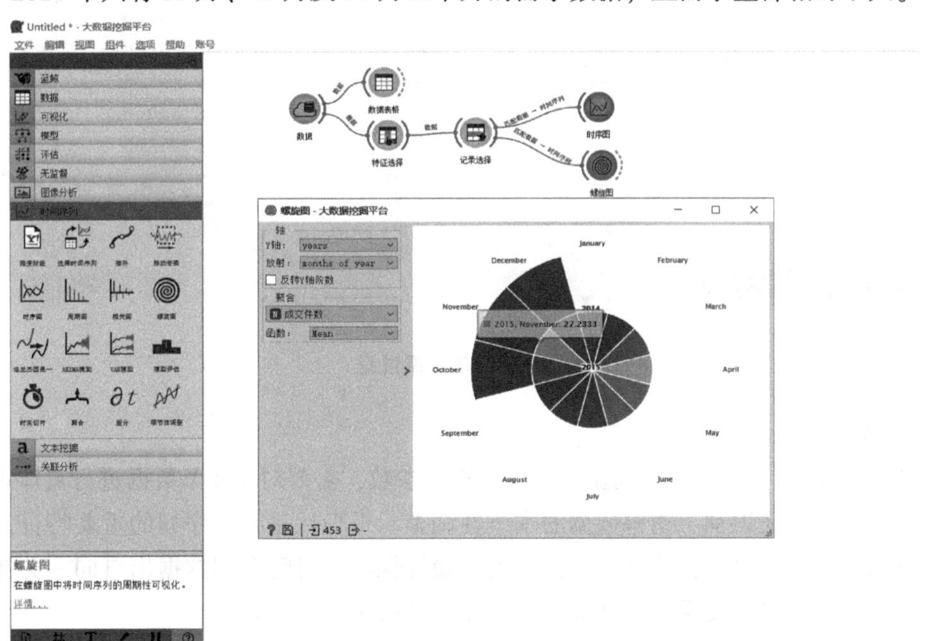

图 4-7　商品需求分析(基于螺旋图)

2015 年的需求大多集中于 4 月、5 月、6 月及 11 月。进一步挖掘发现，对比先前的图 4-7 可以发现，11 月的需求贡献大多来源于 11 月 11 日。故而得出建议：该商品的需求旺季集中于 4 月、5 月、6 月，商家须做好备货准备。

4.3.4 模型训练与评估

本案例商品数据时间跨度为 2014 年 10 月 1 日至 2015 年 12 月 27 日。由于预测目标为商品未来一周的需求变化，故而将商品数据时间设置为 2014 年 10 月 1 日至 2015 年 12 月 20 日作为训练集，2015 年 12 月 21 日至 2015 年 12 月 27 日作为测试数据。

模型的训练与评估主要包括异常数据过滤、序列的平稳化处理、训练模型构建、新建训练模型的评估。

(1)异常数据过滤

如图 4-8 所示，由于预测的时间段为商品的淡季期间，故需要消除异常值对模型性能的影响。从结果中可以发现，异常数值主要集中在 2015 年 4 月 8 日等六个特殊的日期，数据范围从 2014 年 10 月 1 日到 2015 年 12 月 20 日，最终的数据记录有 440 条。

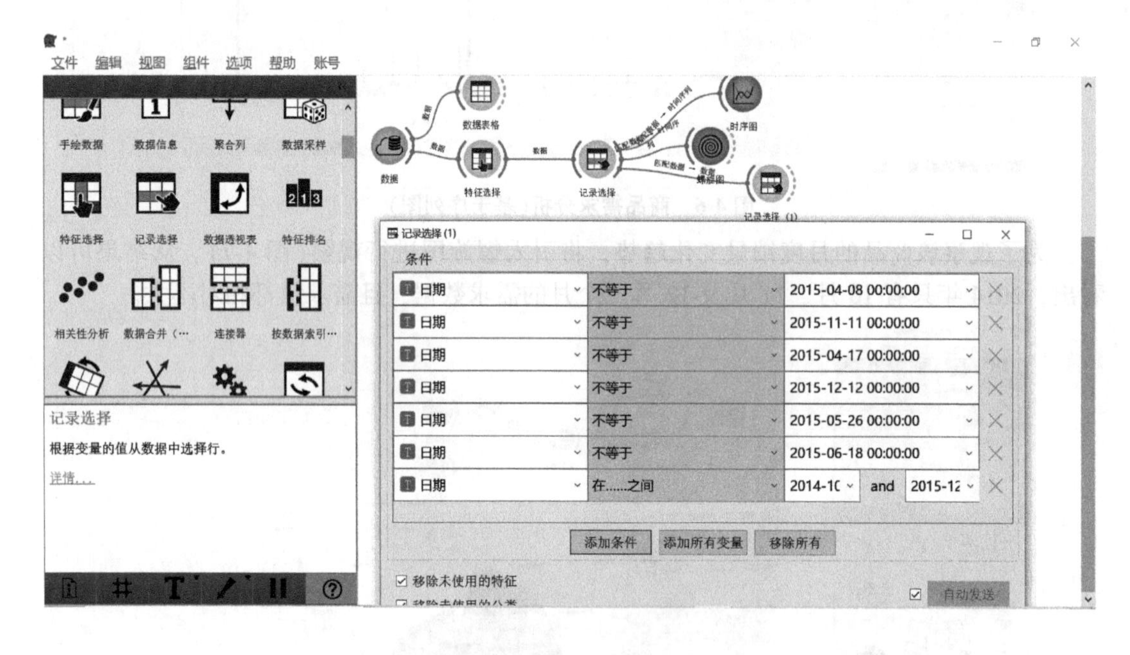

图 4-8 异常数据过滤

(2)序列平稳化处理

如图 4-9 所示，为了选择合适的 ARIMA 模型参数，需要对 440 条数据进行具体观察和调整，包括时间特征识别、销售数据的季节性调整。平稳性是时间序列的重要特征。只有平稳的时间序列才可以进行统计分析，因为平稳性保证了时间序列数据出自同一分布，以便后续均值、方差等相关系数的计算，所以需要进行平稳化处理。

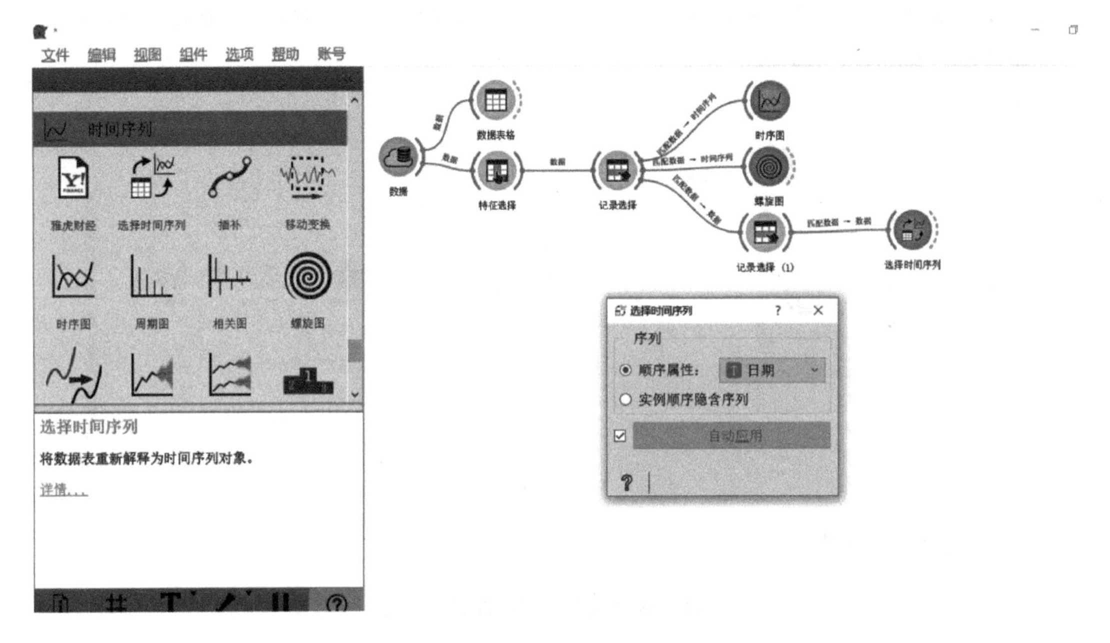

图 4-9 时间特征识别

从已有分析可知，该商品全年需求变化受季节影响较大，所以需要进行季节性调整（图 4-10）。

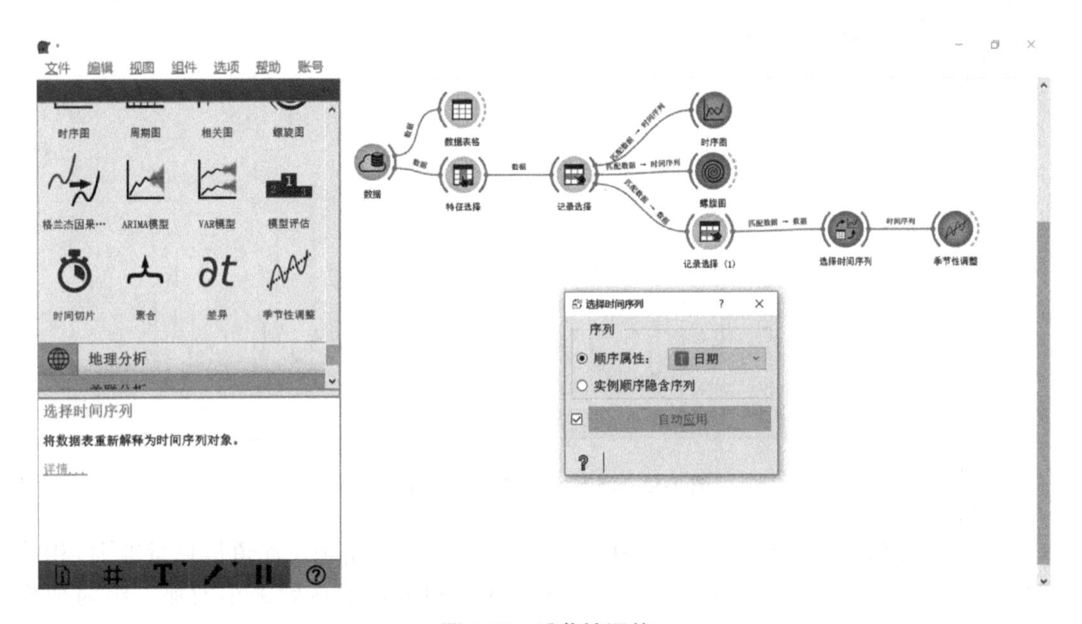

图 4-10 季节性调整

对结果的可视化有利于分析者快速发现问题，这里选择时序图查看这时段的波动情况（图 4-11、图 4-12）。

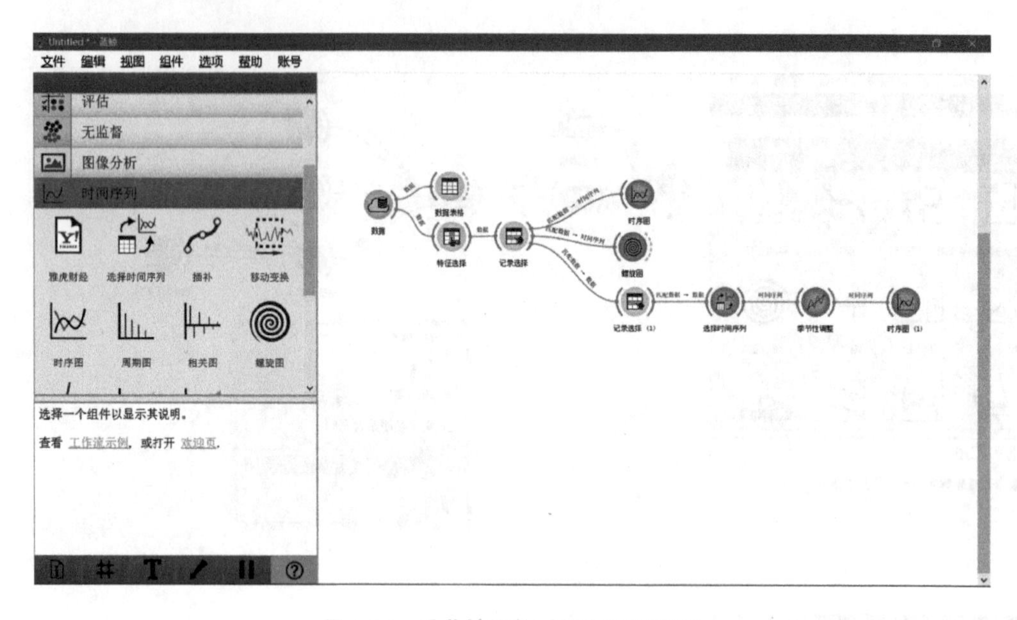

图 4-11　季节性调整时间序列图操作

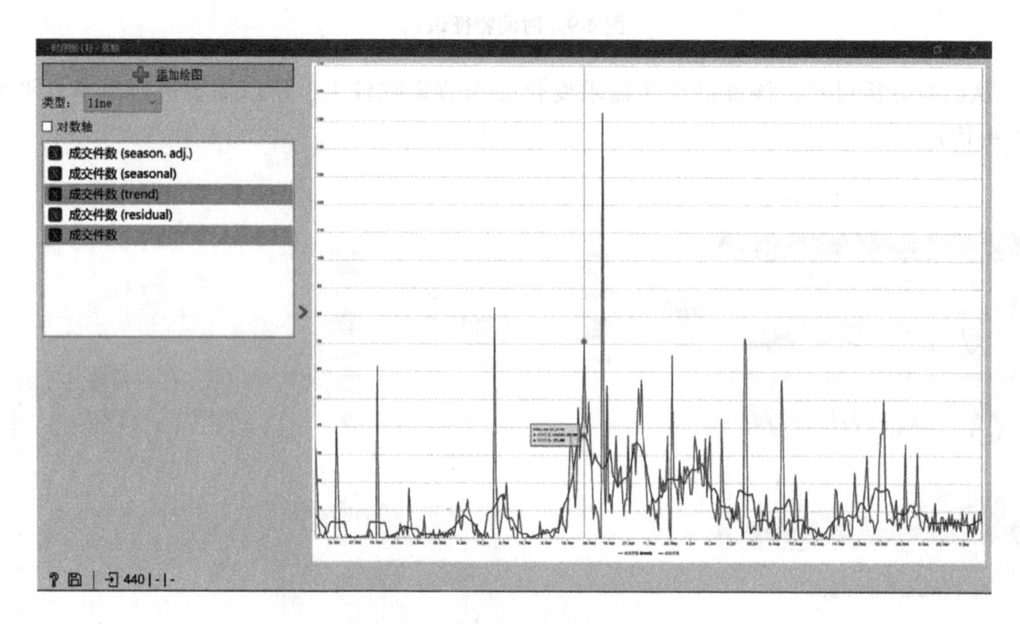

图 4-12　季节性调整时间序列图

根据时间序列的识别规则，采用 ACF 图、PAC 图，AIC 准则(赤道信息量准则)相结合的方式来确定 ARMA 模型的阶数，应当选取 AIC 和 BIC 值达到最小的那一组为理想阶数。

引入自相关图 ACF 自相关，表示的是同一个时间序列在任意两个不同时刻的取值之间的相关程度。结果如图 4-13 所示。

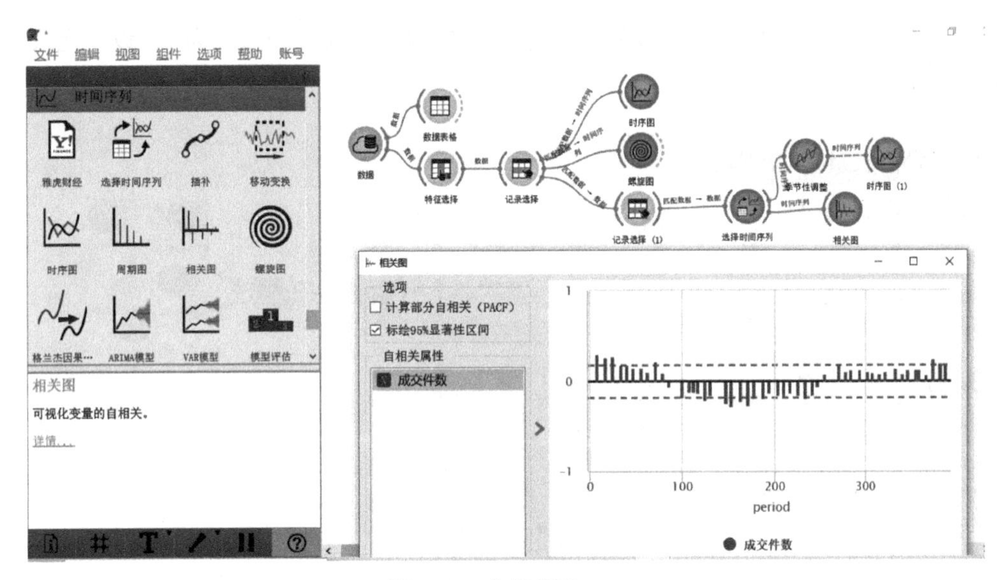

图 4-13　自相关图ACF

从结果中可以看出，在 95%的置信度下，滞后 1 阶自相关值大部分没有超过边界值，部分超过边界可能是由于异常值的影响。下面引入偏相关图 PACF。结果如图 4-14 所示。

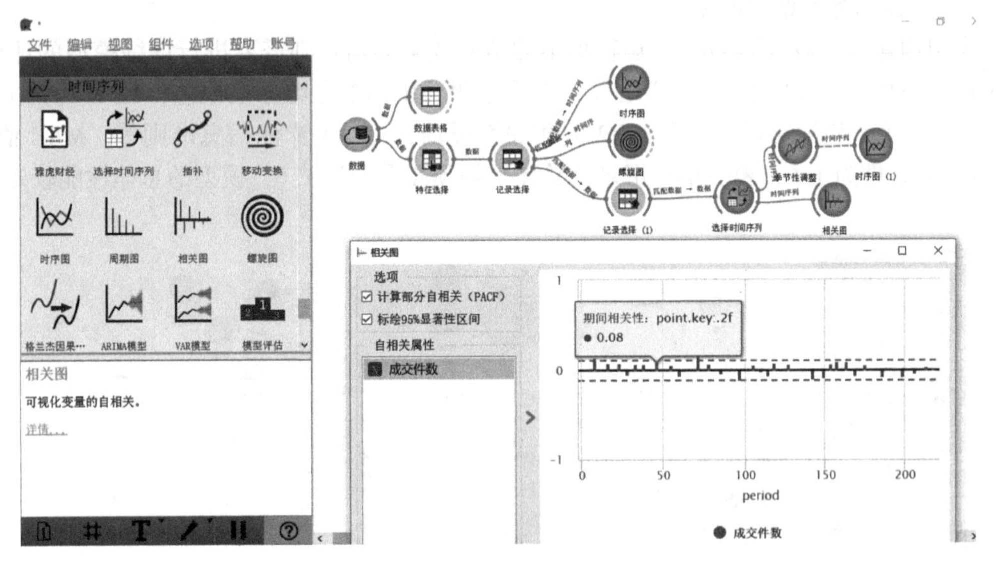

图 4-14　偏相关图 PACF

模型定阶方法主要有偏相关定阶法、白噪声检验定阶法、F 检验定阶法、准则函数定阶法、信息熵定阶法等。这里采用偏相关定阶法，此定阶法主要是利用特定模型的自相关函数或偏相关函数的截断和拖尾性质来确定合适的模型和阶数，粗略定阶。分析如图 4-14 所示，发现偏自相关值选 1 阶后拖尾，设置 ARIMA 模型的参数设置为 arima(1，1，1)进行模型估计。

(3)训练模型构建

如图 4-15 所示，得到模型参数后，进行训练模型的建立。预测步长设置为 7，配置模型参数 arima(1，1，1)自回归系数为 1，差分阶数为 1，移动平均系数为 1，设置完成，模型开始运行。

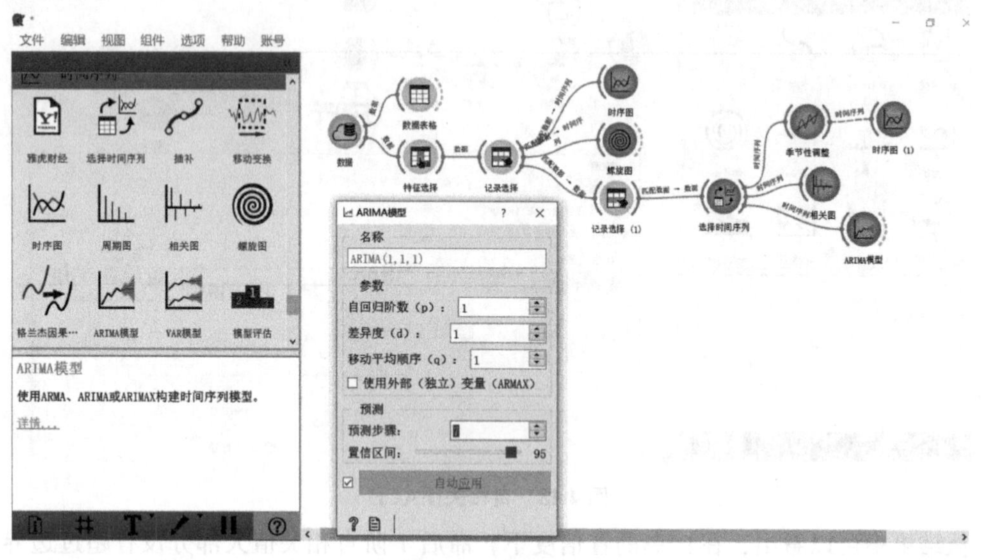

图 4-15 ARIMA

(4)新建训练模型的评估

模型构建好之后(图 4-16)，运行得出的结果效果如何？则需要进行训练模型的评估。为了评估模型，选择“模型评估”组件，查看结果。RMSE 为均方根误差，MAE 为均方误差，MAPE 为平均绝对百分误差，R2 为相关性强弱，AIC 为赤池信息准则等。MAE 值为 2.871，开方即为 1.6，表明单个记录的总体平均预测误差为 1.6，模型的总体性能较好。

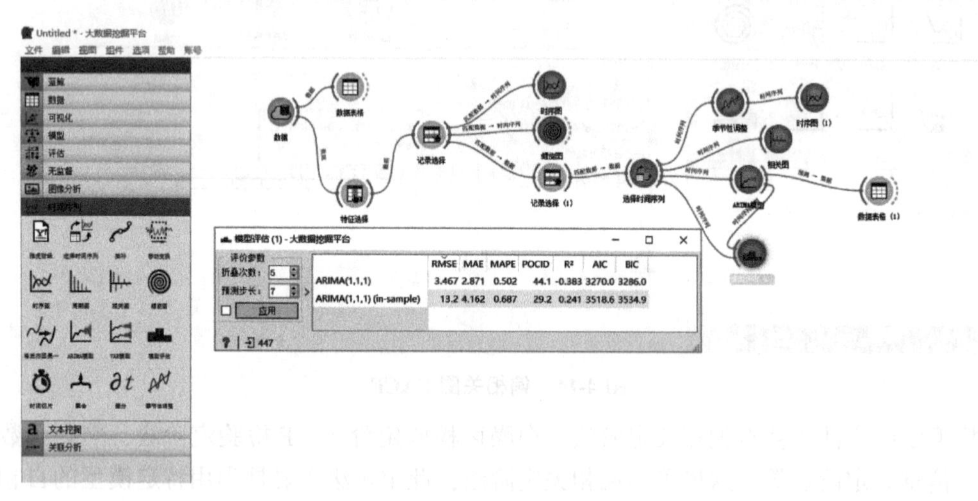

图 4-16 新建训练模型评估

4.3.5 商品需求的预测分析

经过模型的评估知道模型是有效的，可选择“数据表格”组件查看预测的具体数值。计算结果中的数值，发现对 7 天的预测值求和为 42.09。至此，对于商品未来 7 天的销量预测已经得出结果(图 4-17)。预测的效果如何，还需进一步进行评价。

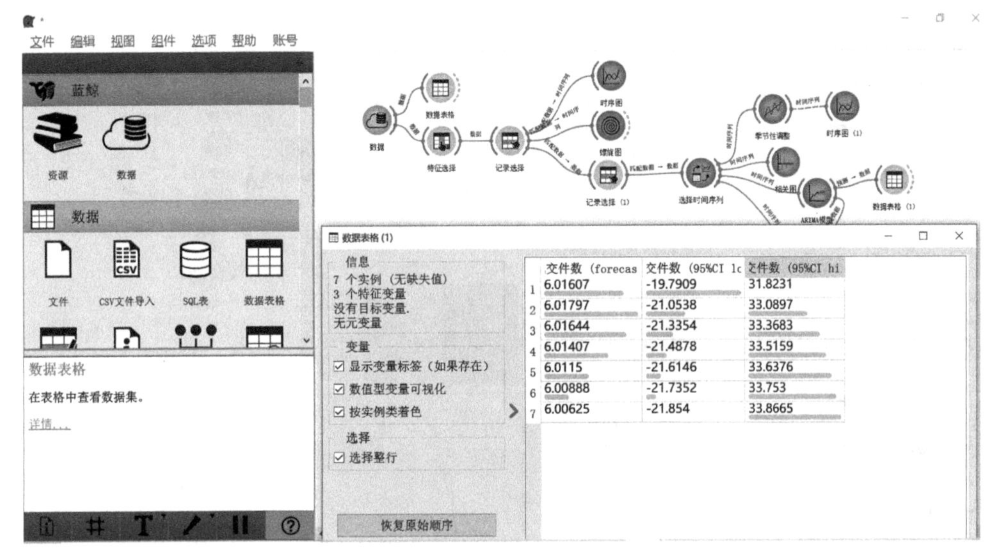

图 4-17　未来一周商品需求的预测

4.3.6　预测效果评价

(1)预测效果评价——基于具体数值

为了对比预测的效果，需要将预测结果中的预测值，与实际数值进行比较，以评估预测效果(图 4-18、图 4-19)。在“特征选择”组件之后拉一个“记录选择”组件，选择时间跨度为 2015-12-21 到 2015-12-27 且商品编号为 197 的记录。选择完成之后添加一个“数据表格”组件查看结果。计算结果的数值发现，7 天的测试数据集求和为 29。对一周的预测值与实际值对比误差为 13.09。

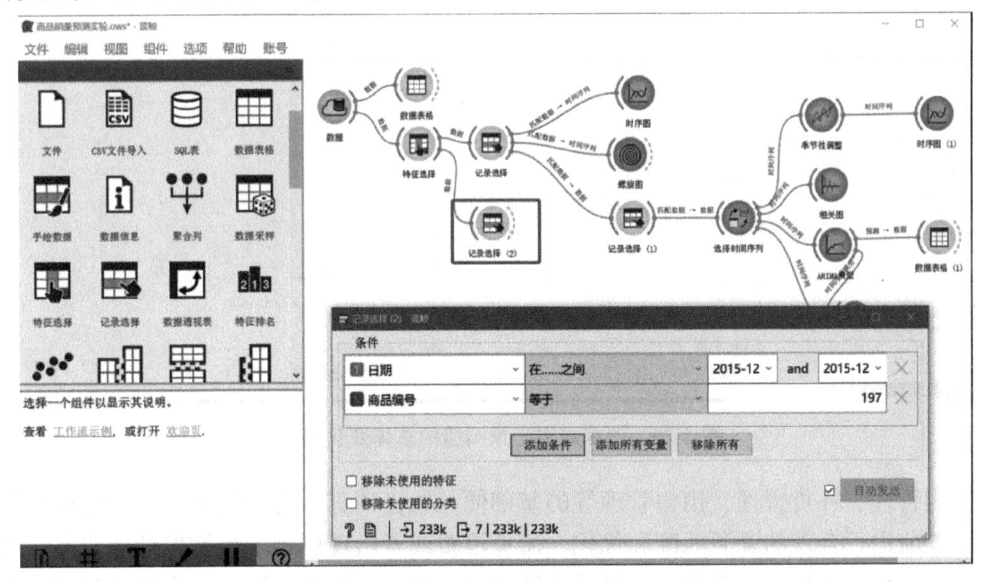

图 4-18　测试集配置

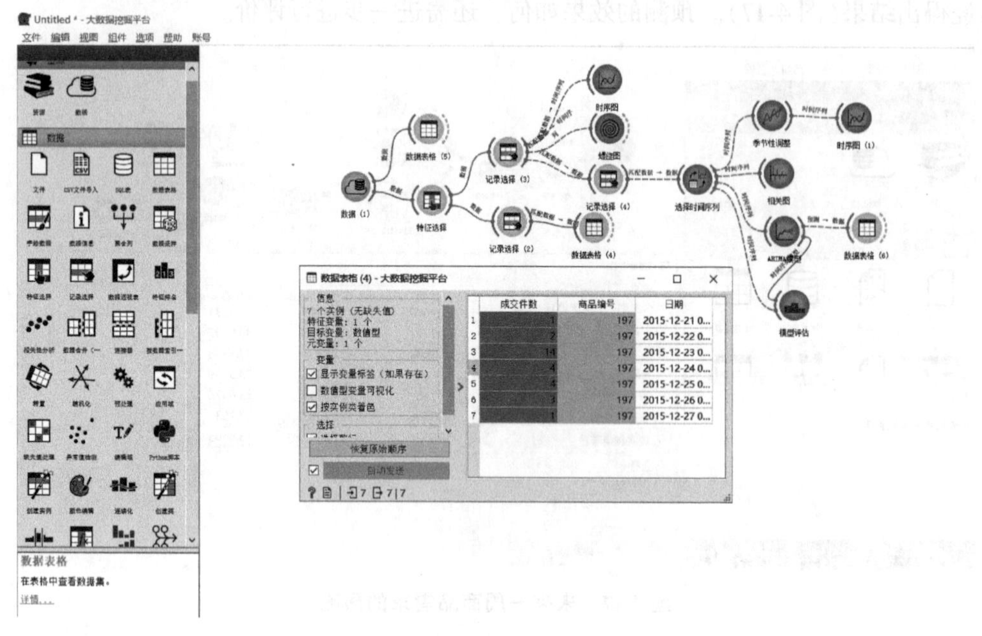

图 4-19 测试集及结果

(2)预测效果评价——基于可视化

为了更加直观地观察训练数据与预测值的总体变化趋势(图 4-20)，可以借助合适的可视化工具。

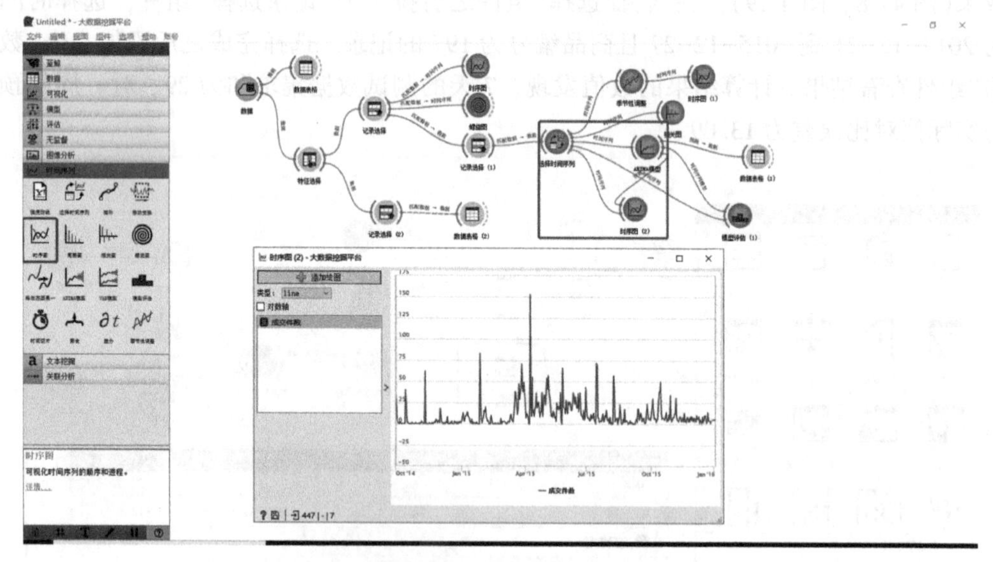

图 4-20 训练数据与预测值的总体变化趋势

采购管理、补货管理、销售管理等的基础便是销售预测，精确的销售预测可以指导后端运营提前进行合理的资源匹配和优化，避免浪费或者出现瓶颈。预测偏低或走高，会引发断货或爆仓，都将对企业自身及其供应链伙伴造成巨大伤害。因此，商品销量预测非常重要，对后续活动的进行提供了关键的指导。基于时间序列进行商品销量预测是一种简便有效的方法，通过本实验的学习应学会如何运用蓝鲸数据挖掘平台构建时间序列模型。

拓展与思考

1. RMSE 指标指的是（　　）。

A. 标准差

B. 均方根误差

C. 平均绝对误差

2. SD 指的是　（　　）。

A. 标准差

B. 均方差

C. 均方根误差

3. 本次实验中时间序列预测使用的是什么算法模型？　（　　）

A. MA 模型

B. AR 模型

C. ARIMA 模型

4. 本次实验中用到哪些可视化图表？　（　　）

A. 散点图

B. 序列图

C. 螺旋图

第5章 仓库缓冲区配置优化

5.1 实验概述

仓库缓冲区配置优化直接影响着配送中心储位利用率、拣货效率、订单执行时间等所有的关键性环节，是配送中心运营和发展过程中的研究和决策的重点。本实验主要研究如何利用数据挖掘中的关联规则算法对仓储管理系统的大规模业务数据进行关联挖掘，找出商品关联关系，以优化仓库缓冲区配置，提高配送中心整体的作业效率。

5.2 案例引入

5.2.1 背景

仓库缓冲区配置的优化需要从历史交易数据中挖掘对货物存储位置有帮助的信息。通常情况下，企业仓库中不同类型的商品在出货或者配送时存在一定的联系，例如，某些类型的货物通常安排在一起进行配送，所以这些货品在进行存储时如果安排在相邻的存储位置实现关联存储，则可以大幅度提高出货或者配送效率(图5-1)。

而面向关联规则的数据挖掘处理算法能从数据记录或者数据对象中获取数据项之间的关联性，而这些关联性预示了数据项之间的数据依赖，因此基于关联规则的数据挖掘技术非常适合应用到仓储配置的优化过程中。

5.2.2 任务与假设

(1)仓库中设有区域实现关联存储。

(2)商品的存储特点不存在特殊性，即任意商品可以摆放在相邻位置。

(3)不考虑订单中每种货物的数量。

基于出库拣选订单数据，找出订购频次高且相关性强的商品。

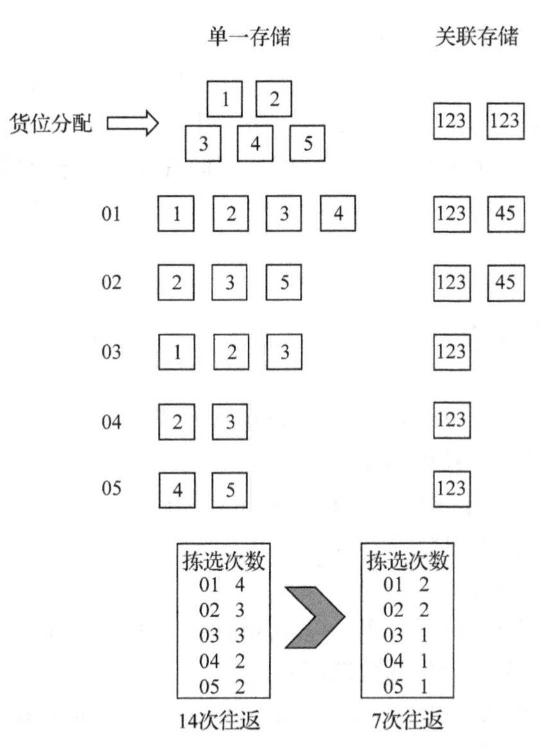

图 5-1　关联存储

5.3　知识点讲解

5.3.1　关联规则概述

关联规则最早源自 IBM 的阿格拉沃尔等人，于 20 世纪 90 年代提出。主要是用来解决数据项彼此间的关联关系，例如，采购黄油和面包的人，超过九成会进一步采购牛奶。找到了这一系列关联项之间的内在联系之后，则能够基于此对超市工作者实施相应的指导，就之前所找到的关联规则，有关工作者即能够有效地实现货物的科学摆放，将上述三件商品同置于一处，也可以把三者分别摆放在货架的两侧。如此，在客户进入超市之后，能够快速地找到自己所需求的商品，为其提供便利；就后者而言，顾客在采购阶段往往会路过一系列的位置，往往也会采购部分商品，因而也会影响其他一系列产品的出售情况。

关联规则也可应用于物流中的仓储管理，通常情况下，企业仓库中不同类型的商品在出货或者配送时存在一定的联系，例如，某些类型的货物通常安排在一起进行配送，所以这些货品在进行存储时如果安排在相邻的存储位置则可以大幅度提高出货或者配送效率。关联规则应用最广泛的是 Apriori 算法和 FP-Growth 算法，本实验借助 FP-Growth 算法挖掘商品的关联关系。

5.3.2　关联规则定义

设 $I = \{i_1, i_2, \cdots, i_m\}$ 为项目集合，简称项集；$T = \{t_1, t_2, \cdots, t_n\}$ 为所有事务的集

合，其中每一个事务均具有独立标识，且每个事务 $t_i(i=1, 2, \cdots, n)$ 分别对应 I 的一个子集。设有项目 A，B⊆I，且 A∩B=∅，关联分析用表达式 A→B 表示。关联强度的度量参数为支持度(support)、置信度(confidence)和提升度(lift)。置信度用来表示在包含 A 的事务中 B 出现的概率；支持度用来表示 A 和 B 同时在事务中出现的概率；提升度表示包含 A 的事务中 B 出现的概率与不含 A 的事务中 B 出现的概率之比。

5.3.3 测度指标含义

设定 count(A ⊆ T) 为集合 T 中包含 A 项集的事务的数量，那么 A 的支持度为公式(5-1)：

$$\text{support}(A) = \text{count}(A \subseteq T)/|T| \tag{5-1}$$

关联规则 R：A→B 的支持度为公式(5-2)：

$$\text{support}(A \rightarrow B) = \text{count}(A \cup B)/|T| \tag{5-2}$$

其中 $|T|$ 表示 T 中包含的事务个数。

关联规则 R：A→B 的置信度为公式(5-3)：

$$\text{confidence}(A \rightarrow B) = \text{support}(A \rightarrow B)/\text{support}(A) \tag{5-3}$$

关联规则 R：A→B 的提升度为公式(5-4)：

$$\text{lift}(A \rightarrow B) = \text{confidence}(A \rightarrow B)/\text{support}(B) \tag{5-4}$$

(1)置信度

置信度 confidence(A→B)表示在所有包含 A 的事务集合中，B 出现的频繁程度，即 A 出现导致 B 出现的必然性有多大。对于规则 A→B，置信度如果越高，说明事务 B 在包含 A 的事务中出现的概率就越高，这条规则的真实性越大。例如，规则：面包=>分黄油的置信度高就说明在顾客经常在购买面包的先决条件下购买黄油，因此，商家就可以将此两种食品进行关联并放置在临近的位置。

(2)支持度

支持度 support(A→B)表示同时含有 A 与 B 的事务的数量占事务总数的比例。即 A 和 B 在所有事务中共同出现的普遍程度。支持度越大表明该规则所涉及的事务在整体中所占的比重越大，该规则的价值就更高，也更有意义。支持度是关联规则的一个重要的度量方法，因为支持度越高的规则往往表示事务之间的共性越大，A 和 B 的关联性也越强；支持度较低的规则往往被认为是关联性较差或是偶然发生的不具有关联研究价值。

(3)提升度

提升度 lif(A→B)是指事务的置信度与期望置信度之比，是后来被用于关联分析的。提升度用于反映事物 A 的出现对事物 B 出现的影响力。一般来说提升度大于 1 才算有意义，意味着 A 事物的出现对 B 事物的出现具有促进作用。引入提升度作为关联规则的度量参数，有助于反映项集间的关联性。

【例 5-1】有以下 4 个订单 i_1，i_2，i_3，i_4，包含的商品分别为(A，B，C)，(A，C)，(A，D)和(B，E，F)。

A，B，C，D，E，F 的支持度分别为 75%，50%，50%，25%，25%，25%。

关联规则 R：A→C 的支持度为：

$$\text{support}(A \to C) = \frac{\text{count}(A \cup C)}{|T|} = \frac{2}{4} = 50\% \tag{5-5}$$

关联规则 R：A→C 的置信度为：

$$\text{confidence}(A \to C) = \frac{\text{support}(A \to C)}{\text{support}(A)} = \frac{50}{75}\% = 67\% \tag{5-6}$$

关联规则 R：A→C 的提升度为：

$$\text{lift}(A \to C) = \frac{\text{confidence}(A \to C)}{\text{support}(C)} = \frac{67}{50}\% = 1.34 \tag{5-7}$$

关联规则 R：A→C 的提升度为 1.34，大于 1，说明购买 A 商品对 C 商品的购买具有促进作用。

5.3.4　关联规则挖掘过程

(1)找出频繁项集

找出频繁项集，即寻找支持度大于设定的最小支持度的项目集。频繁项集的支持度需要大于或等于最小支持度，最小支持度及最小置信度的确定一般由客户设定。该步骤的重要性最高，整个关联分析的性能将由该步骤来决定。

(2)产生关联规则

关联规则可由事务的频繁项集产生，即在频繁项目集中筛选支持度大于设定的最小支持度的项集的关联规则，这些规则必须满足最小支持度与最小置信度。该步骤相对较为简单。

5.4　实验过程

实验流程主要包括数据探索和关联分析两个关键步骤(图 5-2)。

5.4.1　数据信息

实验中的数据为某立体仓库 2017 年 1 月 1 日至 2017 年 3 月 30 日的出库拣选单明细，抽取订单中商品类别超过 10 种的数据，发现商品的关联关系。商品信息见表 5-1。

表 5-1　商品信息

拣选时间 (created_ time)	拣选单 ID (pick_ order_ id)	订单 ID (ship_ id)
商品行号 (row_ No.)	商品 ID (pn_ No.)	仓位号 (position)
商品数量 (ship_ num)	发往城市 (arr_ city)	状态 (ship_ station)

注：商品行号为该商品出现在订单中的顺序 8、4、3、1、9、5、3、7。

打开数据挖掘工具蓝鲸数据挖掘平台，蓝鲸模块拖入“数据”节点，选择“仓储数据集”中的“拣选单数据表”，并将“商品编号”“仓位号”“状态”“目的地城市”的类型由“文本

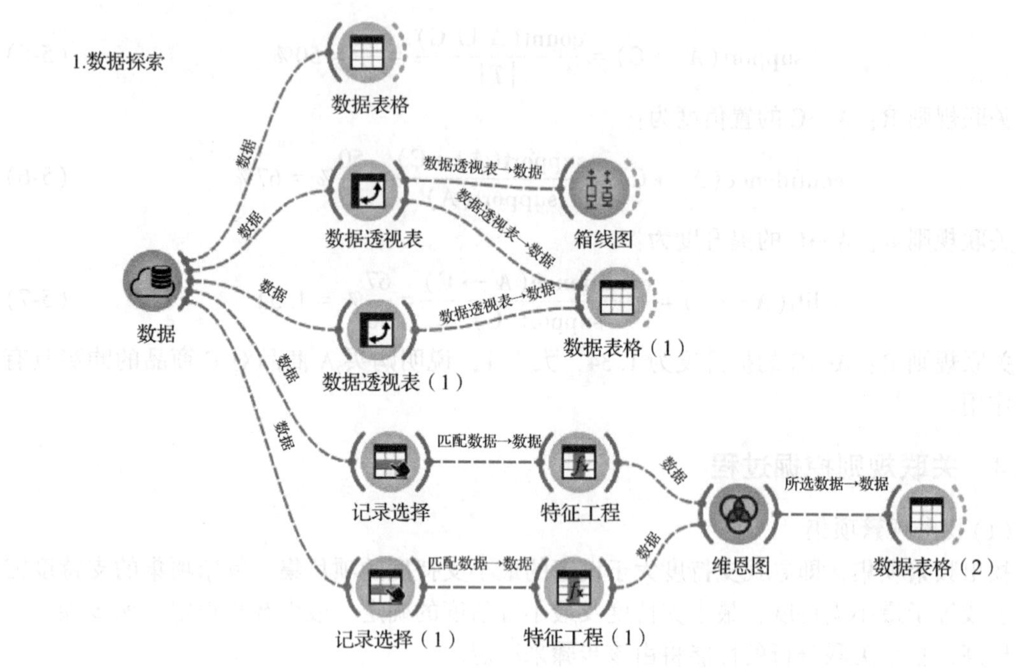

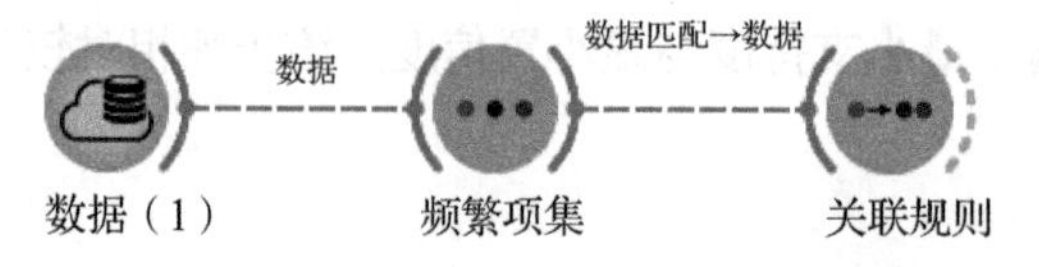

图 5-2　实验流程图

型”改选为“类目型”以及将其角色由“元变量”改选为“特征变量”后，点击“应用”，拖入数据表格节点查看数据分布(图 5-3 至图 5-5)。

图 5-3　拣选单数据表

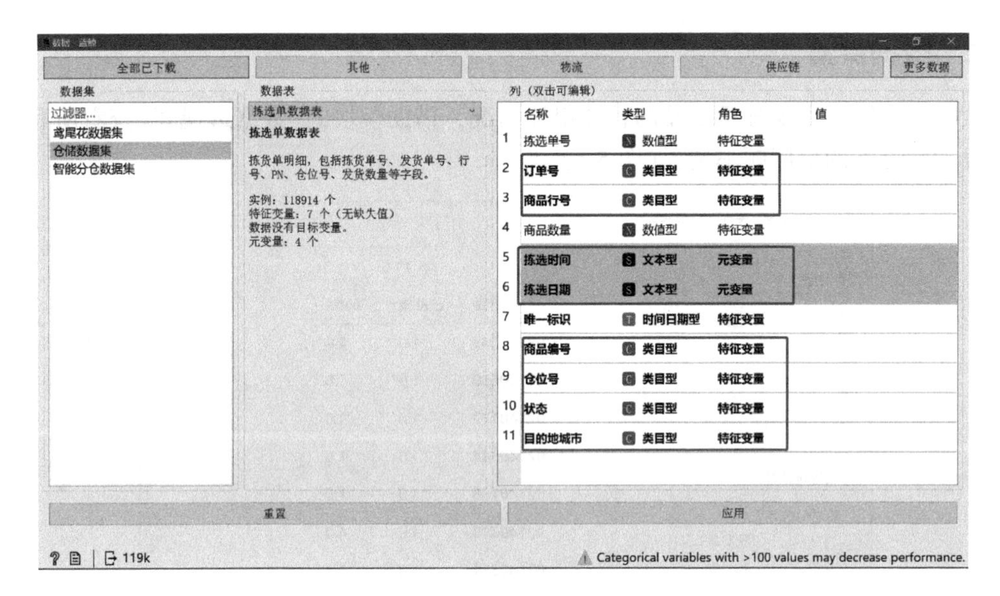

图 5-4　修改拣选单数据表字段

数据表格 - 大数据挖掘平台

信息
118914 个实例
9 个特征变量（0.0 % 缺失值）
没有目标变量.
2 个元变量

变量
☑ 显示变量标签（如果存在）
☐ 数值型变量可视化
☑ 按实例类着色

选择
☑ 选择整行

	拣选时间	拣选日期	拣选单号	订单号	商品行号
1	2017-01-01 1...	20170101	9301165023	3174384861.0	1
2	2017-01-01 1...	20170101	9301165023	3174384861.0	10
3	2017-01-01 1...	20170101	9301165023	3174384861.0	11
4	2017-01-01 1...	20170101	9301165023	3174384861.0	12
5	2017-01-01 1...	20170101	9301165023	3174384861.0	2
6	2017-01-01 1...	20170101	9301165023	3174384861.0	3
7	2017-01-01 1...	20170101	9301165023	3174384861.0	4
8	2017-01-01 1...	20170101	9301165023	3174384861.0	5
9	2017-01-01 1...	20170101	9301165023	3174384861.0	6
10	2017-01-01 1...	20170101	9301165023	3174384861.0	7
11	2017-01-01 1...	20170101	9301165023	3174384861.0	8
12	2017-01-01 1...	20170101	9301165023	3174384861.0	9
13	2017-01-01 1...	20170101	9301165023	3174384883.0	1
14	2017-01-01 1...	20170101	9301165023	3174384883.0	10
15	2017-01-01 1...	20170101	9301165023	3174384883.0	11
16	2017-01-01 1...	20170101	9301165023	3174384883.0	12
17	2017-01-01 1...	20170101	9301165023	3174384883.0	2
18	2017-01-01 1...	20170101	9301165023	3174384883.0	3
19	2017-01-01 1...	20170101	9301165023	3174384883.0	4
20	2017-01-01 1...	20170101	9301165023	3174384883.0	5
21	2017-01-01 1...	20170101	9301165023	3174384883.0	6
22	2017-01-01 1...	20170101	9301165023	3174384883.0	7
23	2017-01-01 1...	20170101	9301165023	3174384883.0	8
24	2017-01-01 1...	20170101	9301165023	3174384883.0	9

恢复原始顺序
☑ 自动发送
119k　119k | 119k

图 5-5　数据字段表

从数据表中可以看到数据实例个数为 118914，特征变量为 9，无缺失值。

5.4.2 数据探索

数据探索阶段主要分析商品的整体出库情况，借助模块的“数据透视表”查看所有商品在已发货状态下的出库频率情况(图 5-6)。

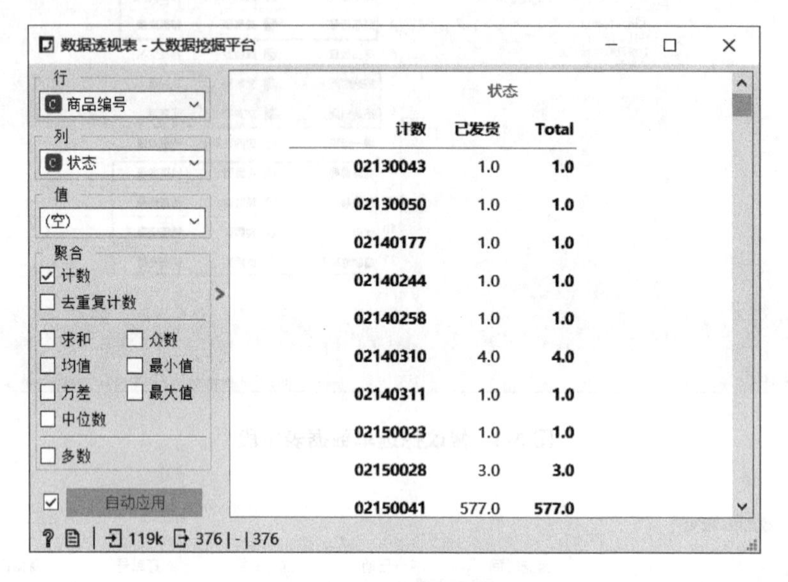

图 5-6 关联设置

如图 5-7 所示，连接数据表格，可以看到商品总量为 376，商品的发货频次分布为 1-8621(点击表头的已发货可排序显示)，连接可视化模块的箱线图，可以看到所有商品发货频次的分布，均值为 316.3，标准差为 1112，而中位数为 7，各统计数值相差很大，说明分布极度离散，即存在发货频次极大的商品也存在大量极小的商品。从该属性分析仓储适合为发货频次大的商品专门设置存储区。

再次拖入“数据透视表”，查看商品行号和订单的关系，连接数据表格，商品行号表示

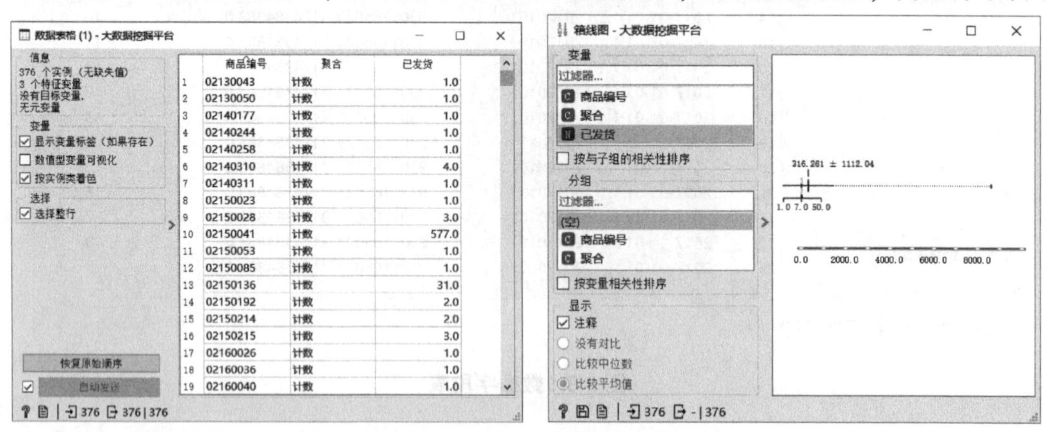

图 5-7 各商品发货频次及箱线图

商品在订单中的顺序，其他列表示订单，数值 1 表示该序列号存在商品，0 表示无。下拉可以看到订单中含有商品最大的种类数为 76，而各订单中包含的商品种类数也不一样(图 5-8)。接下来分析商品之间是否会出现在同一批订单中。

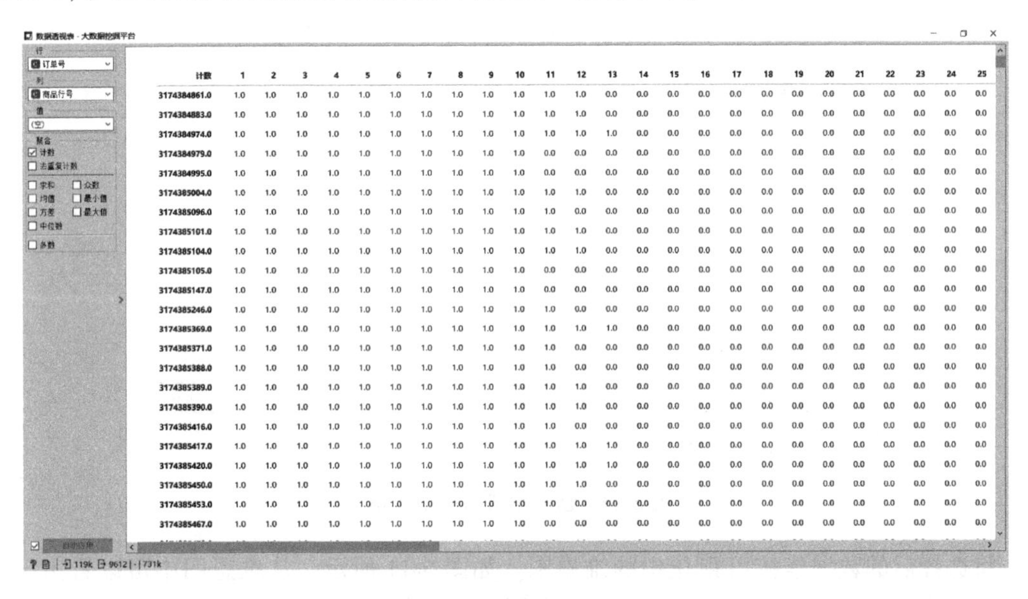

图 5-8　订单中所含的商品种类数

拖入两个数据模块的“记录选择”节点，分别选择商品编号为 82241622-1 和 82241689-1 两种出库频率较大的商品，以这两种商品为例，查看出库关联(图 5-9)。

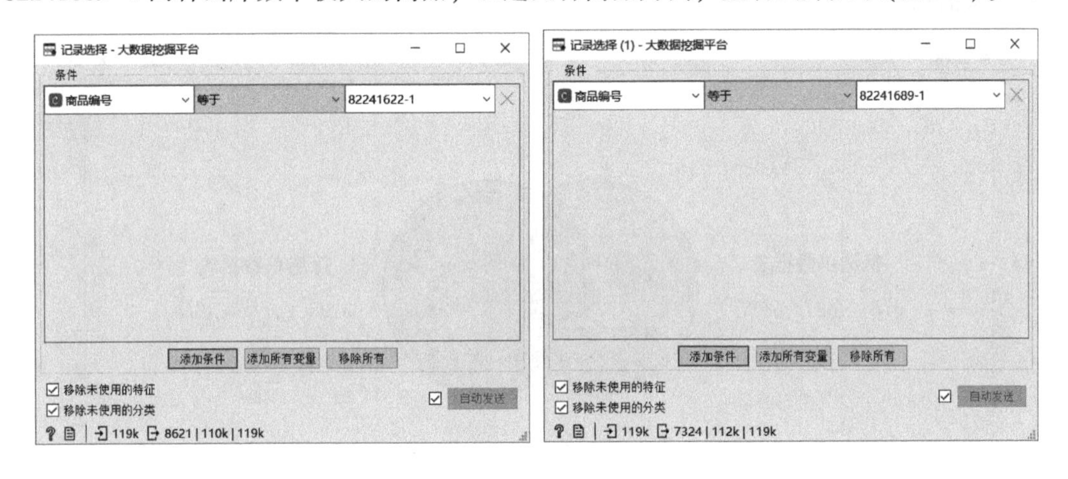

图 5-9　商品选择

如图 5-10 所示，查看这两个商品同时拣选的频次，即拣选时间相同的次数。为了将选择后的数据连接可视化中的维恩图，需要先将“拣选时间”的数据类型转化为字符串类型。因此，拖入两个“特征工程”节点，创建文本型变量 S1，使之等于“拣选时间”，即可将“拣选时间”的数据类型转化为文本型。

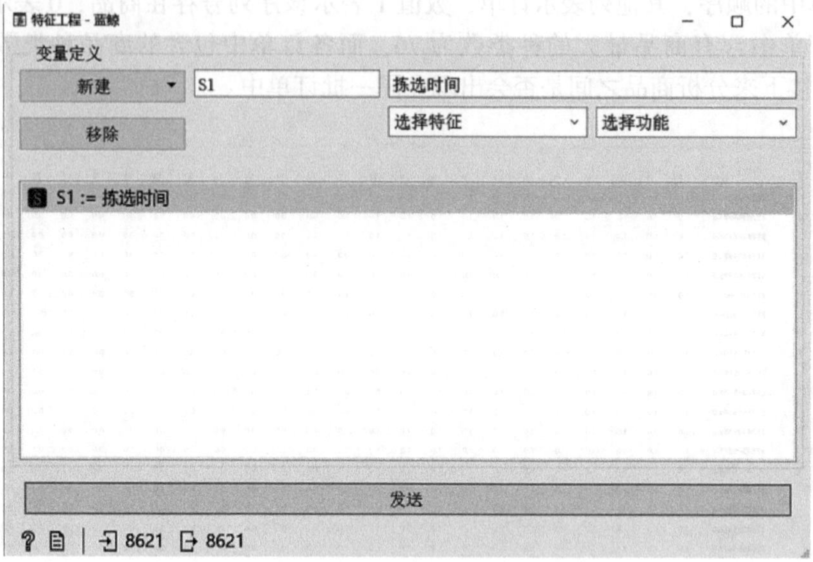

特征工程 - 蓝鲸
变量定义
新建　S1　拣选时间
移除　选择特征　选择功能
S1 := 拣选时间
发送
8621　8621

图 5-10　创建字符串类型变量

将选择后的数据连接可视化中的维恩图。如图 5-11 所示，从维恩图中可以看出，两种商品的出库频次分别为 8621 和 7324，在同一时间拣选的情况下，同时拣选的频次为 3105。这两种商品就属于出库频次高且存在关联。那么如何从批量订单中找出 376 种商品的关联规则，用关联规则的定义表示这些规则呢？接下来我们就用工具中的关联规则算法挖掘关联信息。

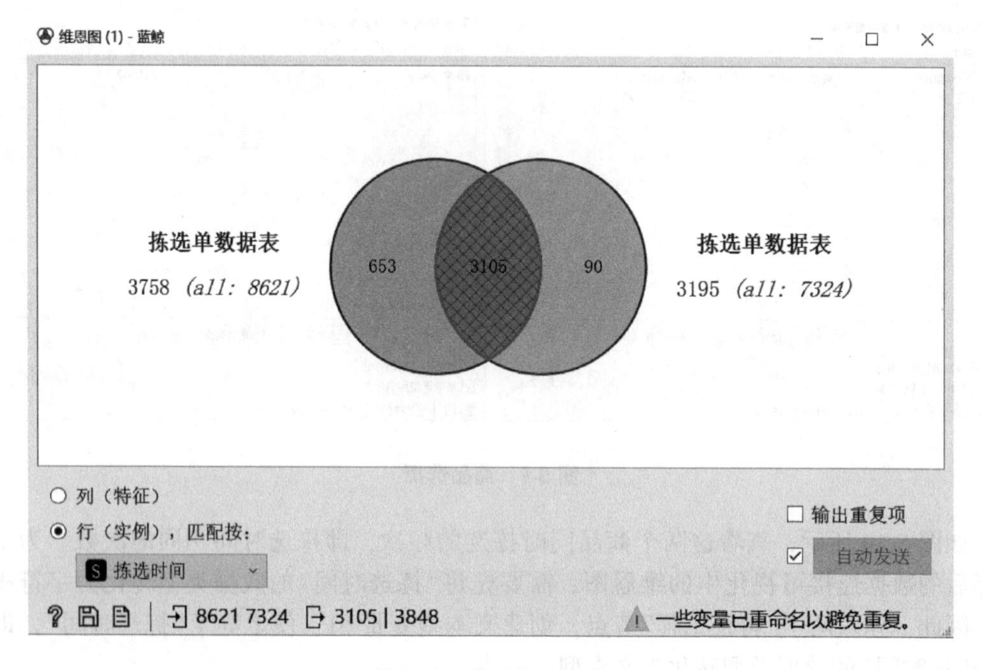

图 5-11　维恩图可视化

5.4.3　关联发现

为方便快速找出商品关联，基于订单表中的商品和订单，已经将数据处理成关联事务表，拖入蓝鲸模块中“数据”节点，打开仓库关联事务表，拖入数据表格查看数据信息(图 5-12)，该数据表为 377×9612 的矩阵，其中列为订单号和商品标号，每一行表示订单中所含有商品的情况，“t”表示商品出现在订单中，“?”表示未出现在订单中。

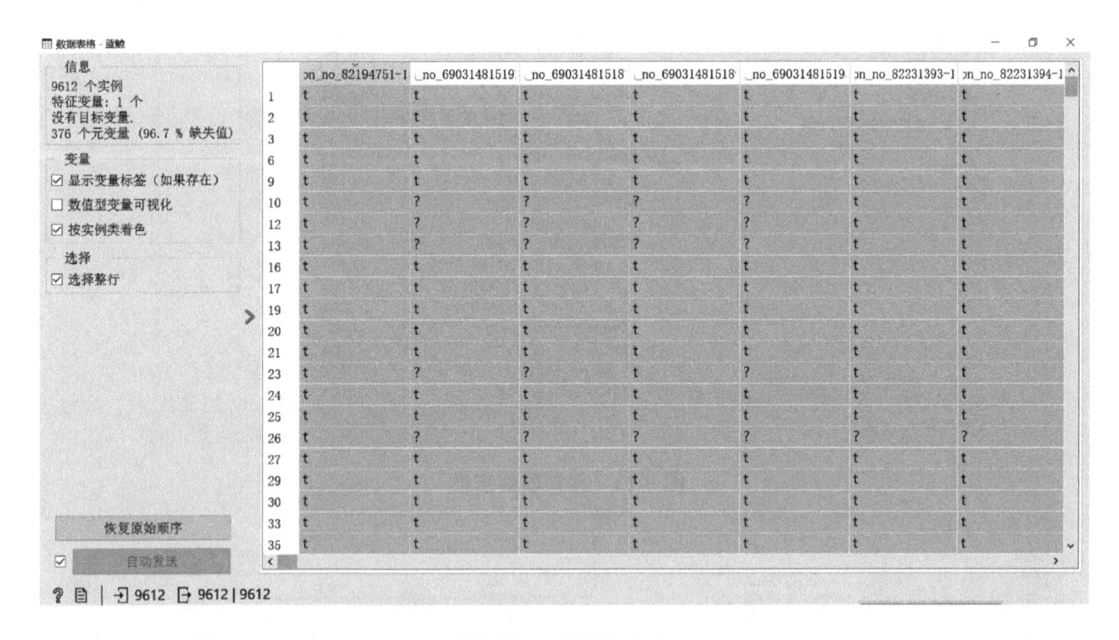

	on_no_82194751-1	_no_69031481519	_no_69031481518	_no_69031481518	_no_69031481519	on_no_82231393-1	on_no_82231394-1
1	t	t	t	t	t	t	t
2	t	t	t	t	t	t	t
3	t	t	t	t	t	t	t
6	t	t	t	t	t	t	t
9	t	t	t	t	t	t	t
10	t	?	?	?	?	t	t
12	t	?	?	?	?	t	t
13	t	?	?	?	?	t	t
16	t	t	t	t	t	t	t
17	t	t	t	t	t	t	t
19	t	t	t	t	t	t	t
20	t	t	t	t	t	t	t
21	t	t	t	t	t	t	t
23	t	?	?	t	?	t	t
24	t	t	t	t	t	t	t
25	t	t	t	t	t	t	t
26	t	?	?	?	?	?	?
27	t	t	t	t	t	t	t
29	t	t	t	t	t	t	t
30	t	t	t	t	t	t	t
33	t	t	t	t	t	t	t
35	t	t	t	t	t	t	t

图 5-12　关联事务表

知识点中讲到，发现关联规则分两步找出频繁项集和发现规则。拖入关联模块的频繁项集，连接文件节点，可以看到支持度大于 50%的频繁项有 64 种商品。其中依据出现次数从大到小，有六种商品和其他商品存在复杂关联，表中显示商品编号为 829475-1 的商品出库频率最大为 8291，支持度为 86. 32%，与该商品同时出库的 6903148151921 两者同时出库次数为 6477，该频繁二项集支持度为 67. 38%。其他项集具体数值如图 5-13 所示。

单纯从支持度的测量指标找出频繁项集是不够的，还需要借助置信度等找出关联规则，拖入关联规则节点，连接频繁项集，点击最频繁的项，通过左边可以设置关联规则参数，右边输出设置参数下的关联规则，如图 5-14 所示，设置最小支持度为 50%，最小置信度为 80%，前项的最小项集数目设置为 3，最终发现 209 个规则数目，项目中存在重复的商品，在缓冲区摆放商品时就可依据这些规则选择临近的位置。如第一条规则，商品 82194751-1 应该和 6903148151921，6903148151877，6903148151891 放在相邻位置。

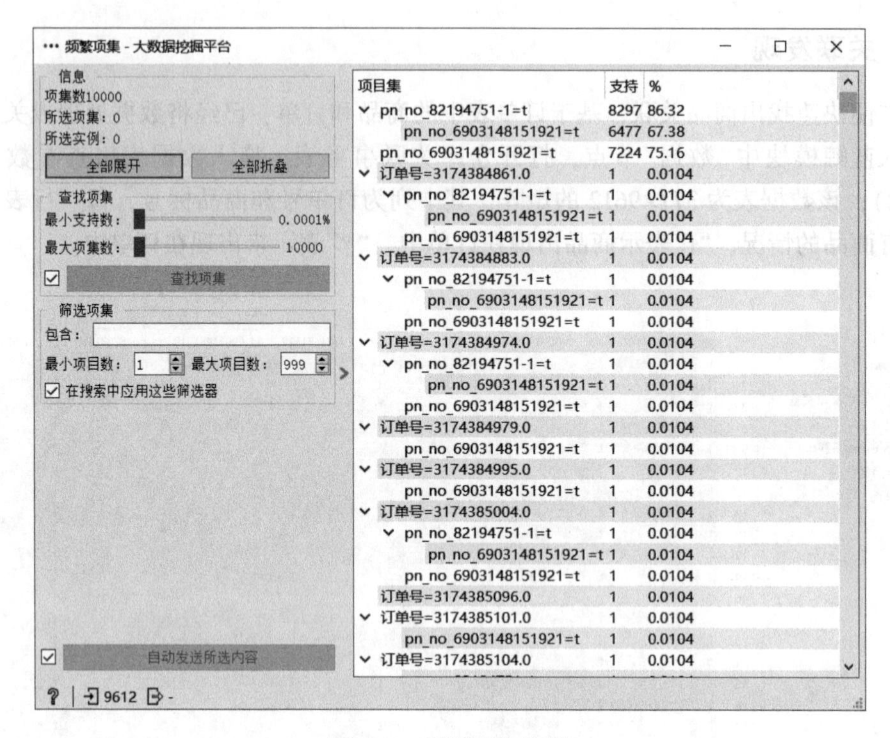

图 5-13　频繁项集结果

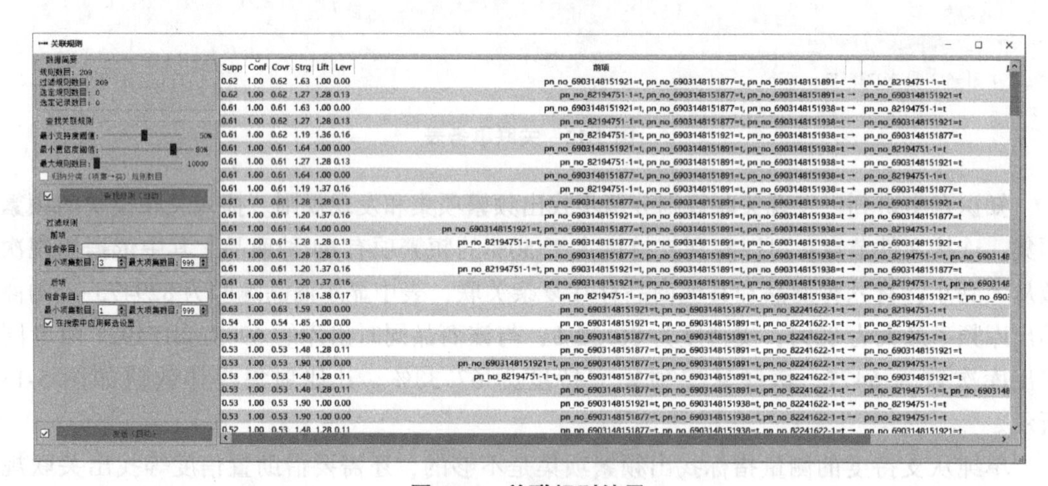

图 5-14　关联规则结果

拓展与思考

1. 实验中用到的知识是数据挖掘中的哪块内容？(　　)

A. 聚类

B. 分类

C. 关联

2. 关联规则分哪两步实现？(　　)

A. 发现频繁项集和发现关联规则

B. 计算支持度和发现频繁项集

C. 计算支持度和计算置信度

3. 工具中的关联规则是基于哪个关联算法？(　　)

A. Apriori

B. FP-Growth

C. FreeSpan

4. 实验分析中货物的发货频次的均值和标准差为(　　)。

A. 316.3 ±1112

B. 1 ±7

C. 7 ±50

5. 实验结果中频繁 1-项集支持率最高的货物编号是(　　)。

A. pn_ no_ 6903148151921

B. pn_ no_ 829475-1

C. pn_ no_ 6903148151877

第6章 仓储货位分配分析

6.1 实验概述

仓储货位分配主要通过优化货品的存储货位，而缩短拣选时间主要通过所需经过的路径长度和时间。本次实验主要针对通过优化存储货位来达成缩短订单拣选路径的目标，根据仓储拣选数据对商品的出库数量、出库频度、所占仓位数量及覆盖城市数量等特征进行聚类分析，从而对商品的存储位进行合理排布，进而提高拣选效率。

6.2 案例引入

6.2.1 背景

随着企业服务水平的不断提高、企业物流成本的增加，仓储管理对于提升企业的业绩和竞争力发挥着越来越重要的作用。仓库的运作效率以及仓库空间利用率是影响仓库运作成本的关键因素。货位分配作为仓库管理中“存、取”中“存”的一步，恰当的货位分配可以提高仓库的运作效率、改善仓库的管理。通过数据分析来优化仓储作业系统，是目前有效的优化方式，优化货位摆放，能够实现快速分拣，从而提高仓储作业的效率。

聚类分析是数据挖掘中重要的手段之一。通过聚类，分析各物品属性，找出相似属性的物品聚成一簇，进行储位分配时，将同一簇的物品可以放在相邻货架上，进而提高入库和出库效率。聚类分析仅根据在数据中发现的描述对象及其相关的信息，将数据对象分组。其目的是，组内的对象相互之间是相似的，而不同组中的对象是不同的。组内的相似性越大，组间的差异差别越大，聚类就越好。在实际仓储管理中，聚类主要应用于两方面：一方面是对货物的出库信息进行聚类，提高拣货效率；另一方面是对储位进行聚类，提高仓储的利用率。本次实验我们针对货物的出库信息进行聚类。

6.2.2 任务与假设

①一个货架存放同一类货物。

②一种货物只占一个仓位。

③补货周期为一个月。

④储位优化只针对发货区仓储货位。

⑤不考虑货物的理化性质。

聚类分析货物的属性，识别相似的货物簇，并分析每个簇的特点，根据特点提出货位分配策略。

6.3 知识点讲解

6.3.1 货位分配策略

从货位分配策略上可将货位分配方式分为随机存储与定位存储。随机存储策略往往会将刚到达的货物指派到距离出口近的空货位上。定位存储策略常会考虑产品相关性、产品类似性、先进先出原则等。

大部分仓库遵循的原则有随机货位分配原则、靠近出口原则、远离出口原则及最长时间原则等。随机分配方法按照概率将货品随机分配到可用的存储位，靠近出口方法是将距离出口最近的可用货位分配给商品的策略，相对应地，远离出口原则是将距离出口最远的可用货位分配给商品的策略，而最长时间原则是将产品分配到一个具有最长未使用时间的可用存储位。这些策略的主要优点在于较高的空间利用率、避免拥塞及较高的便利性，然而由于缺少对后续仓库运营情况的考虑，不能及时获取货物的变动信息，且主观性较大。

6.3.2 箱线图

箱线图是用来显示数据离散分布情况的一种图形。它能够显示均值、标准差、中位数、上下分位数。如图 6-1 所示，均值、标准差、中位数、下四分位数、上四分位数。

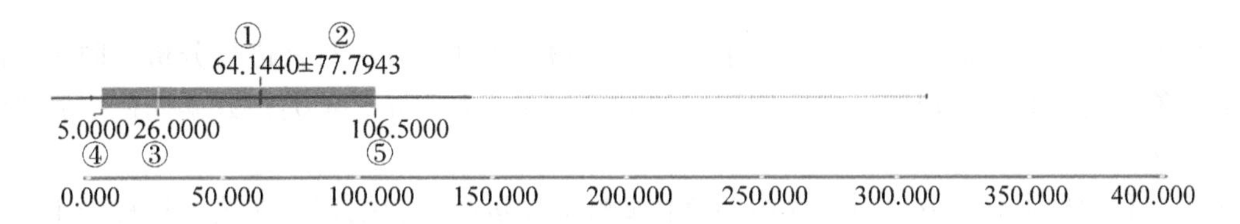

图 6-1　箱线图数据显示

6.3.3 数据标准化

数据标准化（normalization）是将数据按比例缩放，使之落入一个小的特定区间。在某些比较和评价的指标处理中经常会用到，去除数据的单位限制，将其转化为无量纲的纯数值，便于不同单位或量级的指标能够进行比较和加权。

最常用的是 min-max 标准化和 z-score 标准化。

（1）min-max 标准化/0-1 标准化（0-1 normalization）

该方法是对原始数据的线性变换，使结果落到[0，1]区间，转换函数见式(6-1)：

$$x^* = \frac{x - \min}{\max - \min} \tag{6-1}$$

式中，max 为样本数据的最大值；min 为样本数据的最小值。

【例 6-1】样本数据为(20，40，35，18，50，70，32)，对元素 40 进行 0-1 标准化为：(40-18)/(70-18)=22/52=0.423，其中样本数据中最小值为 18，最大值为 70。最终样本数据标准化为(0.038，0.423，0.327，0，0.615，1，0.269)。

这种方法有一个缺陷就是当有新数据加入时，可能导致 max 和 min 的变化，需要重新定义。

(2) z-score 标准化(zero-mean normalization)

z-score 标准化也称标准差标准化，这种方法通过原始数据的均值和标准差进行数据的标准化。

经过 z-score 标准化处理的数据符合标准正态分布，即均值为 0，标准差为 1，其转化函数如式(6-2)所示：

$$x^* = \frac{x - \mu}{\sigma} \tag{6-2}$$

式中，μ 为所有样本数据的均值；σ 为所有样本数据的标准差。

z-score 标准化方法适用于属性 A 的最大值和最小值未知的情况，或有超出取值范围的离群数据的情况。

由于后面介绍的 K-means 聚类主要是通过计算基于货物属性的对象之间的距离识别簇，所以需要通过数据标准化将各属性的数值按比例缩放在特定区间内。本实验使用 z-score 标准化方法将各属性的数值按比例缩放在特定区间内。

6.3.4 K-means 聚类

聚类分析指把类似的对象组成多个簇，并用物理或抽象方法对其进行分析。同一个簇中的对象具有很高的相似性，而不同簇中的对象存在较大差异。聚类在数据挖掘中属于无监督方法。

实验利用聚类分析方法对仓库内的货物属性数据进行分析挖掘，在这个过程当中，使用了聚类中经典的 K-means 算法，这种算法的优势在于简单，适用于大规模数据计算，属于聚类中基于划分类的算法。聚类方法对货物间的相似关系进行了整合，从而可以将那些必须存储在一起的货品进行聚类，最终目标为在每个聚类当中包含相似度高的货物，从而使得在未来的订单当中，需要拣选的货品能够尽可能地出现在同一个聚类当中。这种聚类方法主要用于为商品在仓库内分配存储通道。

算法流程为：

Step 0：确定初始质心。

生成 k 个质心，其中 k 作为参数输入；

Step 1：指派样本。

计算未指派样本与各质心之间的距离，将样本归属到距离最小的簇中；

最常用的欧氏距离公式为(样本 i 到质心 j 的距离)式(6-3)：

$$d_{ij} = \| x_i - c_j \|^2 = \sqrt{\sum_{q=1}^{Q} (x_{qi} - c_{qj})^2} \tag{6-3}$$

式中，Q 为数据对象的维数。

Step 2：更新质心。

依据每个簇当前所拥有的样本，更新簇中心；

Step 3：检验算法运行是否满足下面列出的两个停止准则其中一个(满足，则算法停止。否则重复 Step2 和 Step3)。

在 Step3 结束时，质心的变换趋势收敛；迭代次数达到次数阈值。

基于划分方法容易理解，操作简单，适用于中小规模的数据集，倾向于发现球形分布的数据，可以为每个对象找到所属簇，缺点是需要提前设置聚类个数。

K-means 算法流程具体如图 6-2 所示。

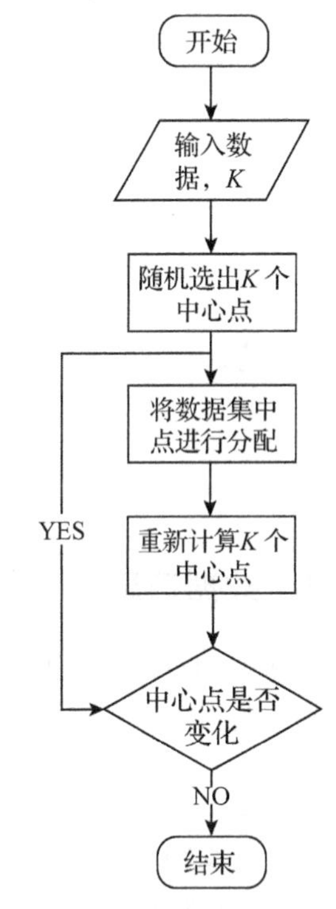

图 6-2 K-means 算法流程图

轮廓系数是聚类效果好坏的一种评价方式。它结合内聚度和分离度两种因素来评价聚类效果，可以用来在相同原始数据的基础上评价不同算法或者算法不同运行方式对聚类结果所产生的影响。

方法：第一，计算样本 i 到同簇其他样本的平均距离 a_i，a_i 越小，说明样本 i 越应该被聚类到该簇。将 a_i 称为样本 i 的簇内不相似度。簇 C 中所有样本的 a_i 均值称为簇 C 的簇不相似度。

第二，计算样本 i 到其他某簇 C_j 的所有样本的平均距离 b_{ij}，称为样本 i 与簇 C_j的不相似度。定义为样本 i 的簇间不相似度：$b_i = \min\{b_{i1}, b_{i2}, \cdots, b_{ik}\}$，$b_i$ 越大，说明样本 i 越不属于其他簇。

第三，根据样本 i 的簇内不相似度 a_i 和簇间不相似度 b_i，定义样本 i 的轮廓系数 s_i 为公式：

$$s_i = \frac{b_i - a_i}{\max\{a_i, b_i\}} \tag{6-4}$$

第四，判断。s_i 接近 1，则说明样本 i 聚类合理；s_i 接近−1，则说明样本 i 更应该分类到另外的簇；若 s_i 近似为 0，则说明样本 i 在两个簇的边界上。

所有样本的 s_i 的均值称为聚类结果的轮廓系数，是该聚类是否合理、有效的度量。

6.4 实验过程

实验中借助数据挖掘的聚类方法发现相似货物簇，整个过程分为数据信息查看，数据预处理过程和货物聚类三部分，实验流程如图 6-3 所示：

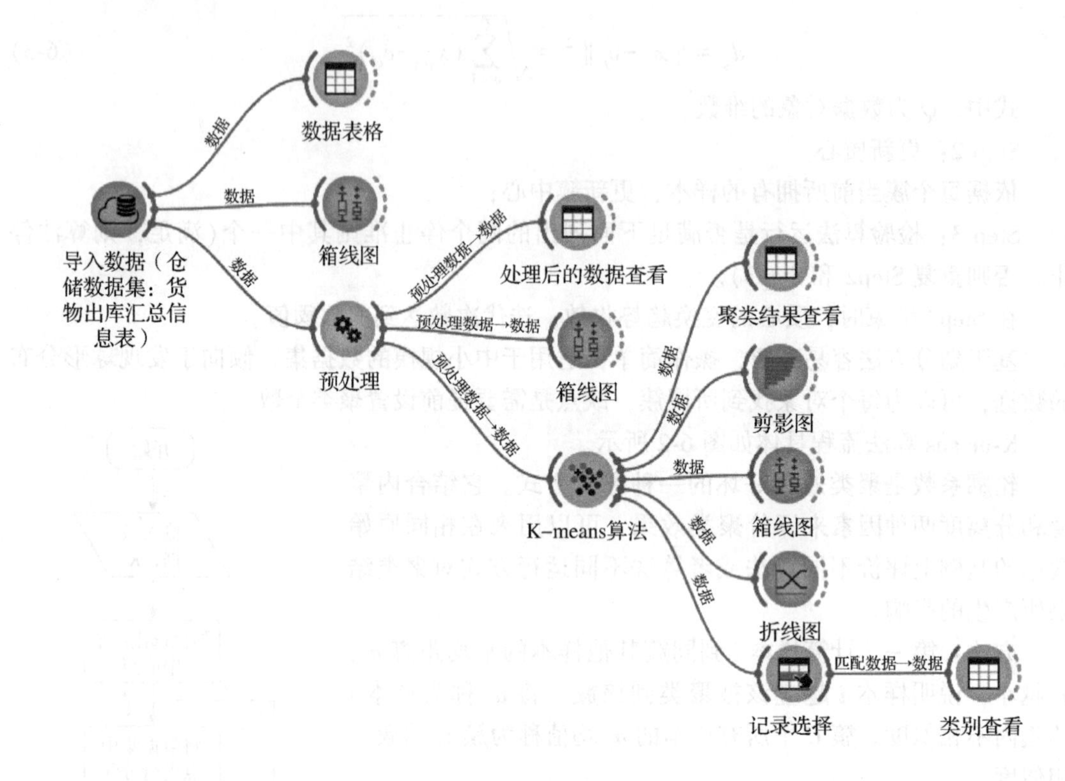

图 6-3 实验流程图

6.4.1 数据信息

实验中的数据为某仓库 2017 年 1 月 1 日至 2017 年 1 月 30 日的货物出库统计信息，信息见表 6-1。

表 6-1 货物出库统计信息

发货单号 (pn_ no)	出库数量 (ship_ num)	出库频次 (freq)
发往城市数量 (city_ num)	所占仓位数 (position_ num)	

其中，出库数量以 SKU 为计数单位，打开数据挖掘工具蓝鲸数据挖掘平台，蓝鲸模块拖入“数据”节点，选择数据“仓储数据集-货物出库汇总信息表”。拖入数据表格节点，查看数据。如图 6-4 所示，共 368 种货物信息，4 个特征变量，无缺失值。

图 6-4　数据表格

6.4.2　货物数据基本分析及处理

货物的销售情况不同，导致货物出库量及出库频次等属性存在差别，例如，表中的 02150023 编号的货物发货频次为 1，但一次发 308 个 SKU；02140310 编号的货物发货频次为 21，发货量为 21，相当于每次发一个 SKU，除此之外，有的商品只发往一个目的地，有的需求目的地很多，从商品所占仓位来看，有些商品的货位稳定，这样拣选只需要从固定的位置拣货，有些位置不固定，位置变化较大。

接下来我们就从统计分析的角度分析各属性的数值分布（表 6-2）。通过点击数据表格的表头可以看最大值，其他统计指标可以借助箱线图查看，拖入数据可视化的箱线图，连接数据源，从箱线图中看发货量的数值分布（图 6-5）。

表 6-2　属性值统计表

货物属性	均值	标准差	中位数	下四分位数	上四分位数	最小值	最大值
出库数量	1262. 2446	4395. 1064	126	17. 5	717. 5	1	59357
出库频次	587. 0897	2191. 1358	35	6	238	1	26620
发往城市数量	64. 1440	77. 8	26	5	106. 5	1	311
所占仓位	2. 0761	1. 9209	2	1	3	1	27

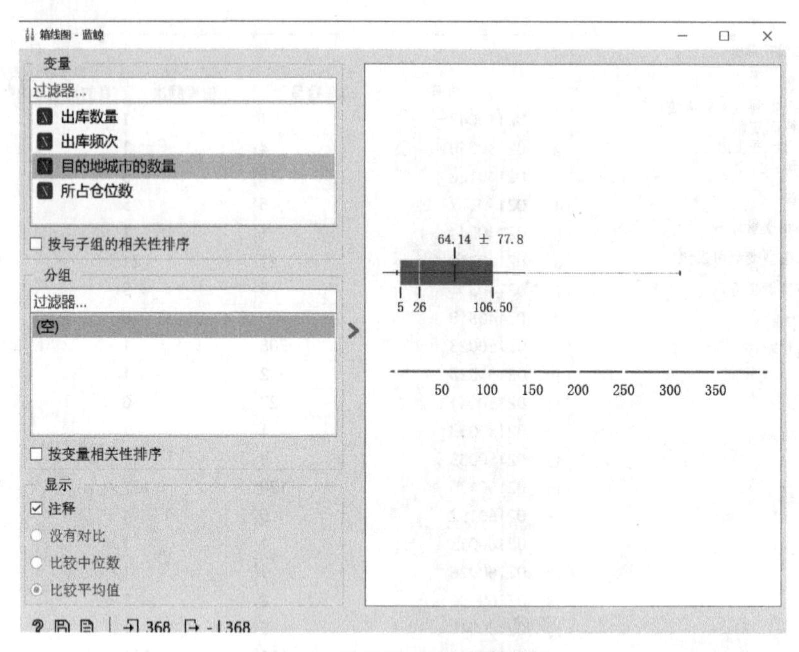

图 6-5　发往城市数量箱线图

通过统计发现：货物属性值的分布比较离散，大部分集中在数值低的部分，符合常见的二八法则；属性间的数值范围差别大；K-means 聚类主要是通过计算基于货物属性的对象之间的距离识别簇，所以需要通过数据标准化将各属性的数值按比例缩放在特定区间内。

如图 6-6 所示，拖入数据模块的“预处理”节点，双击左边的标准化，以均值为中心，缩放设置为以 sd 缩放即标准差，实现 z-score 标准化。

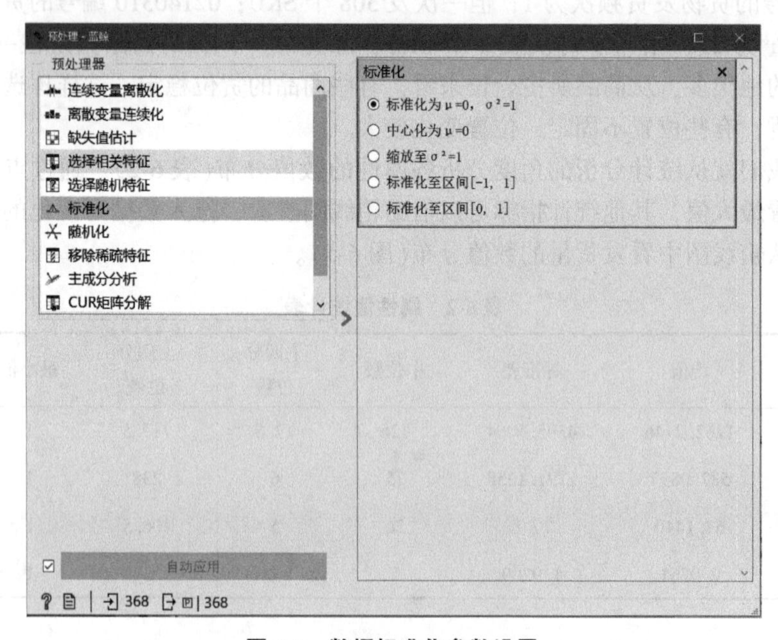

图 6-6　数据标准化参数设置

通过数据表格和箱线图查看数据预处理后的分布(图 6-7)，可以看到所有属性均以 0 为均值，1 为标准差。

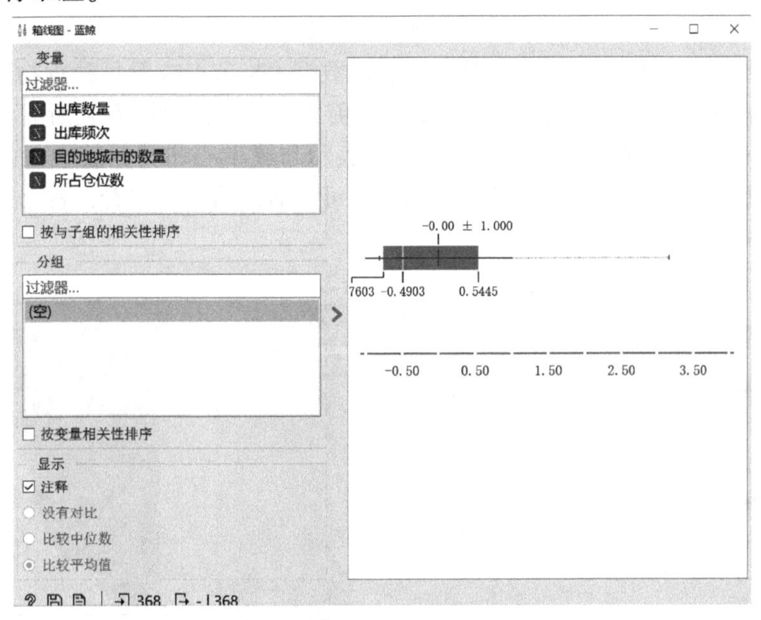

图 6-7　数据处理后的数据分布

6.4.3　货物聚类

数据处理后接下来就可以借助聚类方法通过计算对象之间的距离，识别相似的货物簇。结合前面介绍的算法流程，需要先设置 K 个质心，在无监督模块选择“K-means 聚类”节点，双击设置聚类参数，可以看到参数包括设定簇的数量，初始化方法和算法的迭代次数设置。聚类属于无监督的算法，始终没有完美有效的方法检验参数的合理性，只能通过结果分析聚类效果，但调参过程中可以通过轮廓系数和经验选择合适的参数。如图 6-8 所

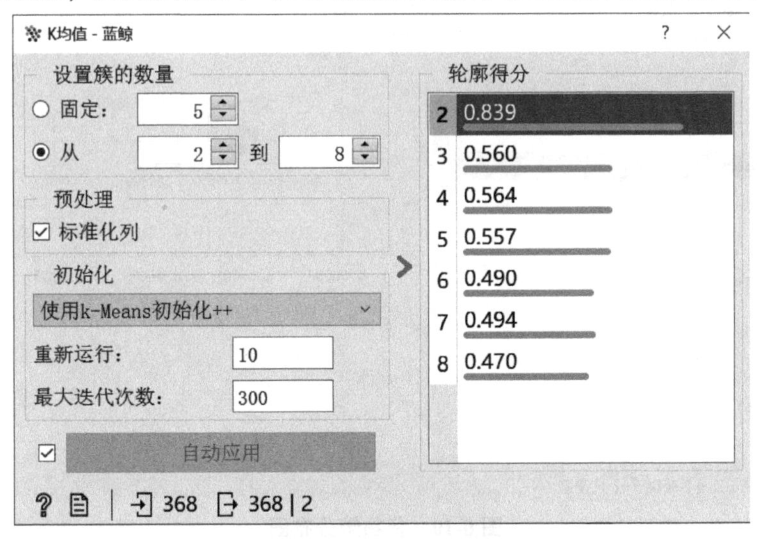

图 6-8　算法参数设置

示，将簇的数量(即 K 个质心)从 2~8 范围内调试，右边显示各个参数的轮廓系数，可见当簇的数量为 2 时轮廓系数最接近 1，但对于货物分类的目的来看，我们希望分离出数量可观且有价值的簇，因此可试选簇数量为 4，分析簇的特点。

对于聚类结果，可通过多种方式分析，通过数据表格节点查看每种货物所属的簇，通过可视化模块的剪影图查看聚类效果(图 6-9)。剪影图中下拉可以看到所有实例的剪影得分，大于 0 表示比较接近该类的质心，接近 0 表示与簇中心和其他簇中心的划分较为模糊，从整体剪影得分看聚类效果可认为有效。还可以通过箱线图查看，各个簇在不同属性上的分布(图 6-10)。

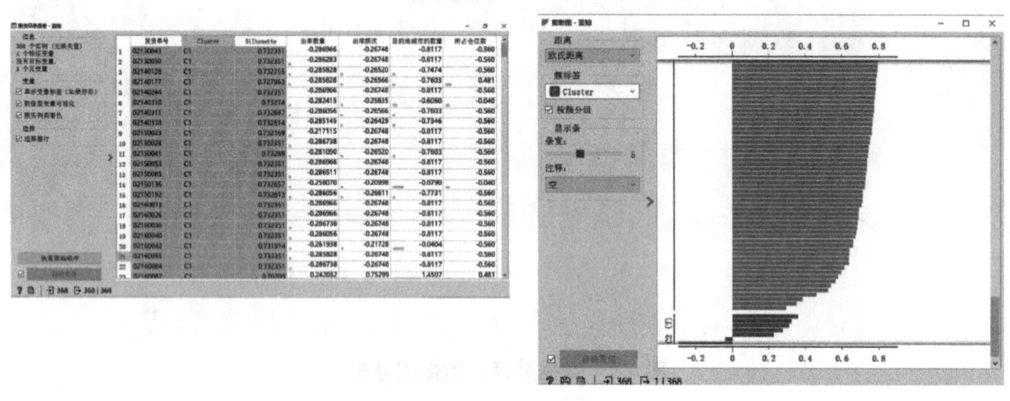

图 6-9　聚类效果图

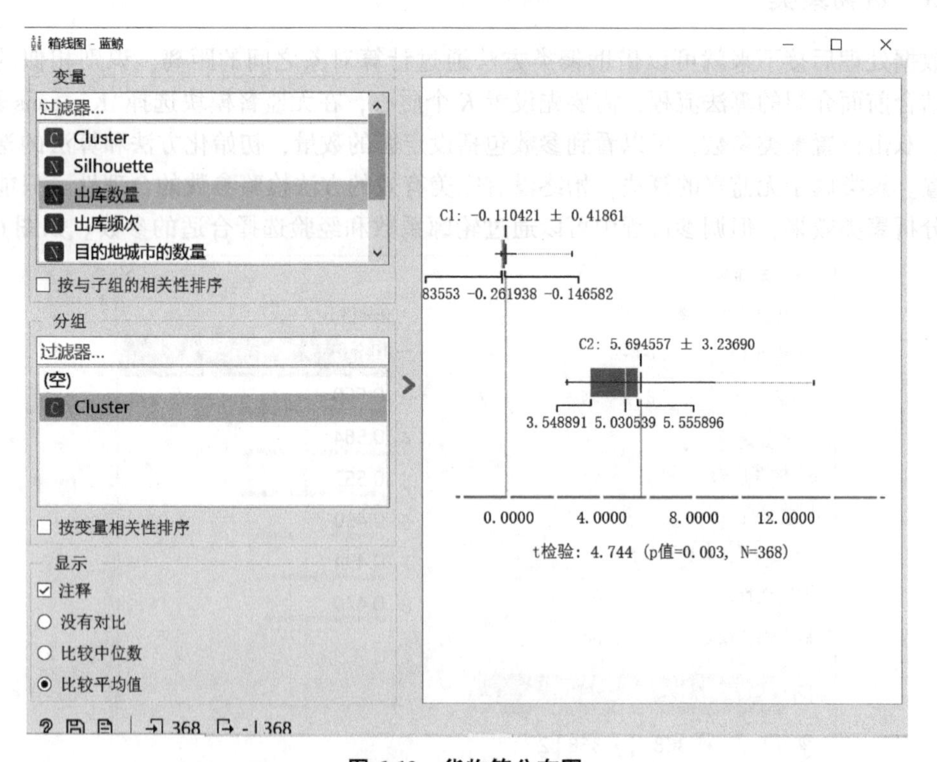

图 6-10　货物簇分布图

6.4.4　结果分析和应用

如图 6-11 所示，要分析每个簇的特点，还需要借助线图查看，拖入原型模块中的“折线图”，连接聚类节点，分组中选择 cluster(簇)，可以看到图中簇用不同颜色表示，先来分析 C2 类货物特点，该类货物出库数量和发货频率都是最大，该类货物应该放在离出口位置较近的位置，但因该类货物出库量大，为避免出口堵塞应避免集中式摆放。

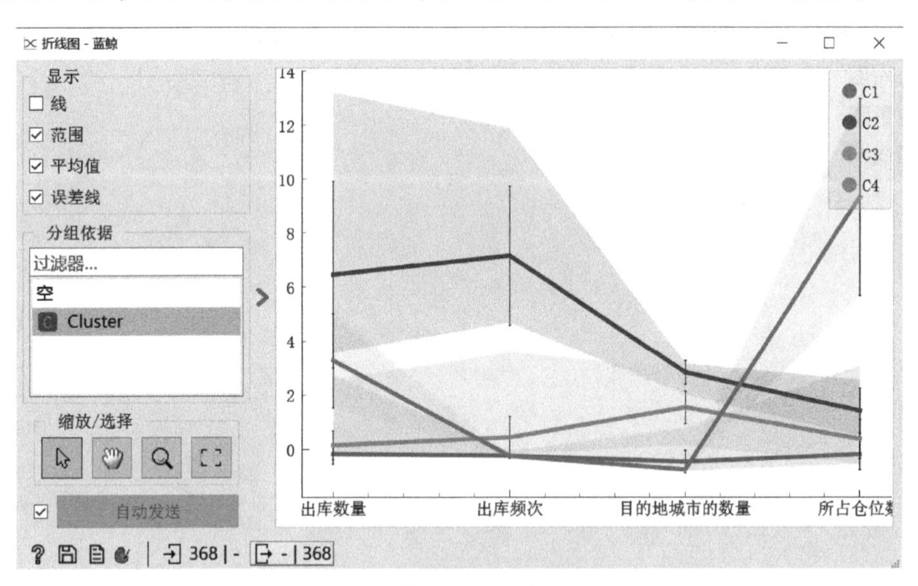

图 6-11　聚类结果的线图显示

C4 类货物出库量较大，出库频次和发往的目的地城市数量最小，该类商品应单独划区存放在离出口较远的位置，减少仓位变动的频率，由于发往城市比较集中，可以采用货物拣选的方式。

对于 C1 类货物，出库量和出库频次最小，可放在高架区的货位，远离出口。C3 类货物各项属性值都处于其他簇之间，货位可放在中间位置。

以上为根据聚类分析识别出的四类货物，基于每个类别的特点从整体上给出货物的货位分配策略，可以在仓库作业的拣选环节提高效率。

拓展与思考

1. 能够反映数据离散化的统计指标是（　　）。

A. 均值

B. 最值

C. 标准差

2. 实验中的 K-means 算法数据聚类中的哪一类？（　　）

A. 基于划分的方法

B. 基于密度的算法

C. 模糊聚类算法

3. 实验中用到的预处理方法是(　　)。

A. 数据标准化
B. 数据离散化
C. 数据中心化
4. 实验中最终采用的算法参数中簇数量为(　　)。
A. 2
B. 4
C. 6
5. 软件中哪种可视化图可以查看数据统计指标(均值，标准差等)？(　　)
A. 分布图
B. 剪影图
C. 箱线图

第 7 章 EIQ分析在仓储管理中的应用

7.1 实验概述

仓储效率及效益对于物流管理整体效率及费用有重大影响。为实现仓储的有效管理，有必要对其订单进行 EIQ 分析，确定有效的仓储管理方式。本实验基于订单数据，从订单、货物两个角度，借助 EIQ 分析确定订单拣选策略，同时结合 ABC 法分清货物的存储重要性。

7.2 案例引入

7.2.1 背景

仓储作为物流功能的两大支柱之一，其效率及效益对于物流管理整体效率及费用有重大影响。随着经济的发展，人们对物品的需求呈现多品种、小批量的趋势，仓储作业和时间安排越来越充满不确定性和动态性，EIQ 分析是应对这种情况的有效方法。

在仓库内部所涵盖的作业范围里，拣选作业是其中十分重要的一环，它不但消耗大量的人力物力，而且涉及的作业技术含量也是最高的。拣选作业一般占仓库运营成本的 40%~60%，无疑是整个仓储作业中占用劳动最密集、耗时最多、运营成本最高的环节。拣货信息来源于客户的订单，拣选作业的目的在于正确且迅速地挑选出顾客所订购的商品。

因此，拣选作业的效率直接影响对客户订单履行的效率。运用 EIQ 分析法对订单出货材料进行分析，找出客户的订单特点，确定有效的拣选策略。运用有效的拣选策略可以提高订单的拣选效率和顾客的满意度。同时，通过 EN(订单品项数)和 IK(品项订购次数)分析还可以对货物分类，找出重点管理的货物。

C 商城华东物流中心将是集行政办公、商品存储、订单处理、分拣配送功能于一体的电子商务运营中心。为使 C 商城 RLC 的规划和设计满足公司运营的需求，C 商城提供了样本数据。目前需要根据实际业务数据，选定订单分析样本，进行订单分析、EIQ 分析，确定库存中各类物料的占比，以进行 ABC 分析，得出库存特点，完成各类物料出库数据统计以实现规划分析。

7.2.2 任务

(1)以天为周期，基于订单数据分析，确定有效的拣选策略。

(2)对货物分类，找出重点品项和次要品项。

7.3 知识点讲解

7.3.1 EIQ分析概念

EIQ分析是一种以需求为导向的数据定量分析方法，它从客户订单、产品品项及产品数量出发进行分析。E代表客户或订单(order entry)，I代表商品的品项(item)，Q则代表商品的出货量(quantity)或客户的出货量，可以做EQ分析，也可以做IQ分析。EQ分析是出货量分析，可将其资料做排行大小，将商品或客户ABC进行分析和重点管理。IQ分析是商品的品项出货量分析，也可以将其资料做排行大小先后，作为商品畅销排行榜。

7.3.2 拣选策略及分析

(1)按订单拣货(摘果法)

这种拣选模式是针对每一张订单，拣选人员或拣选工具巡回于各个存储点，将客户所订购的商品取出，完成货物配备方式，是较传统的拣货方式。

①优点：作业方法单纯；订单处理前置时间短，针对紧急需求可快速拣选；导入容易且弹性大，对机械化、自动化没有严格要求；作业人员责任明确，派工容易、公平；拣货后不必再进行分拣作业，适用于大量、少品种订单的处理。

②缺点：拣货区域大时，搬运系统设计困难；商品品种多时，拣货行走路径加长，拣货效率降低。

③适用的情况：一是适用于用户不稳定，波动较大，不能建立相对稳定的用户分货货位，难以建立稳定分货路线的情况。在这种情况下，宜采用灵活机动的拣选式工艺，用户无论多少，都可采取这种拣选方式。二是适用于用户之间的共同需求交叉范围小，差异很大的情况。在这种情况下，统计用户共同需求，将共同需求一次取出再分给各用户的办法无法实行。在有共同需求，又有很多特殊需求的情况下，采取其他配货方式容易出现差错，而采取一票一拣方式便利很多。三是适用于用户需求的种类太多，增加统计和共同取货有难度的情况。采取其他方式配货时间太长，而利用拣选式配货能起到简化作用。四是适用于用户配送时间要求不一的情况。这种情况的用户配送时间有紧急的，也有限定时间的。采用拣选式工艺可有效地调整拣选配货顺序，满足不同的时间需求，尤其对于紧急的即时需求更为有效。因此，即使是以其他工艺路线为主的情况下，仍然需要辅以拣选式路线。五是适用于一般仓库改造成配送中心，或新建配送中心初期的情况，拣选式配货工艺可作为一种过渡性的办法。

(2)批量拣货(播种式)

把多张订单集合成一批，按照商品类别将数量分别加总后再进行拣货，并按客户的订单作分类处理的拣选作业方法。

①优点：可以缩短拣货时行走搬运的距离，增加单位时间的拣货量，且可以适用于订单数量庞大的系统。

②缺点：对订单无法快速反应，必须等订单累积到一定数量时才做一次处理，因此容易出现停滞现象。只有根据订单到达的情况做等候时间分析，决定适当的批量大小，才能将停滞时间减到最少。而批量拣选后还要进行再分配，容易出现错误。

③分批方法：主要包括以下 3 种方法。

总量分批法：在拣货作业前，将所有累积订单中的商品按品种类别合计总量，再根据总量确定拣货的方式及固定的周期性配送。优点是一次拣出所有商品，可使平均拣货距离最短。缺点是必须经过功能较强的分类系统完成分类作业，订单数量不可过多。

定量分批法：订单分批按先进先出(FIFO)的基本原则，当累计订单到达某一预设的固定数量后，开始进行拣货作业。优点是保持稳定的拣货效率，使自动化的拣货、分类设备发挥最大功效。缺点是订单的商品总量变化不宜太大，否则会造成分类作业成本上升。

时间分段法：订单到达至出货，整个过程时间非常紧迫，可利用分批方式，开启短暂时窗，如 5 分钟或 10 分钟，再将此时间到达的订单作为一个批次处理。该方法比较适合密集频繁的订单和满足紧急插单的要求。

7.4 实验过程

实验中分为订单分析和货物分析两部分，实验流程图如图 7-1、图 7-2 所示。

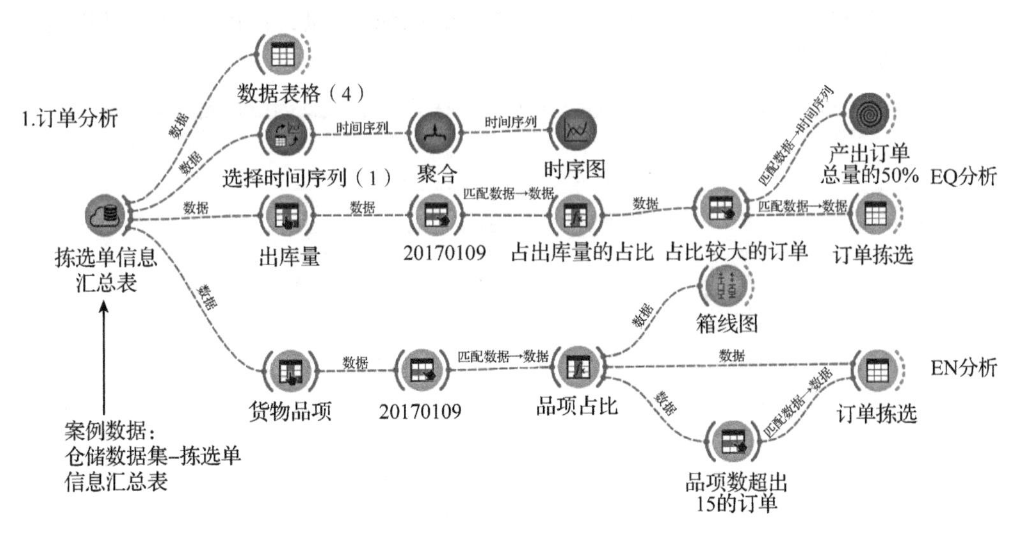

图 7-1 实验流程图 1

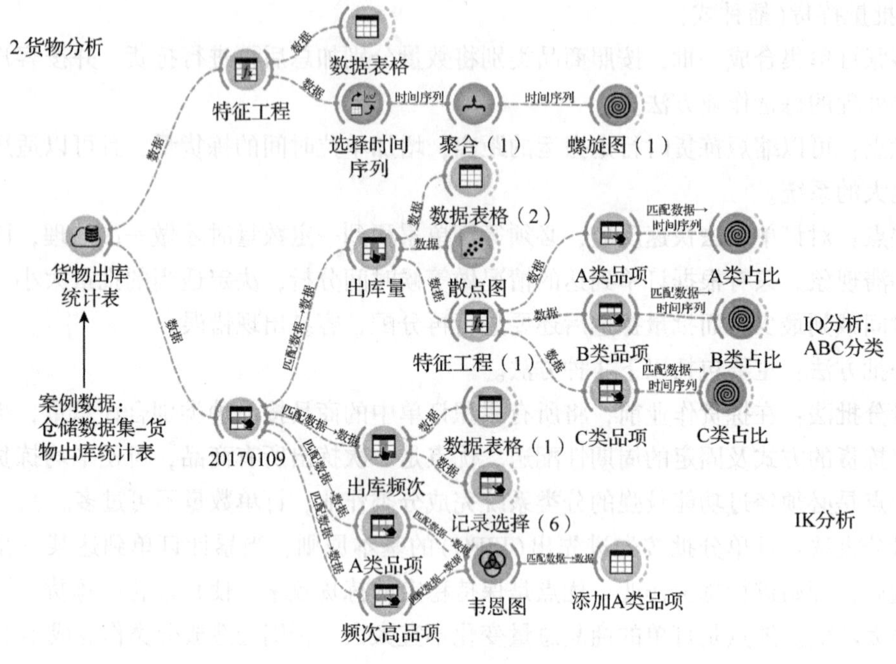

图 7-2　实验流程图 2

7.4.1　订单分析

以时间为维度观察每天的出库量和品类量及出库频次。

(1)拖入蓝鲸模块的数据源节点“数据”，导入订单数据，“仓储数据集-拣选单信息汇总表”，该数据记录了 2017 年 1 月上旬的出库订单详情，包括订单号、拣选单数量、品项数、出库量、货位数、发往城市数量和订单日期，拖入数据表格节点可以查看其具体内容，可以看到共 27665 个实例表示 27665 个订单，6 个特征变量，1 个元特征(订单编号)。如图 7-3 至图 7-5 所示。

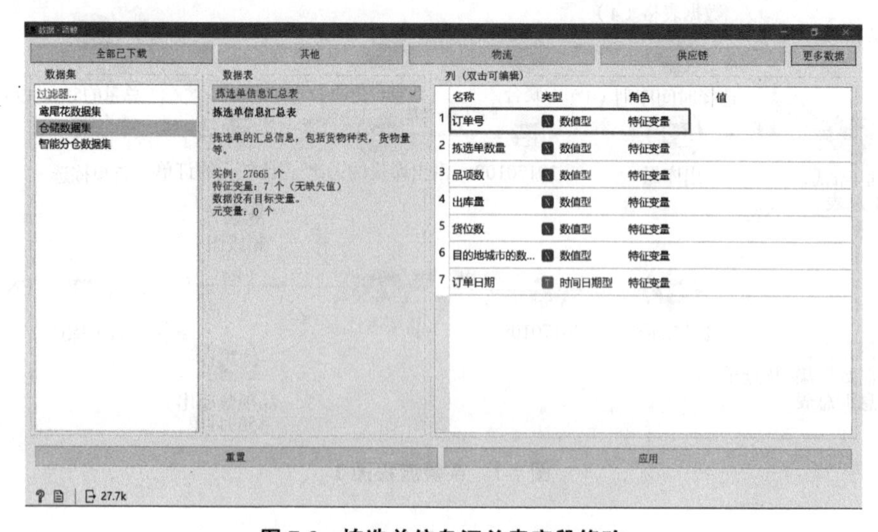

图 7-3　拣选单信息汇总表字段修改

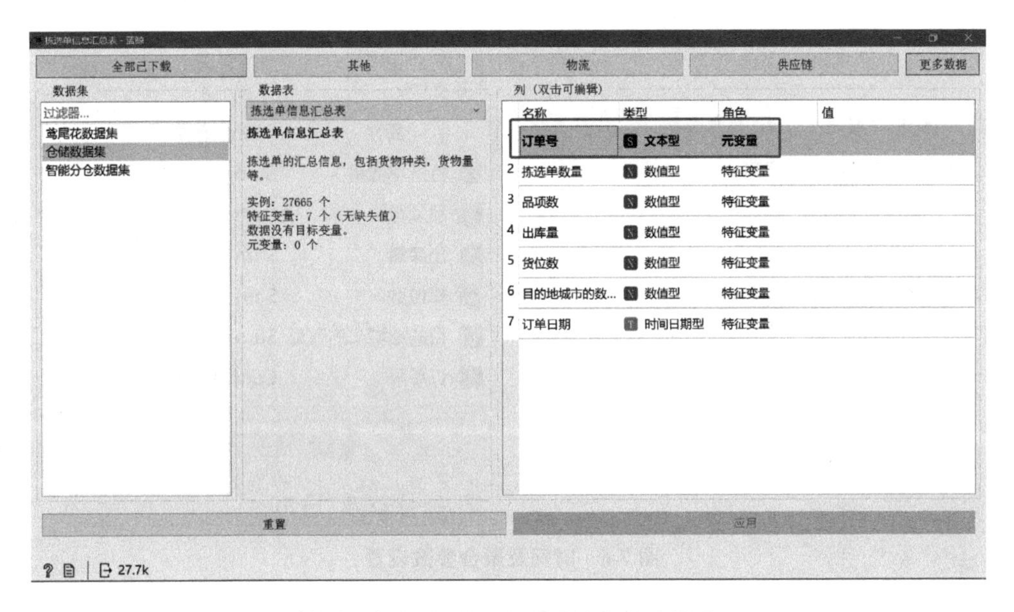

图 7-4　拣选单信息汇总表字段修改结果

数据表格 (4) - 蓝鲸

信息
27665 个实例（无缺失值）
6 个特征变量
没有目标变量.
元变量：1 个

变量
☑ 显示变量标签（如果存在）
☐ 数值型变量可视化
☑ 按实例类着色

选择
☑ 选择整行

恢复原始顺序
☑ 自动发送

27.7k　1 | 27.7k

	订单号	拣选单数量	品项数	出库量	货位数
1	3174379462	1	1	1	1
2	3174379463	1	1	1	1
3	3174379464	1	1	1	1
4	3174379465	1	2	2	2
5	3174379466	1	1	1	1
6	3174379467	1	1	4	1
7	3174379470	1	1	1	1
8	3174379475	1	1	2	1
9	3174379476	1	1	1	1
10	3174379477	1	1	1	1
11	3174379479	1	1	1	1
12	3174379481	1	2	2	2
13	3174379483	1	2	2	2
14	3174379485	1	3	3	3
15	3174379486	1	1	1	1
16	3174379490	1	1	3	1
17	3174379491	1	2	2	2
18	3174379494	1	3	3	3
19	3174379496	1	1	2	1
20	3174379497	1	1	1	1
21	3174379498	1	1	1	1
22	3174379500	1	1	1	1

图 7-5　订单数据表

(2) 拖入时间序列模块的“选择时间序列”节点，设置时间对象，选择默认的订单日期变量。时间对象设置完后，我们需要将每一天的订单量聚合，拖入时间序列模块的“聚合”节点，设置连续变量的聚合函数为 Sum，维度为日 (图 7-6)。

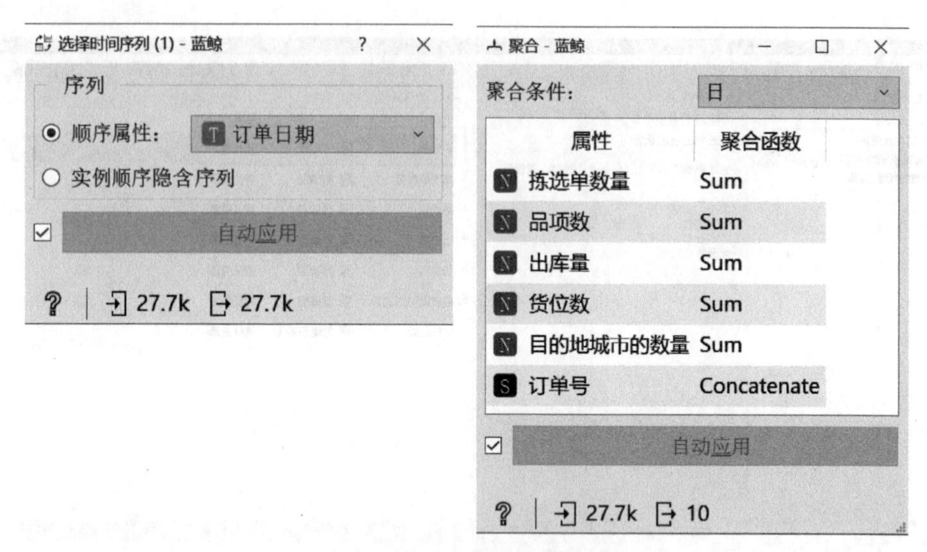

图 7-6 时间及聚合参数设置

(3)选用时序图展示不同日期的聚合维度。拖入时间序列模块的“时序图”，如图 7-7 所示，为 1 月上旬的出库量分布，折线的高度表示数据量的大小，其中 1 月 9 日的出库量为 70768。可以看出 1 月 9 日的发货量较大，选取这天的数据进行 EIQ 分析。

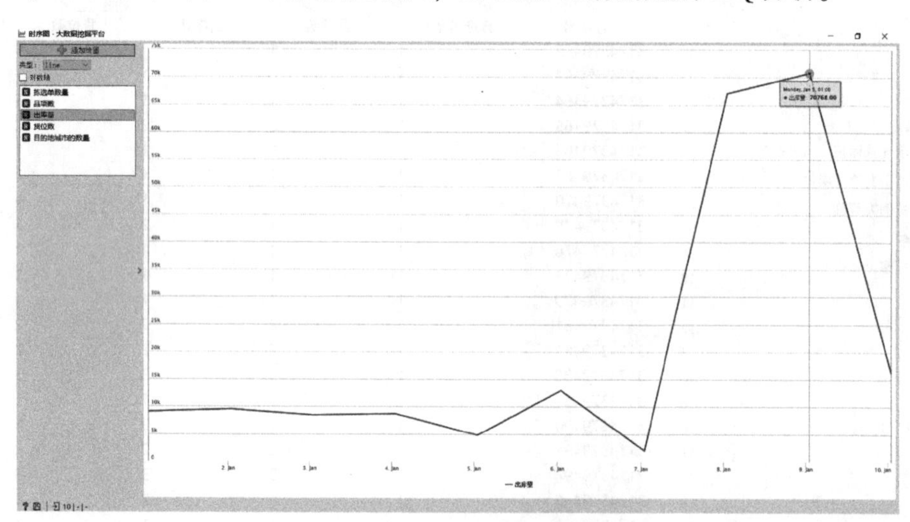

图 7-7 时序图可视化

7.4.1.1 EQ 分析

如图 7-8 所示，拖入“特征选择”节点，点击鼠标右键将其重命名为“出库量”，选择出库量和日期为特征变量，订单号为元特征。然后连接“记录选择”节点，将其重命名为“20170109”，选择 1 月 9 日的订单数据分析。

如图 7-9、图 7-10 所示，拖入“特征工程”节点，将其命名为“占出库量的占比”，计算 1 月 9 日订单中出库量占总出库量的比例。拖入“记录选择”节点(并将其重命名为“订单筛选”)筛选占比超过 0.4% 的订单(也可设置其他阈值，筛选出少量订单但超出总货物量

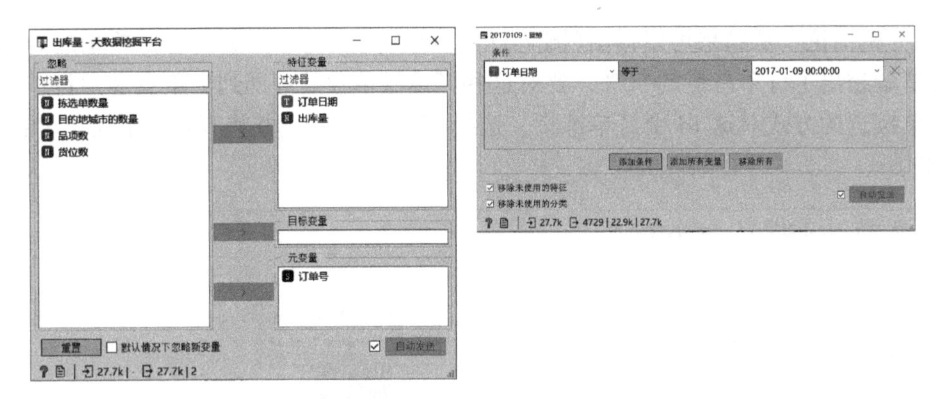

图 7-8 选择相关数据

50%的订单)，通过“螺旋图”(并将其重命名为“产出订单总量的 50%”)可以得出这部分订单的货物总量为 42481，超出总量的 50%。

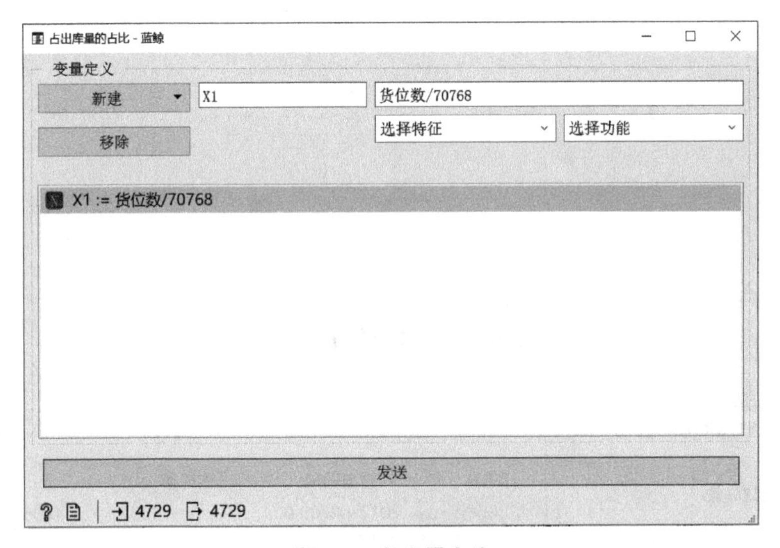

图 7-9 出库量占比

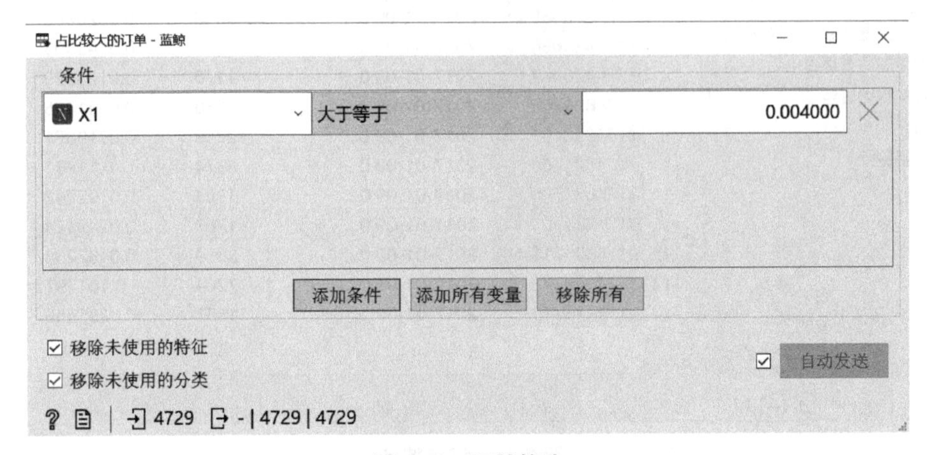

图 7-10 订单筛选

EQ 分析结论：从结果可以得出(图 7-11)，14 个订单的入库量占总订单量的 60.03%，这些订单量超出了订单总量的 50%，要对这些订单做单独处理即列为重点客户订单，需要采用订单拣选的方式对这 14 个订单拣货。选择“数据表格”，并将其重命名为“订单拣选”(图 7-12)。

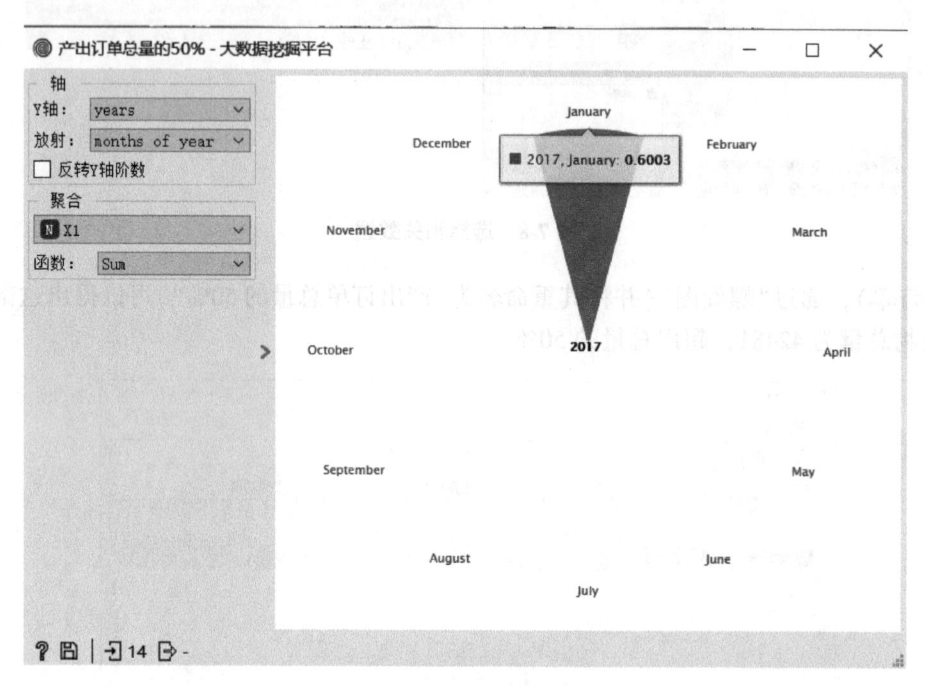

图 7-11　部分订单占比

订单拣选 - 大数据挖掘平台

信息
14 个实例（无缺失值）
3 个特征变量
没有目标变量.
元变量：1 个

变量
☑ 显示变量标签（如果存在）
☐ 数值型变量可视化
☑ 按实例类着色

选择
☑ 选择整行

恢复原始顺序
☑ 自动发送

	订单号	订单日期	出库量	X1
1	3174826682	2017-01-09 0...	4337	0.0612848
2	3174826683	2017-01-09 0...	1100	0.0155437
3	3174826684	2017-01-09 0...	960	0.0135655
4	3174826685	2017-01-09 0...	5850	0.0826645
5	3174826686	2017-01-09 0...	2445	0.0345495
6	3174826687	2017-01-09 0...	1170	0.0165329
7	3174826702	2017-01-09 0...	930	0.0131415
8	3174826703	2017-01-09 0...	2258	0.0319071
9	3174826704	2017-01-09 0...	8374	0.11833
10	3174826706	2017-01-09 0...	1364	0.0192742
11	3174826708	2017-01-09 0...	1763	0.0249124
12	3174826711	2017-01-09 0...	3059	0.0432258
13	3174826712	2017-01-09 0...	7204	0.101797
14	3174826713	2017-01-09 0...	1667	0.0235558

14　14 | 14

图 7-12　订单拣选

7.4.1.2　EN 分析

EN 分析主要是对订单中的商品品项分析。首先，通过货物数据信息表，求出 1 月 9 日的货物品项数量。

货物数据信息表中包括商品编号、拣选次数、订单数、出库频次、出库量、仓位数、发往的城市数量及日期。拖入“数据”，选择数据“仓储数据集-货物出库统计表”。为方便计算品项，拖入“特征工程”节点，增加字段 X1 表示拣选单数量信息(图 7-13)。

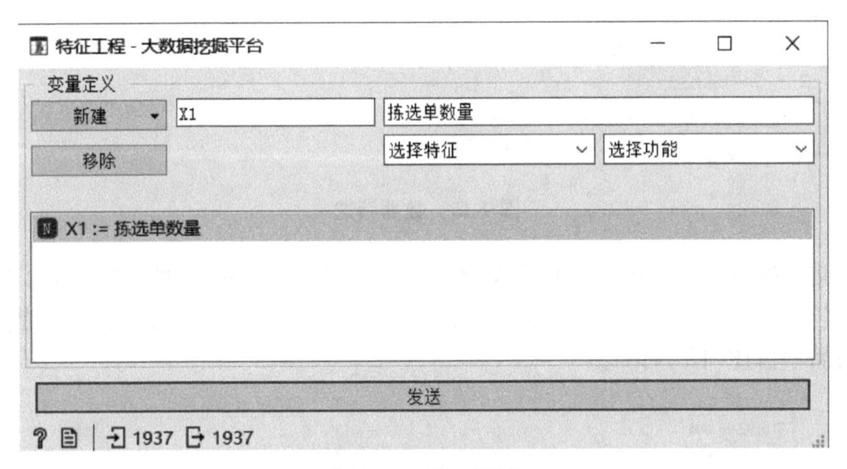

图 7-13　添加变量

拖入“选择时间序列”节点，设置时间对象为“订单日期”，拖入“聚合”节点，将变量 X1 的聚合函数设为 Count defined。拖入“螺旋图”可以看到 1 月 9 日的货物品项数量为 217 (图 7-14)。

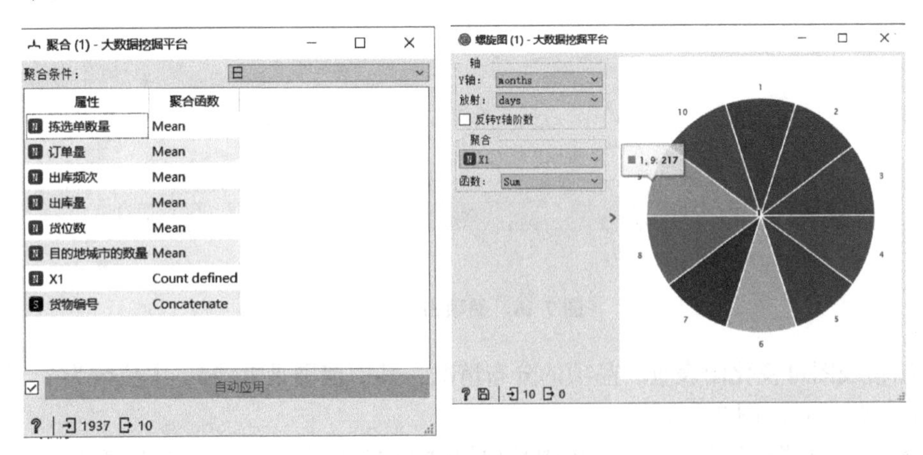

图 7-14　数据统计查看

拖入“特征选择”节点，连接订单部分的数据源节点(“拣选单信息汇总表”数据)，选取货物种类数和日期为特征变量，订单号为元特征，连接“记录选择”节点，并将其重命名为“20170109”，筛选 1 月 9 日的订单(图 7-15)。

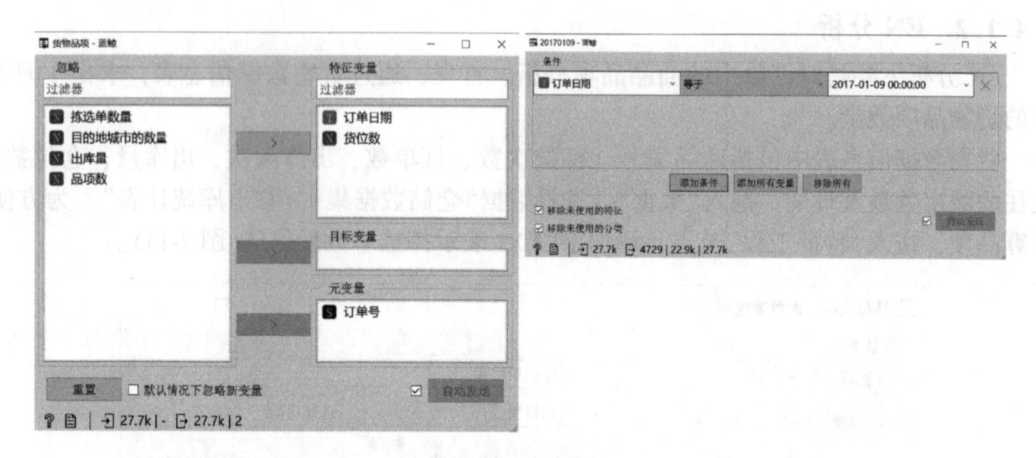

图 7-15 数据筛选

从“仓储数据集-拣选单信息汇总表”中得出，1 月 9 日的总的货物品项为 217。拖入“特征工程”节点，将其命名为“品项占比”，计算品项占比，计算公式为 X1 = 货位数/217，其中 X1 为品项占比(图 7-16)。

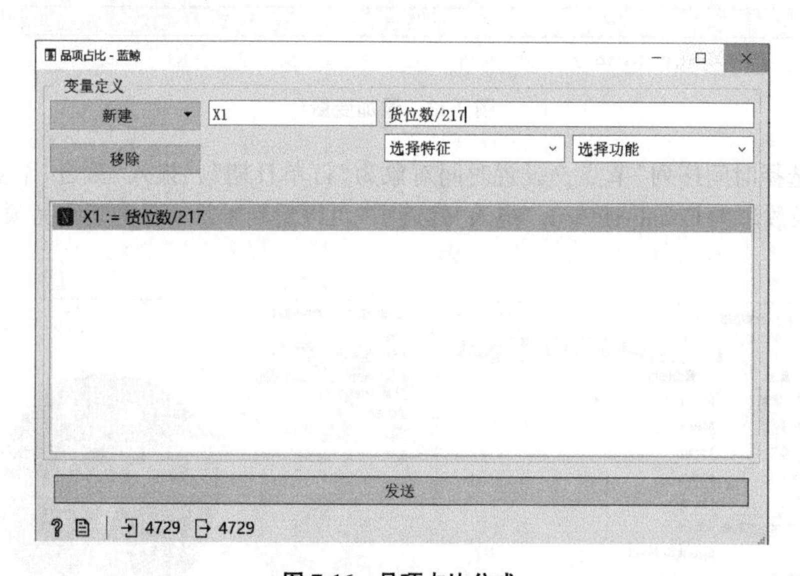

图 7-16 品项占比公式

采用箱线图可视化图表查看品项的分布情况，其中范围是 1~26，中位数为 3，均值为 3.9，标准差为 3.1(图 7-17)。

拖入“记录选择”节点，筛选订单中品项超过 15 的少量订单，共 18 个订单，这类订单若采用批量拣选，订单完成时间较长，适合订单拣选。其他订单可以采用批量拣选(图 7-18)。

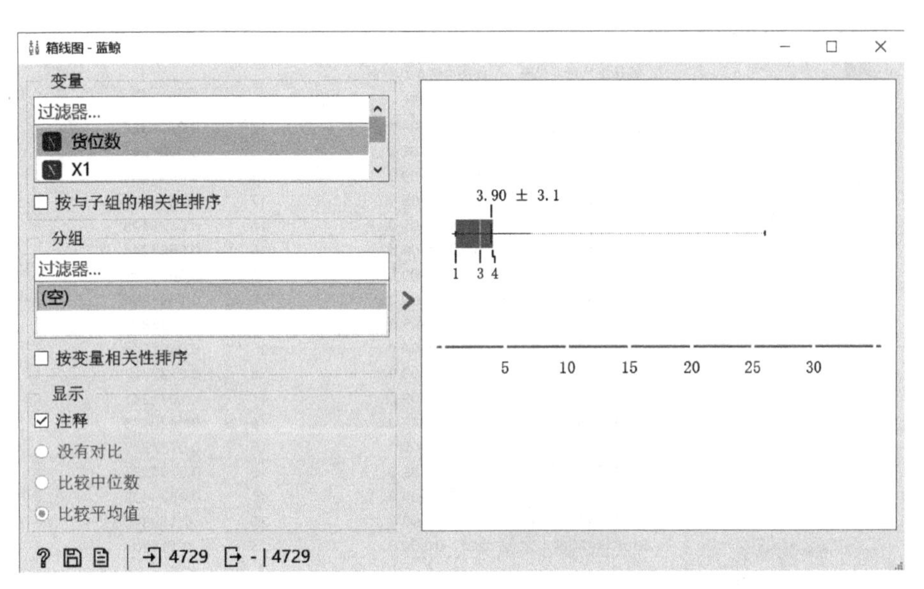

图 7-17　订单品项数分布箱线图

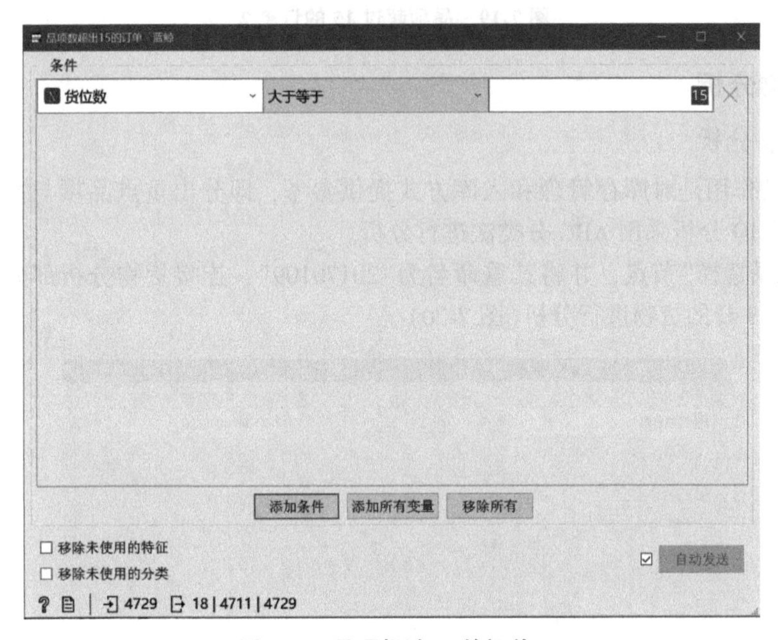

图 7-18　品项超过 15 的订单 1

如图 7-19 所示，EN 分析结论：从结果可以看出 EN 的最大值为 18，最小值为 1。虽然从前面的 EQ 分析中得出拣选方式应为订单拣选，但是大部分订单包含的品种数都在平均值上下浮动，两极分化现象不太严重，所以在对品项进行拣选的时候可以小部分采用订单拣选，大多数订单采用批量拣选。

订单拣选 - 大数据挖掘平台

信息
18 个实例（无缺失值）
3 个特征变量
没有目标变量.
元变量：1 个

变量
☑ 显示变量标签（如果存在）
☐ 数值型变量可视化
☑ 按实例类着色

选择
☑ 选择整行

恢复原始顺序
☑ 自动发送
18 18 | 18

拣选单信息汇总表 | 拣选单信息汇总表

	订单号	订单日期	货位数	X1
1	3174814204	2017-01-09 0...	16	0.0737327
2	3174814288	2017-01-09 0...	15	0.0691244
3	3174814318	2017-01-09 0...	15	0.0691244
4	3174814417	2017-01-09 0...	17	0.078341
5	3174814554	2017-01-09 0...	18	0.0829493
6	3174814615	2017-01-09 0...	15	0.0691244
7	3174814656	2017-01-09 0...	15	0.0691244
8	3174814697	2017-01-09 0...	15	0.0691244
9	3174815937	2017-01-09 0...	16	0.0737327
10	3174816019	2017-01-09 0...	15	0.0691244
11	3174816400	2017-01-09 0...	16	0.0737327
12	3174816482	2017-01-09 0...	17	0.078341
13	3174817300	2017-01-09 0...	18	0.0829493
14	3174817538	2017-01-09 0...	16	0.0737327
15	3174818283	2017-01-09 0...	16	0.0737327
16	3174826703	2017-01-09 0...	18	0.0829493
17	3174826704	2017-01-09 0...	26	0.119816
18	3174826712	2017-01-09 0...	25	0.115207

图 7-19　品项超过 15 的订单 2

7.4.2　货物分析

7.4.2.1　IQ 分析

IQ 分析的作用是对库存管理和入库方式提供参考，即分出重点品项与次要品项，所以对此订单的 IQ 分析采用 ABC 分类法进行分析。

拖入“记录选择”节点，并将其重命名为“20170109”，连接货物分析部分的数据源节点，选取 1 月 9 日的货物进行分析(图 7-20)。

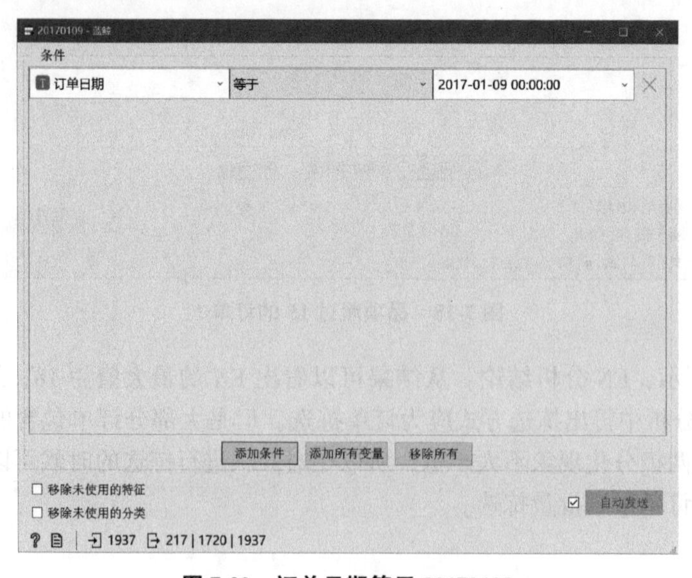

图 7-20　订单日期等于 20170109

拖入“特征选择”节点，选取出库量和订单日期为特征变量，货位数为元特征，连接数据表和散点图进行查看，从数据表和散点图中可得出，基于商品的出库量最小值为 1，最大值达到 9050，两极化分布明显可以进行 ABC 分类(图 7-21)。

将筛选的出库量属性的数据连接“特征工程”节点，计算各商品出库量占总出库量的比例(图 7-22)。根据 ABC 分类原则：少量商品品项，出库量大，且出库频率高的货物为 A 类货物(图 7-23)，是重要物资，无论是货位安排还是保管都应高度重视，而较多的商品品项，出库量一般的为 B 类，重要程度次之，剩下的非重要的为 C 类。

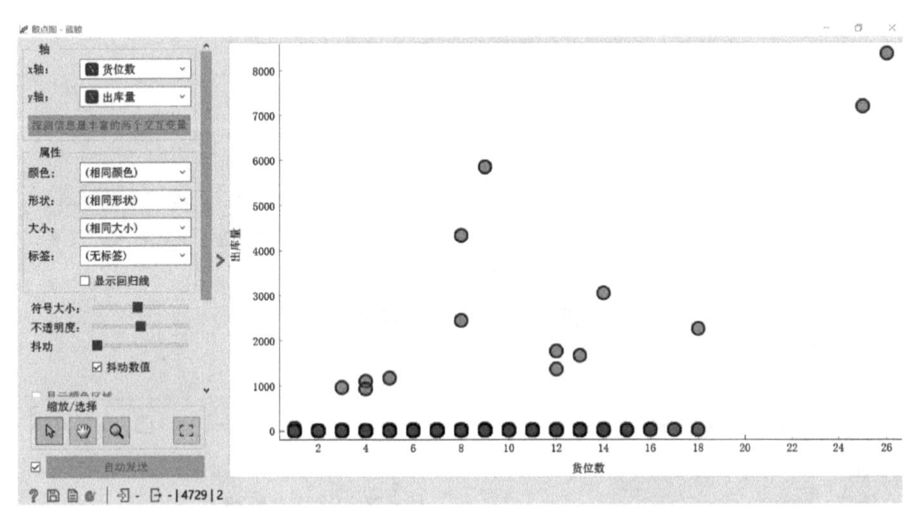

图 7-21　散点图分布

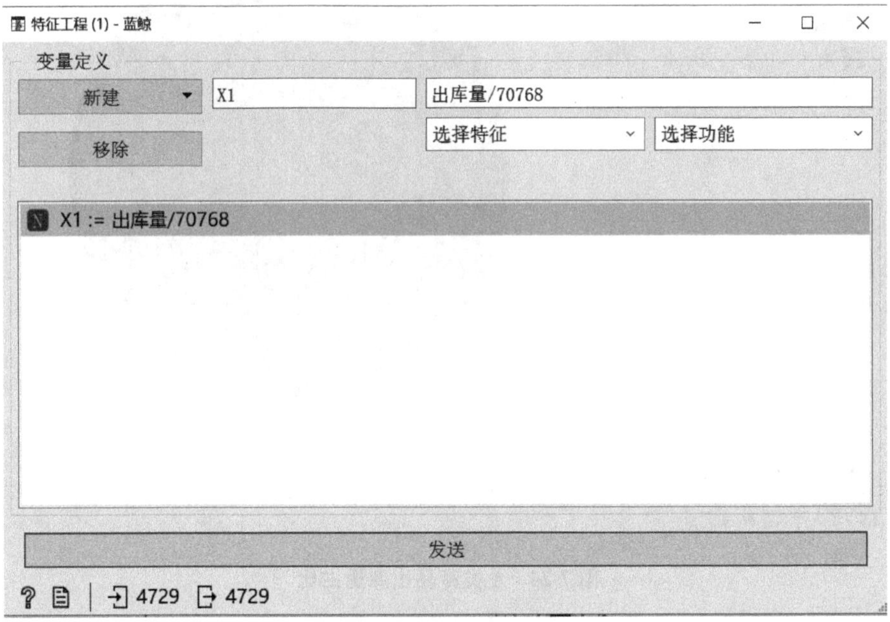

图 7-22　商品出库量占比

通过“记录选择”节点选择货物，螺旋图节点查看具体占比，根据货物的出库量将商品分为出库量大于 2500 的 8 种商品，其中出库量达到 57.28%。B 类出库量为 500~2500 的 18 种商品，占出库量的 29.31%，剩余出库量小于 500 的 191 种商品属于 C 类，占出库量的 13.41%(图 7-24)。

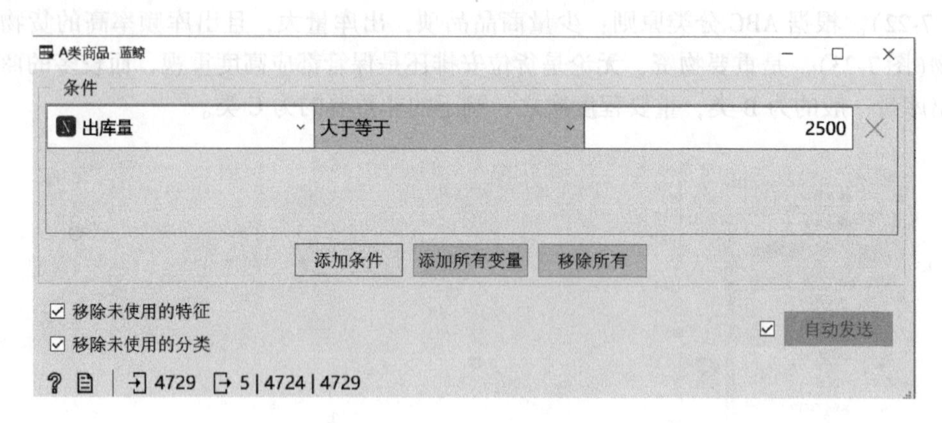

图 7-23　A 类商品筛选

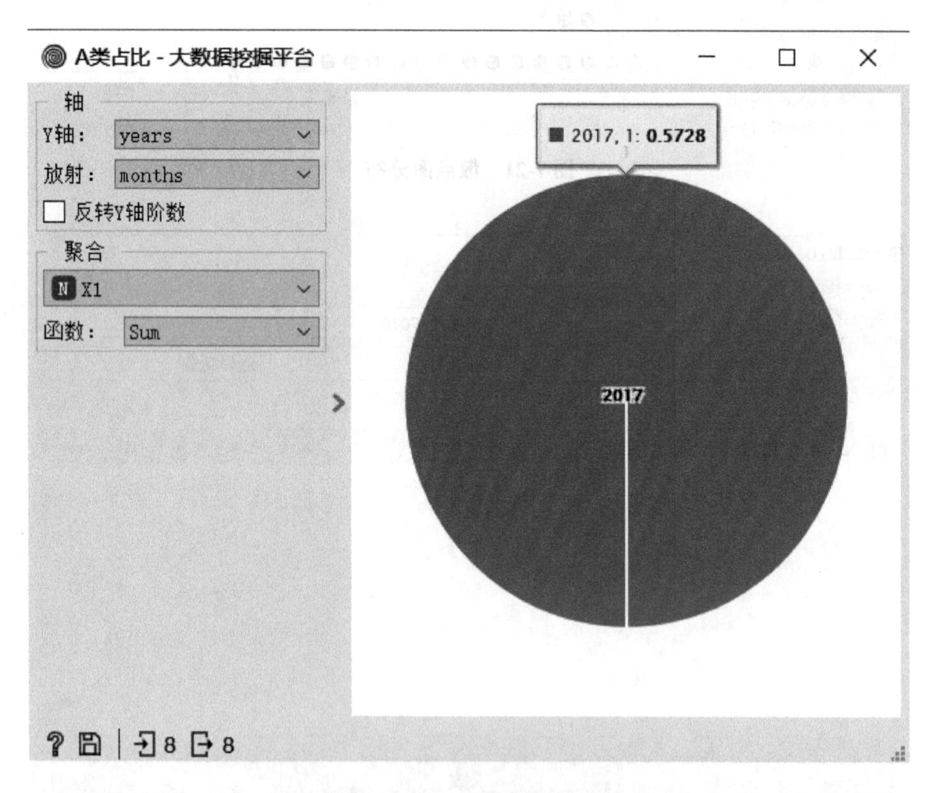

图 7-24　A 类商品出库量占比

7.5.2 IK 分析

以上为针对出库量的 ABC 分类，而 IK 分析为筛选出库频次高的商品(图 7-25)，拖入“特征选择”节点，选择出库频次为特征变量，货物号为元特征，拖入“数据表格”节点可以看出，出库频次最少为 1，最大为 2473。

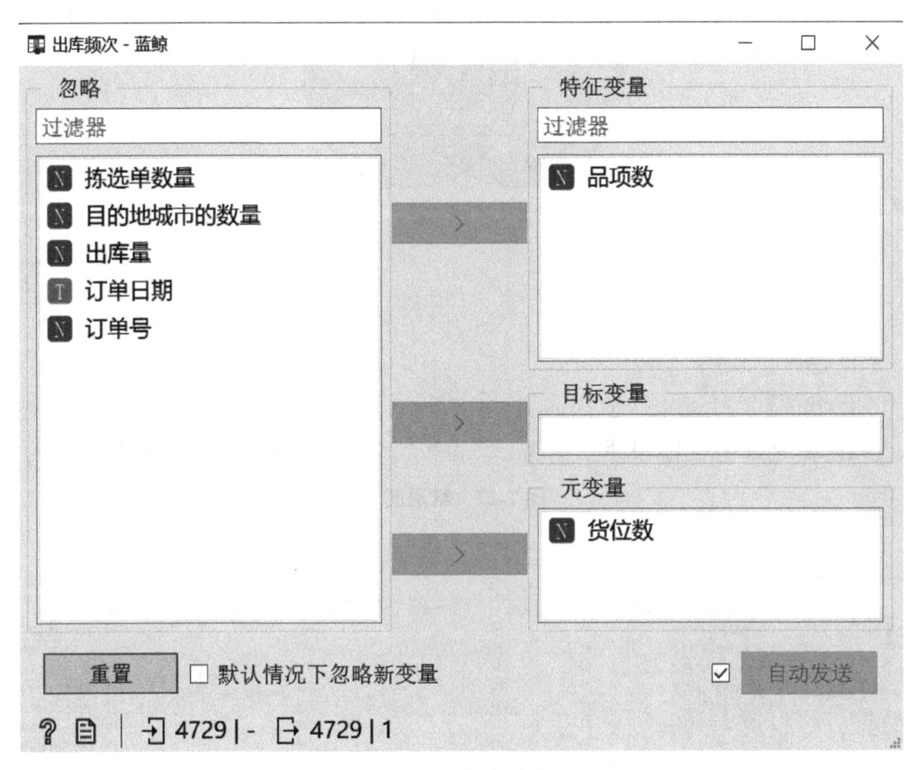

图 7-25 选择出库频次

筛选出库次数大于 500 的 10 种商品。与以上 A 类商品交叉，将出库频次高且未出现在 A 类中的商品，添加到 A 类商品(图 7-26)。

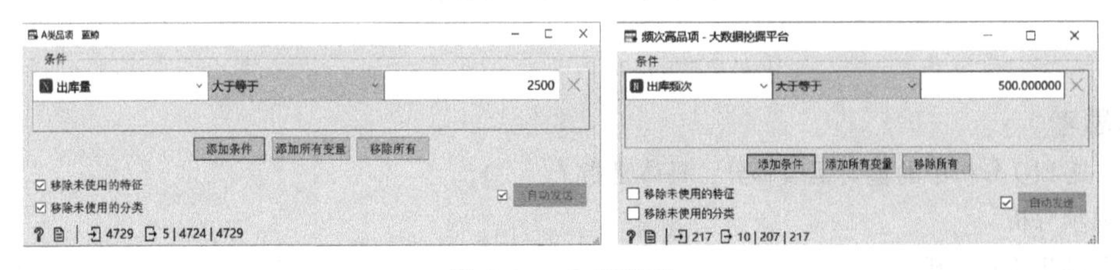

图 7-26 交叉筛选

如图 7-27、图 7-28 所示，拖入可视化模块的“维恩图”，点击未在 A 类商品的 7 种出库频次高的货物品项，拖入“数据表格”查看具体品项，此时重要货物被筛选出来：包括 8 种出库量占总量 57%的货物，和出库频次超高但未划分到 A 类的 7 种货物。

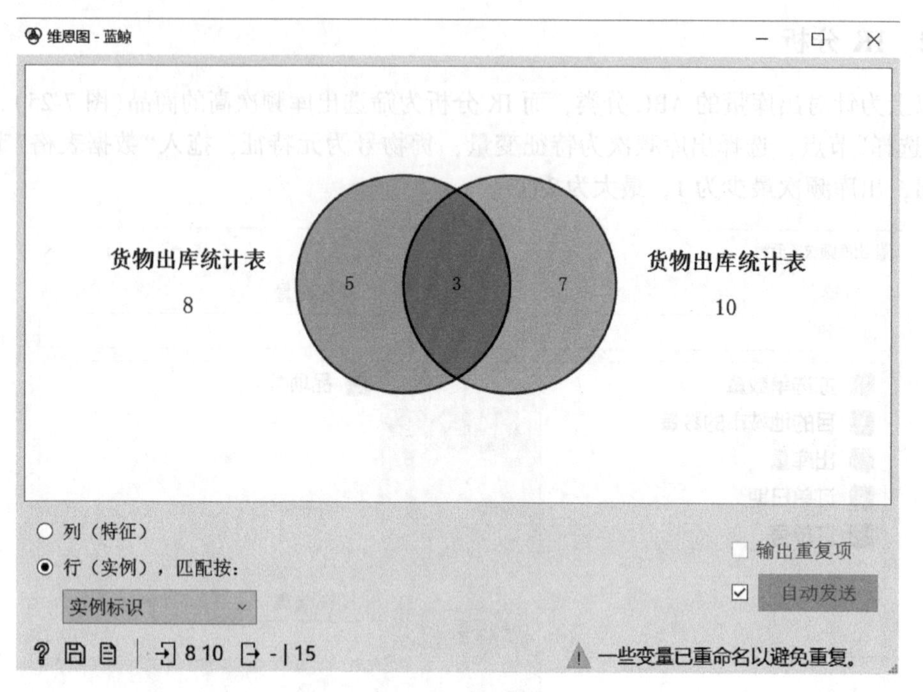

图 7-27　维恩图

添加A类品项 - 大数据挖掘平台

信息
7 个实例（无缺失值）
7 个特征变量
没有目标变量.
元变量：1 个
变量
显示变量标签（如果存在）
数值型变量可视化
按实例类着色
选择
选择整行
恢复原始顺序
自动发送
7　7 | 7

	货物编号	拣选单数量	订单量	出库频次	出库量	货位数	目的地城市的数量	订单日期
1	6903148026069	50	603	603	625	1	138	2017-01-09 0...
2	6903148043257	71	772	774	1481	2	141	2017-01-09 0...
3	6903148151921	65	677	677	740	3	145	2017-01-09 0...
4	6903148222904	49	603	603	629	3	138	2017-01-09 0...
5	82194751-1	118	1985	1985	1985	1	183	2017-01-09 0...
6	82209325-1	57	549	551	736	2	135	2017-01-09 0...
7	82236798-1	71	868	868	1746	1	151	2017-01-09 0...

图 7-28　需要添加的商品

拓展与思考

1. IQ 是 EIQ 分析中的重要组成部分，具体是指（　　）。

A. 品项分析

B. 品项出库量分析

C. 出库量分析

2. 把多张订单集合成一批，按照商品类别将数量分别加总后再进行拣货属于(　　)。

A. 播种式

B. 摘果法

C. 基于订单

3. 实验中的分析具体分为哪两部分？(　　)

A. 订单分析
B. 货物分析
C. 仓库分析
4. 订单分析部分最终采用的是哪种拣选策略？(　　)
A. 批量拣选
B. 少量订单拣选，大多批量拣选
C. 订单拣选
5. 实验最终筛选的 A 类商品有几种？(　　)
A. 15
B. 7
C. 8

第 8 章 快运企业客户细分模型

8.1 实验概述

聚类是将数据集划分为若干相似对象组成的多个组或簇的过程，使得同一组中对象间的相似度最大化，不同组中对象间的相似度最小化。本实验介绍了物流企业在客户管理中通过聚类分析细分市场的过程。区分不同类型的客户群，刻画不同客户群的特征，由此提高了客户满意度，提供了更佳的个性化服务，减少了高价值客户的流失。

8.2 案例引入

根据统计数据显示，早在 2014 年我国快件总量已经超过美国而成为全世界快件量第一大国，但我国快件收入仅相当于美国的 1/8 甚至 1/10；而对于具体企业而言，其收益增长远不如业务增长。如何应对？传统思维的方法一般是基于客户的交易、强调客户获取、大众化或直接营销，而精益思维提示我们要基于客户行为、强调客户挽留、差异化精准营销。亚马逊强大的推荐系统，促成了平台上 20%~30%的销售，而推荐系统就是利用客户与客户之间的关系形成的。客户评价多年排名第一的顺丰，建立了重点客户 VIP 信息系统，以客户需求为中心提高服务质量，由此可见客户细分对物流企业运营的重要性。

8.2.1 企业概览

国内某大型快运企业，服务对象主要是国内第三方电商卖家，集快运、仓储服务为一体，覆盖城市多达 300 多个，主营公路运输业务，细分为同城快运、省内异地快运、省际快运等。该快运企业由于客户关系方面管理失当，导致客户投诉率居高不下，尤其是高价值客户的持续流失给企业带来难以估量的损失。该企业希望通过利用聚类分析思想，精准识别特定客户群，提出具体解决方案。

8.2.2 问题

通过快运客户的历史运单、业务量等数据集，挖掘出对企业产生不同价值的客户群，进而为企业的客户关系差异化服务和营销决策提供支撑。

引发思考：假设领导将此任务分配给你，你有什么方法识别客户群？

8.3　业务分析

8.3.1　问题聚焦

数据挖掘整个过程的开始是业务分析，首先进行问题剖析，找到企业问题的原因和解决办法。

对多数企业而言，客户最为关心的是：在自己的消费水平上可以享受到同样品质的产品和服务。然而除了一些基本的要求外，不同客户在产品使用、服务等方面可能有着迥然不同的需求，存在产品和服务的差异性。就该企业的快运客户而言，不同客户在收揽环节、货物安全、运送价格、服务态度等方面有不同的需求，无差别的对待方式无法满足客户的个性化需求，造成企业服务水平低，从而引发一系列问题。

为了解决以上问题，企业在制定客户服务战略时必须考虑到客户的差异性，也只有在立足于差异性的基础上，才能制定出成功的客户服务战略，由此产生了以客户为导向的全新营销模式——差异化服务战略，而实现差异化服务需要了解不同客户的需求，根据特征进行客户细分。

8.3.2　解决方法

建立差异化服务战略一般由了解客户需求、进行客户价值定位、制订差异化方案和实施方案四个步骤组成。

其中了解客户需求包括分析客户属性、实现客户细分、分析各细分客户群特征和发现细分客户群需求。了解完客户需求之后进行客户价值定位和制订差异化方案，这两步是基于细分结果进行的。最后是实施方案，整个流程中最核心的任务是实现客户细分。

构建客户细分模型的数据建模方法多种多样，按照不同的划分标准，可以分为事前细分和事后细分，监督算法和无监督算法。

事前数据挖掘预测目标值根据历史数据，而事后数据挖掘发现未知领域或不确定目标，常用的事前算法有决策树、Logit 回归，事后有聚类分析、对应分析等；事前细分技术常用在客户流失模型、营销响应模型中，其实就是根据历史数据定义好客户类型，再对未发生的进行预测，打上预测客户标签。

事后细分就是不知道如何分，只知道要重点考虑细分的多个维度，那么在应用事后细分模型之后，模型会对每个样本或客户打上类别标签，这样就可以通过这个标签来看客户的特点，迅速找到目标客户。常用的算法有聚类分析等，针对我们要解决的问题应该选用聚类分析解决。

8.3.3　聚类的应用

聚类分析是根据在数据中发现的描述对象及其有关系的信息，将数据对象分组。目的是分组后，组内的对象相互之间是相似的(相关的)，而不同组中的对象是不同的(不相关的)。组内相似性越大，组间差距越大，说明聚类效果越好。

聚类分析试图将相似对象归入同一簇，将不相似对象归入不同簇。

相似这一概念取决于所选择的相似度计算方法。

聚类小游戏 所有的图片按照相似性分为若干个图群(图 8-1)

图 8-1 聚类图片

通过这个小游戏联想思考下列问题：你会分成几类？为什么这么分？为什么不是其他分类？让你划分多类群会不会感觉很难？

8.3.4 聚类的基本方法

如图 8-2 所示，聚类的基本方法有划分聚类、层次聚类、密度聚类、网格聚类、模型聚类和模糊聚类等。

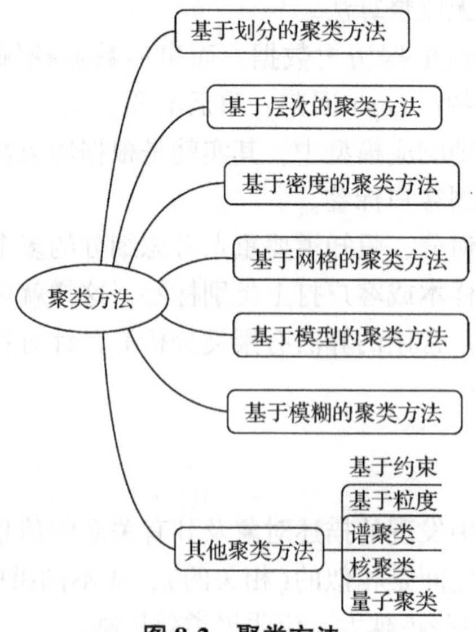

图 8-2 聚类方法

以上为聚类应用的全部算法，其中比较通用的方法为基于划分、基于层次、基于密度和基于网格的聚类方法。而面对复杂的情况，如不同的数据规模、数据质量、不规则分布或不同需求等，也可采用基于模型聚类或模糊聚类方法。

划分聚类适用于观察数较大的样本，事先指定类别数(种子数)，通过计算，将每个观测样本暂时归于距离最近的类中心所在的类，并且不断调整类中心直至收敛。

层次聚类算法分为凝聚的层次聚类算法和分裂的层次聚类算法。其优点有：距离和规则的相似度容易定义、限制少；不需要预先制定聚类数；可以发现类的层次关系，在一些特定领域如生物领域有很大作用。

密度聚类以数据集在空间分布上的稠密程度为依据进行聚类，无须预先设定簇的数量，特别适合对于未知内容的数据集进行聚类。

8.3.5 K-means 算法原理

K-means 算法是典型的基于欧氏距离的聚类算法，采用距离作为相似性的评价指标，即认为两个对象的距离越近，其相似度就越大。该算法认为簇是由距离小的若干对象组成的，因此把得到紧凑且独立的簇作为最终目标。

算法过程如下：

①从 N 个对象中随机选取 K 个对象作为质心；

②测量剩余的每个对象到每个质心的距离，并把它归到最近的质心的类；

③重新计算已经得到的各个类的质心；

④迭代 2~3 步直至新的质心与原质心相等或小于指定阈值，算法结束。

下面通过一个实例来理解算法的计算过程：

如图 8-3 所示，初始化选择 A1(2，10)，A4(5，8)，A7(1，2)为聚类中心点，形成三个簇，两点距离定义为：

$$d_{ab} = \sqrt{(x_2 - x_1)^2 + (y_2 - y_1)^2}$$

计算其余各点到各聚类中心的距离，距离最小的划分到该簇中。如：A2 与 A7 的距离计算公式：$d_{(A2,\ A7)} = \sqrt{(2-1)^2 + (5-2)^2} = \sqrt{10}$，最终计算结果分类如图 8-4 所示。

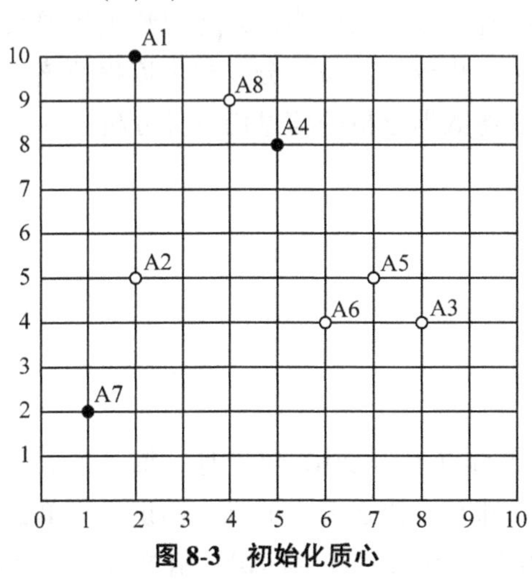

图 8-3　初始化质心

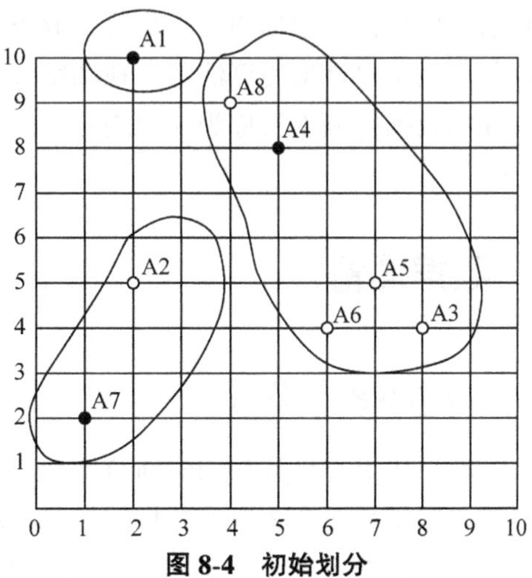

图 8-4　初始划分

如图 8-5 所示，重新计算各簇的聚类中心点的坐标，Cluster1 只有 1 个点，因此以 A1 为中心。Cluster2 的中心点为((8+5+7+6+4)/5，(4+8+5+4+9)/5)=(6，6)(注意：这个点并不实际存在，只是用来描述簇的特征)。Cluster3 的中心点为((2+1)/2，(5+2)/2)=(1.5，3.5)。

重复以上步骤，直到前后两次迭代不发生变化为止(图 8-6)。

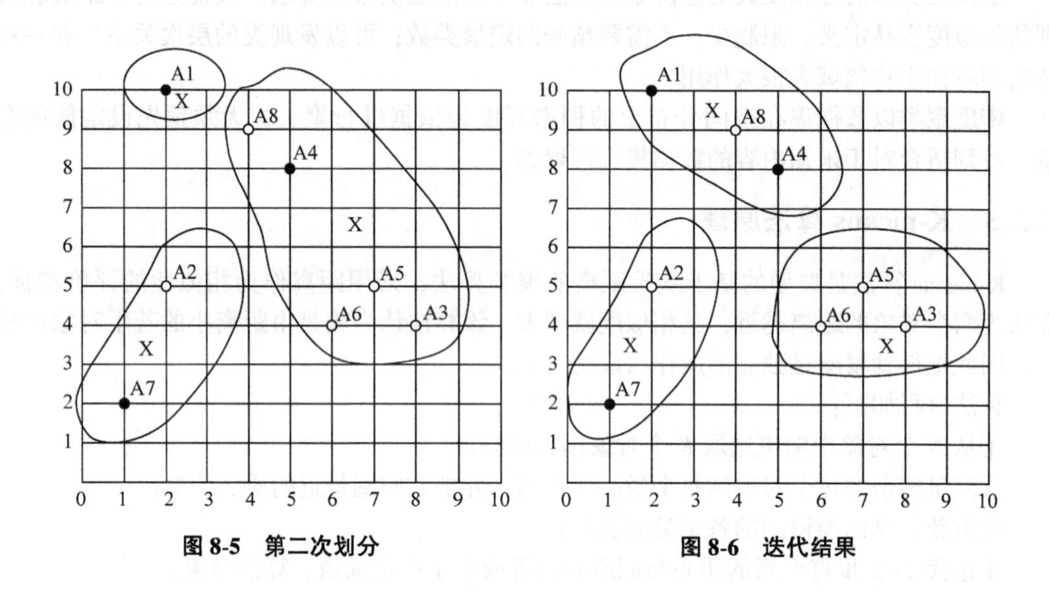

图 8-5 第二次划分　　图 8-6 迭代结果

8.3.6 实现路线

基于数据挖掘方法来实现客户细分模型，具体的路线主要分为数据准备、数据探索、模型训练与评估、结果变现四部分。其中，数据准备主要是数据获取和数据清洗，在该实验中主要为数据导入、缺失值的处理以及数据标准化处理，该部分是整个流程中花费时间和精力最多的阶段，为方便实验的进行，省略了费时费力的细节，只关注主要操作步骤；数据探索主要分析各指标的变化趋势、业务量指标对收益的影响以及客户流失的现状；模型训练与评估主要是聚类算法的实现和结果的可视化分析，该部分是整个流程的核心；结果在现在的数据挖掘中又称为知识表示，也就是将数据分析的信息用业务分析的知识表达出来。

8.4 数据准备

8.4.1 数据观察与载入

快运客户历史交易数据的时间跨度为：2015 年 7 月至 2016 年 1 月，每一条记录表示客户在某个月份的业务数据，数据特征包括客户账号、快运客户的唯一标识、运单数、业务量、体积、计费重量、收益等数值型业务属性，还包括重货标识、结算方式、是否流失、主要始发站及主要终点站等分类型业务属性。

(1)新建一个工作流

登录蓝鲸数据挖掘平台，单击“文件”-“新建”，在出现的“工作流信息”对话框中，新建一个工作流。

(2)数据载入

由于本案例涉及数据体量庞大，放置云端便于统一存储管理，用户只需相关组件(节点)即可实现调用。在蓝鲸模块中选择数据组件，双击打开出现对话框，下拉菜单选择“快运企业客户数据”，数据传输速度受用户当前网速的影响。

(3)原始数据观测

在数据区域中选择数据表格组件，并与数据组件相连，双击打开，对话框的左上角数据区域简要展现原始数据的基本信息，包括数据的体量、特征维度、缺失值比率以及有无元变量等信息，对话框的右侧区域展现原始数据的二维列表。原始数据包含 41138 个实例(记录)，17 个特征变量，零缺失值，但观测右侧二维数据列表，实际存在少量缺失值(缺失值体量占比极为微小，远未达到对话框显示最小粒度 0.1%)，为降低缺失值的存在对后期数据建模的影响，对原始数据进行相关清洗工作。具体如图 8-7 至图 8-9 所示。

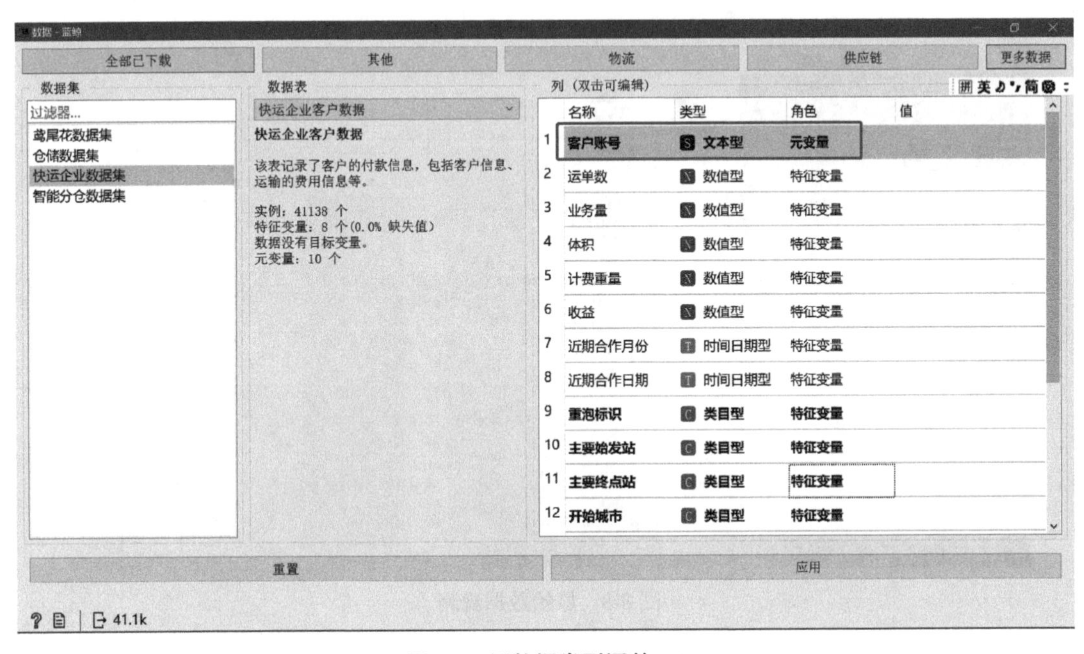

图 8-7 元数据类型调整(1)

8.4.2 数据清洗

在数据区域中选择缺失值处理组件，并与数据组件相连，该组件对缺失值的处理包含全局处理以及局部处理两大模块，如果选择全局处理中的方法选项，算法将对所有的字段

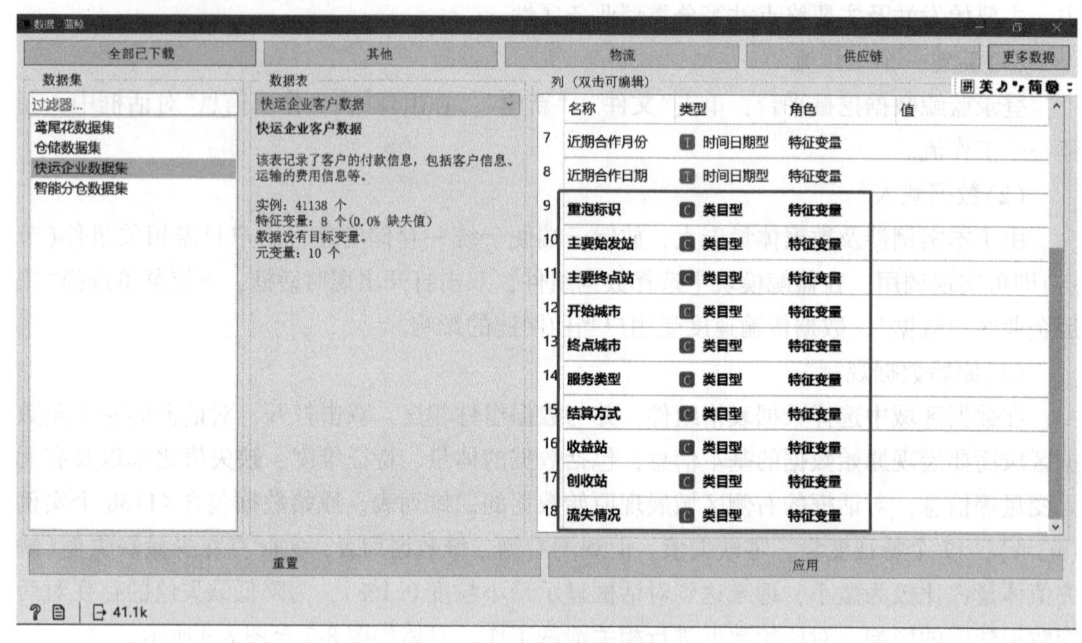

图 8-8　元数据类型调整(2)

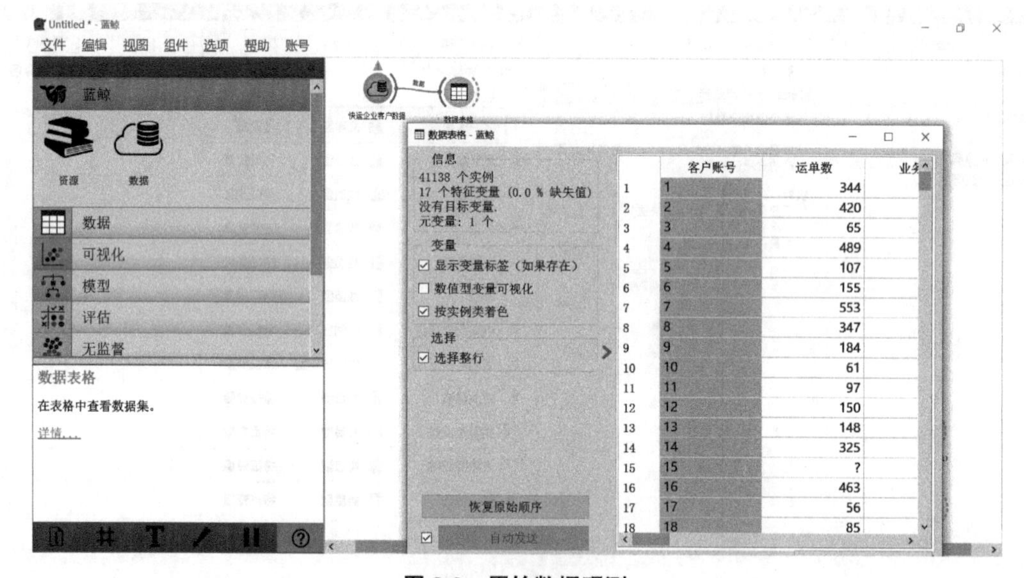

图 8-9　原始数据观测

实行同一种方法的缺失值处理；如果选择局部处理中的方法选项，用户可以自定义不同字段的缺失值处理方法。

如图 8-10 所示，组件中集成的缺失值处理方法包括：

(1) 直接忽略法

当数据有缺失时，删除整条记录，一般适用于缺失数据占整个字段数据的比例过大时(>50%)。

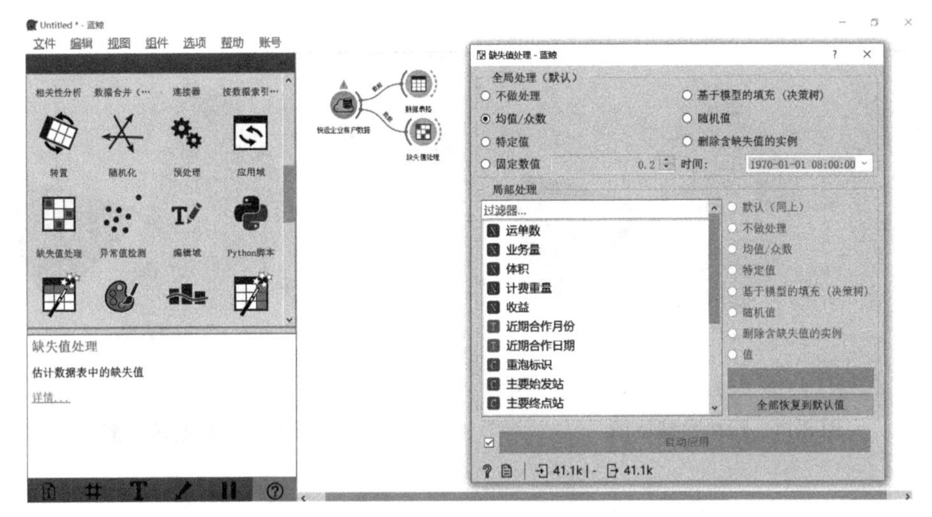

图 8-10　缺失值处理

(2) 人工填补法

使用人力再收集缺失的数据，但当数据缺失值很多时，该方法行不通。

(3) 自动填补法

对同一属性的所有缺失值采用事先定好的值填补，如众数或均值。

(4) 推论法

推论法是较精确的做法，根据相似对象的值推断出缺失值，该方法不只考虑一个字段。

本案例中由于缺失值比率极为微小，采用自动填补方法进行全部缺失值补全。

8.5　数据探索

为了观察该快运企业客户的业务量、运单数以及收益等维度在时间上的变动情况，采用时间序列的手段进行深度探测。原始数据中包含近期合作月份和近期合作日期等两个时间字段，因此为了精准识别某个时间字段，引入“选择时间序列”组件，该组件位于时间序列区域中，将其与缺失值处理组件相连，双击组件打开对话框，在序列特征配置中选择“近期合作日期”，点击自动应用按钮。

如图 8-11 至图 8-13 所示，从时间维度对各指标进行观测，比如快运企业月度业务量、月度运单数和月度收益等，然后引入螺旋图组件，该组件位于时间序列区域中，将其与时间对象选择组件相连，双击组件打开对话框，Y 轴配置 years，径向配置 months of year，聚合函数选择 Sum。

该客户数据集中在 2015 年的下半年，所以客户聚类的时间维度为 2015 年 7 ~ 12 月。从总量来看，每个月份的业务量、收益指标差异不大，较为稳定。

为了直观展现快运客户在不同时间点上的业务量、运单量及收益等维度上的分布状况，引入序列图组件，该组件位于时间序列区域中，将其与时间对象选择组件相连，双击

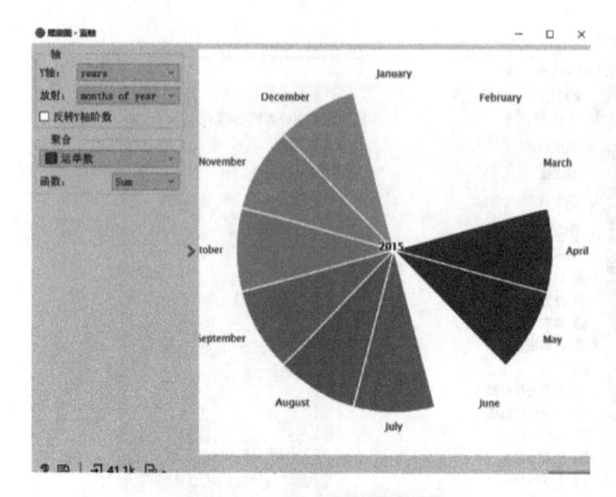

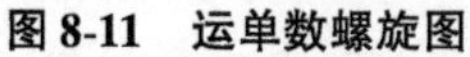
图 8-11　运单数螺旋图

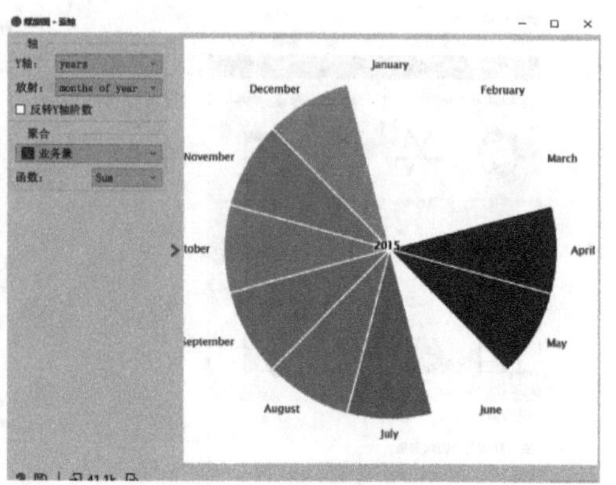

图 8-12　业务量螺旋图

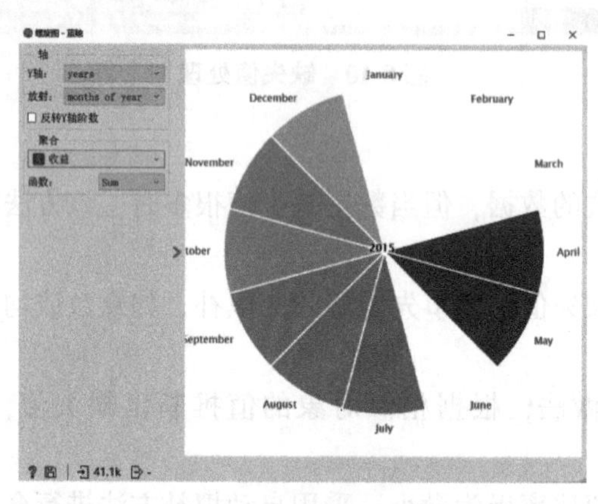

图 8-13　收益螺旋图

组件打开对话框，点击增加按钮可增加序列图数量，本案例中同时展现业务量、运单数和收益三个维度的分布状况(图 8-14)。

从以上序列图(图 8-14)中可以清晰地发现，该快运企业在收益这个维度上是一个随机的不平稳序列，在局部出现明显的、差异度较大的波峰与波谷，特别在 2015 年 10 月 1 日出现全局最高峰值 828922. 63 元，同时业务量及运单数量也达到全局最高峰值，分别达到 10000、200000 个单位。有趣的是，业务量及运单数两个维度在其他时间点上多次同时达到了全局最高峰值，但收益差异却非常大，导致快运企业出现这种情况的原因有待更深入一步探测。

客户流失，尤其是高价值客户的流失往往对企业的利润增长造成极大的影响，因此本案例另外一个关注的侧重点是客户流失分布情况。引入数据透视表组件，该组件位于数据区域，将其与缺失值处理组件相连，双击打开，不妨先关注客户流失在收益站上的分布情况，在出现的对话框配置中选择收益站，列配置中选择流失情况。由于不同收益站存在流失客户数量上的差异，因此，构造新的特征——客户流失率，并引入特征工程组件，该组件位于数据区域，并与列联表组件相连，双击打开，在出现的对话框中进行变量定义。点击创建按钮，选择连续型字段，并定义字段名称(客户流失率)，配置方法为流失/(流失+未

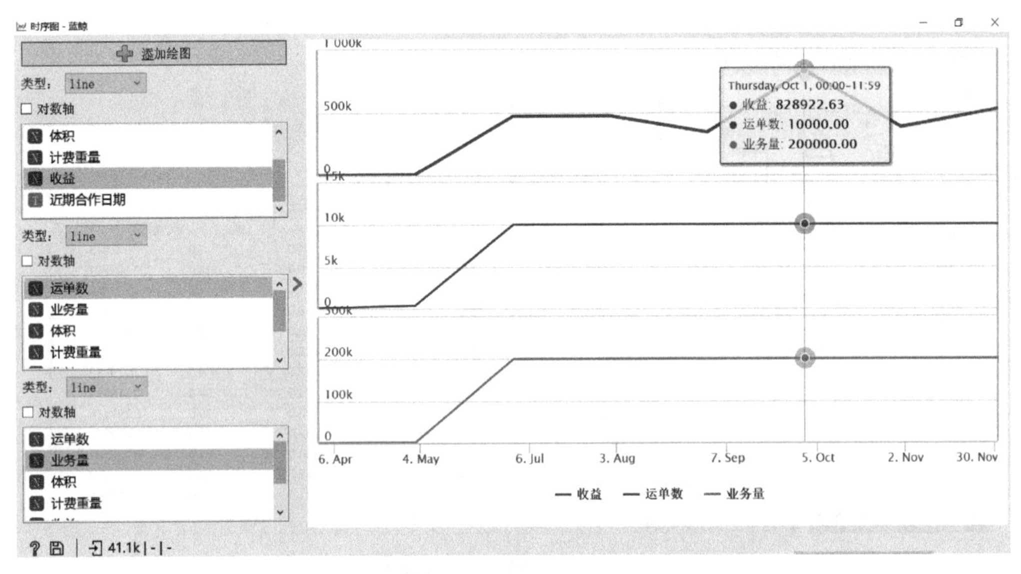

图 8-14　业务量、运单数和收益三个维度序列图

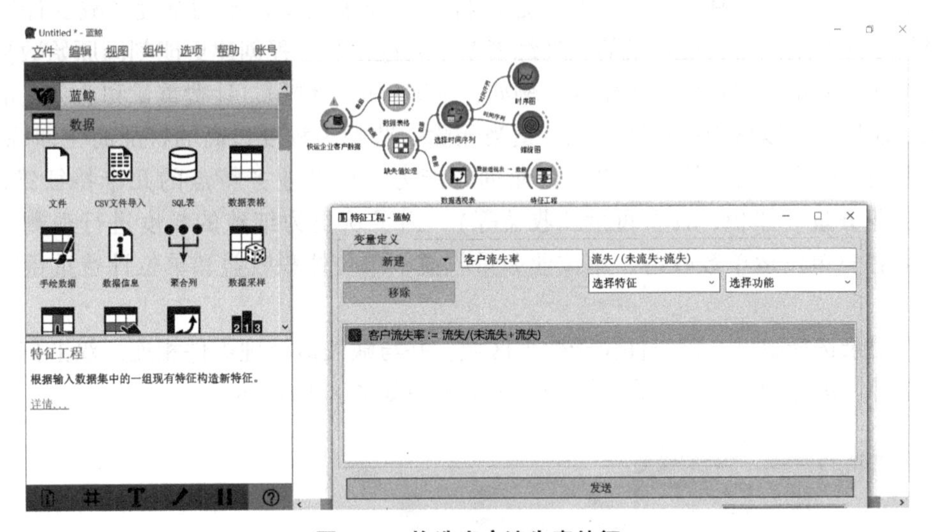

图 8-15　构造客户流失率特征

流失)，点击发送，如图 8-15 所示(注意：新加的字段要使用英文环境下的括号与符号)。

如图 8-16 所示，引入数据表格组件来观察客户流失率的分布情况，将该组件与特征工程组件相连，双击打开，点击客户流失率字段降序排列，可以观测到客户流失率超过 30%的收益站包括：青岛站(87.5%)，昆山站(80.3%)，滨城站(80%)，医药冷链事业站(76.3%)，林安站(63.5%)，综合物流站(39.7%)，郑州站(32%)。

同理，可进一步观测在创收站维度上客户流失分布情况，客户流失率超过 30%的收益站包括：花都站(100%)，林安站(88.4%)，大山子站(75.9%)，汉口北站(73.3%)，昆山站(69.4%)，广州大客户站(54%)。作为业务管理者，需要通过客户管理来降低客户流失率。

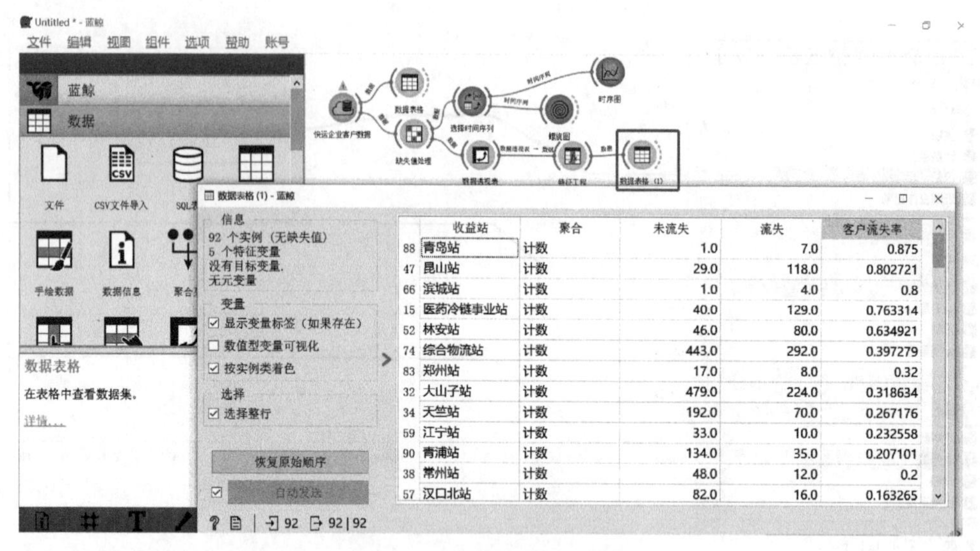

图 8-16　收益站客户流失率

接下来进行特征选择及特征工程。通过特征选择来减少样本的维度、减少计算的成本、降低时间和空间复杂度以及简化训练模型，通过特征工程创建更能刻画原始数据集信息的新特征，使得模型构建更为精准。例如，本案例中，体积、计费重量和业务量的相关性很强，建模时可以认为存在冗余性，适当删除一些相关程度过高的特征简化训练模型。原始数据集中能直接反映快运客户对企业创收能力，以及业务特点的几个特征维度（如运单数、业务量、体积、计费重量和收益等），为了从更为细致的粒度进行观测，我们构造快运客户单位运单数收益、单位业务量收益、单位体积收益和单位计费重量收益等特征。

引入记录选择组件，该组件位于数据区域，并与缺失值处理组件相连，双击打开，点击增加条件，进行配置。过滤存在零值的相关记录如图 8-17 所示。

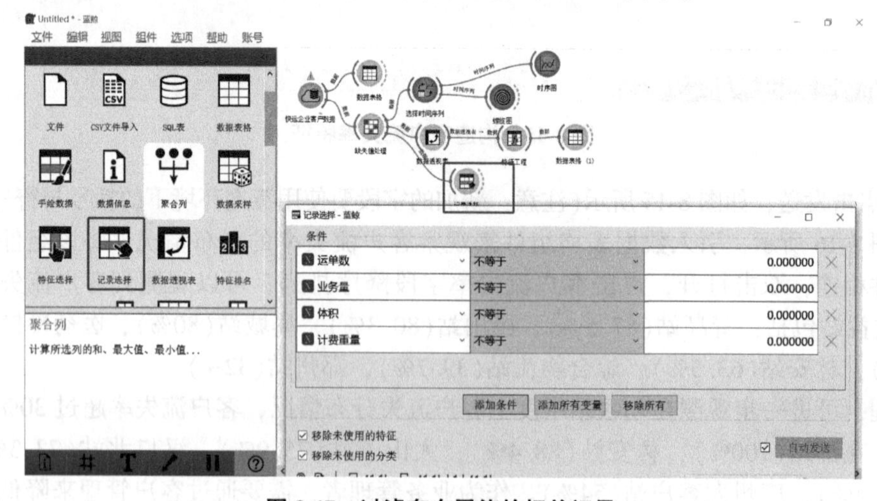

图 8-17　过滤存在零值的相关记录

如图 8-18 所示，从数据区域中引入特征工程组件，并与记录选择组件相连，构建单位运单数收益、单位业务量收益、单位体积收益和单位计费重量收益 4 个新特征变量。

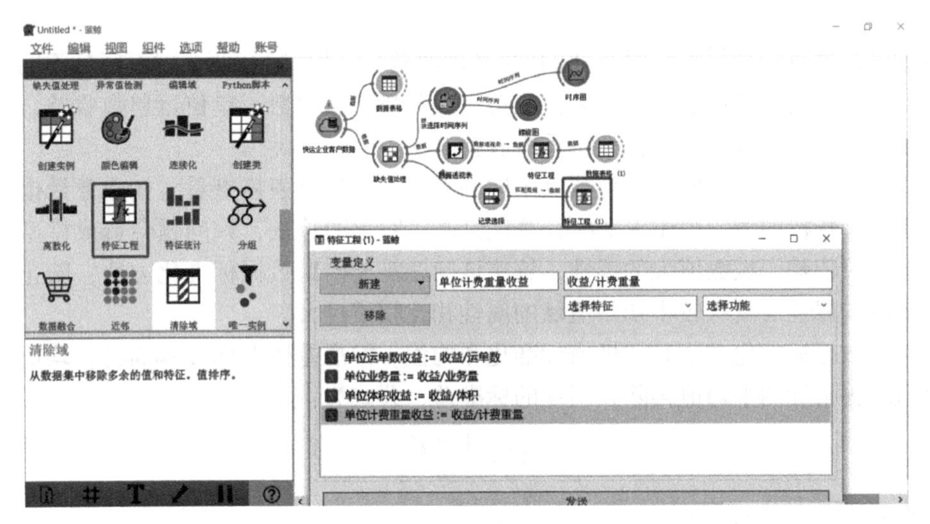

图 8-18　特征工程

本案例建模目标根据客户对企业的创收(即收益)、业务特征两个方面区分不同价值层次的客户。经过筛选，适用建模特征为：收益、业务量、运单数、单位运单数收益、单位业务量收益、单位体积收益和单位计费重量收益等。在数据区域中引入特征选择组件，并与特征工程组件相连，双击打开，详细配置如图 8-19 所示。

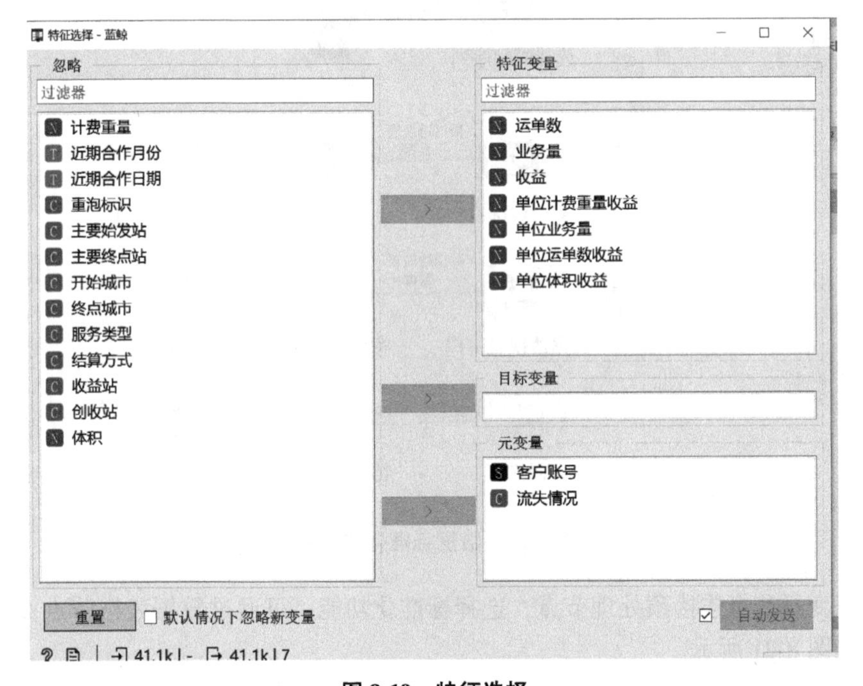

图 8-19　特征选择

8.6 模型训练与评估

本案例建模目标根据客户对企业的创收(即收益)、业务特征两个方面区分不同价值层次客户，经过筛选，适用建模特征为：收益、业务量、运单数、单位运单数收益、单位业务量收益、单位体积收益和单位计费重量收益等。

这些指标存在量纲不同、数值范围不同的问题，可通过表格查看，如业务量指标的值明显大于运单指标的值，由于 K-means 算法是基于距离的算法，该问题会造成模型训练结果的偏差，只依赖于域数值大的属性，解决该问题需要借助数据标准化方法，防止具有较大初始值域的属性与具有较小初始值域的属性相比权重过大。

常用的数据标准化方法有：极值标准化和均值—标准差标准化(z-score)，均值标准差是将该值减去指标的平均值再除以属性的标准差，公式为：

$$V' = \frac{V - \mu}{\sigma} \tag{8-1}$$

数据标准化流程如图 8-20 所示。

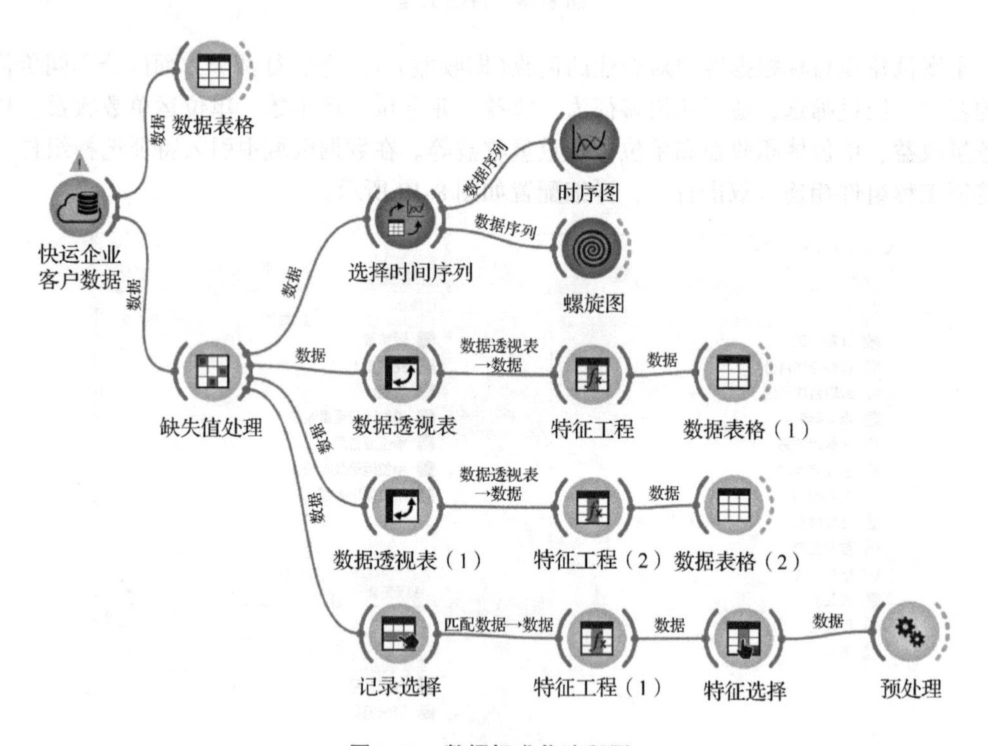

图 8-20　数据标准化流程图

将特征变量节点连接预处理节点，选择标准化功能，可通过数据表格节点查看处理后的数据，如图 8-21 所示。

预处理 - 蓝鲸
预处理器
连续变量离散化
离散变量连续化
缺失值估计
选择相关特征
选择随机特征
标准化
随机化
移除稀疏特征
主成分分析
CUR矩阵分解
标准化
标准化为 μ=0，σ²=1
中心化为 μ=0
缩放至 σ²=1
标准化至区间[-1，1]
标准化至区间[0，1]
自动应用

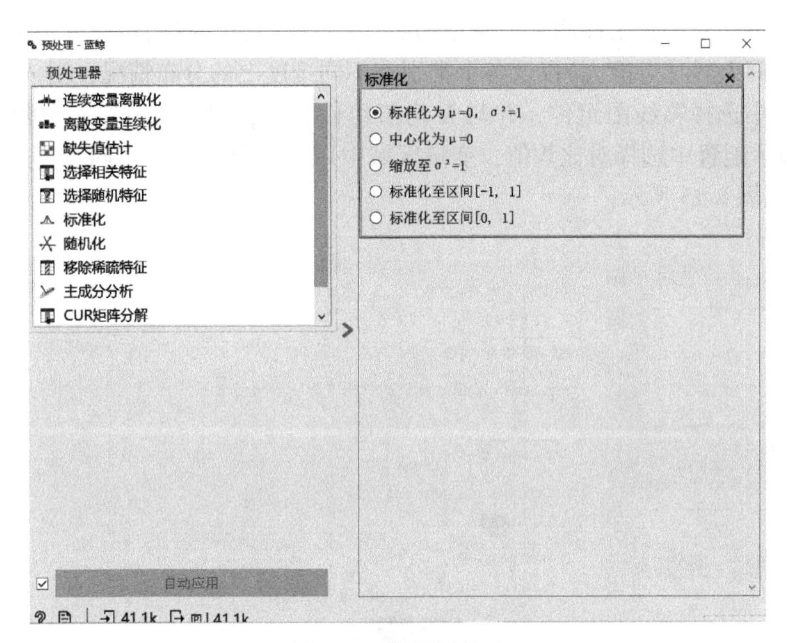

图 8-21　数据预处理

如图 8-22 所示，从无监督区域中引入 *K* 均值聚类组件，配置好参数，并与特征选择组件相连。本案例中假定聚类簇数为 4。

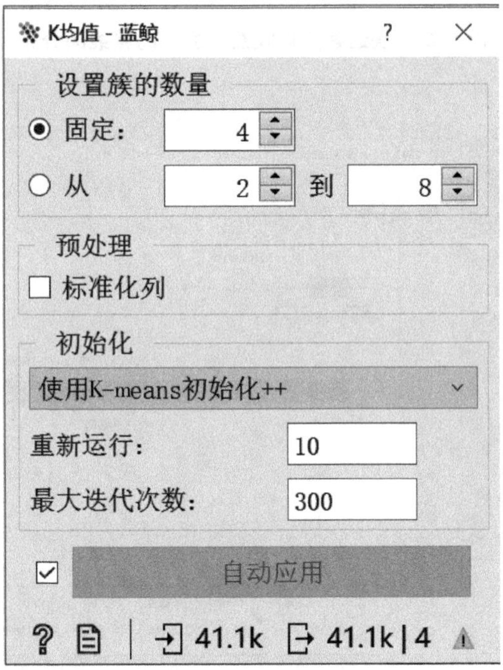

K均值 - 蓝鲸
设置簇的数量
固定：
4
从
2
到
8
预处理
标准化列
初始化
使用K-means初始化++
重新运行：
10
最大迭代次数：
300
自动应用
41.1k
41.1k | 4

图 8-22　参数设置

待模型训练完毕，为了探测聚类模型的效果(一般而言，我们希望聚类模型组内差异尽可能小，组间差异尽可能大)以及各个类别在不同维度上的分布情况，引入箱线图组件，从可视化区域中选择箱线图组件，并与 *K* 均值组件相连，双击打开，在分组配置中选择 Cluser 项，显示配置中选择对比均值，变量区域中用户可自由切换不同维度进行观测。具体如图 8-23 至图 8-25 所示。

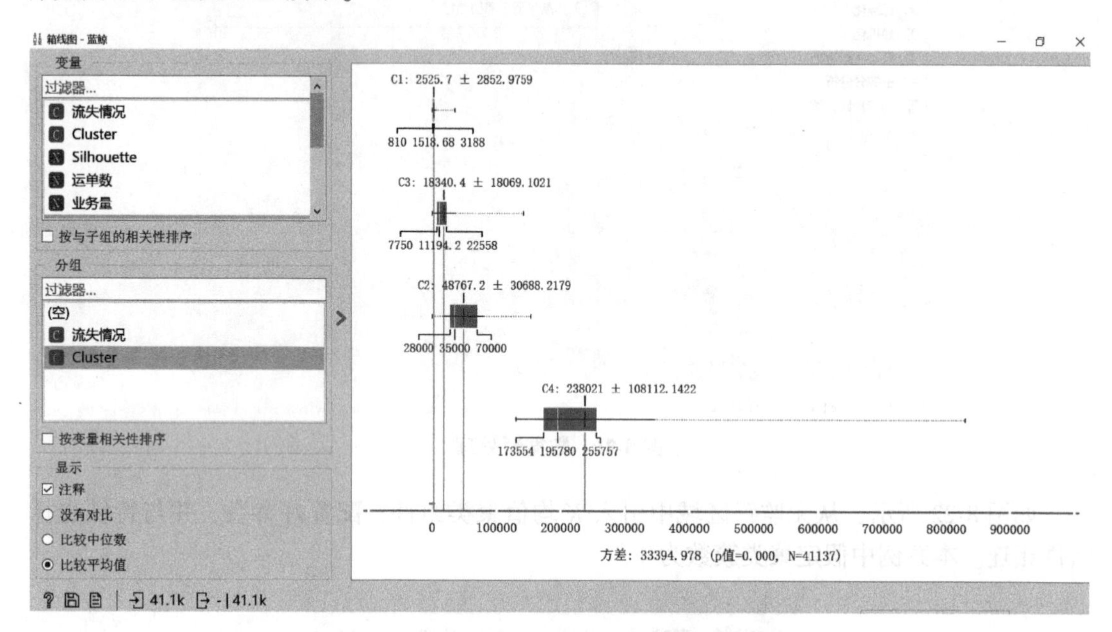

图 8-23　快运客户在收益维度上的箱线图分布

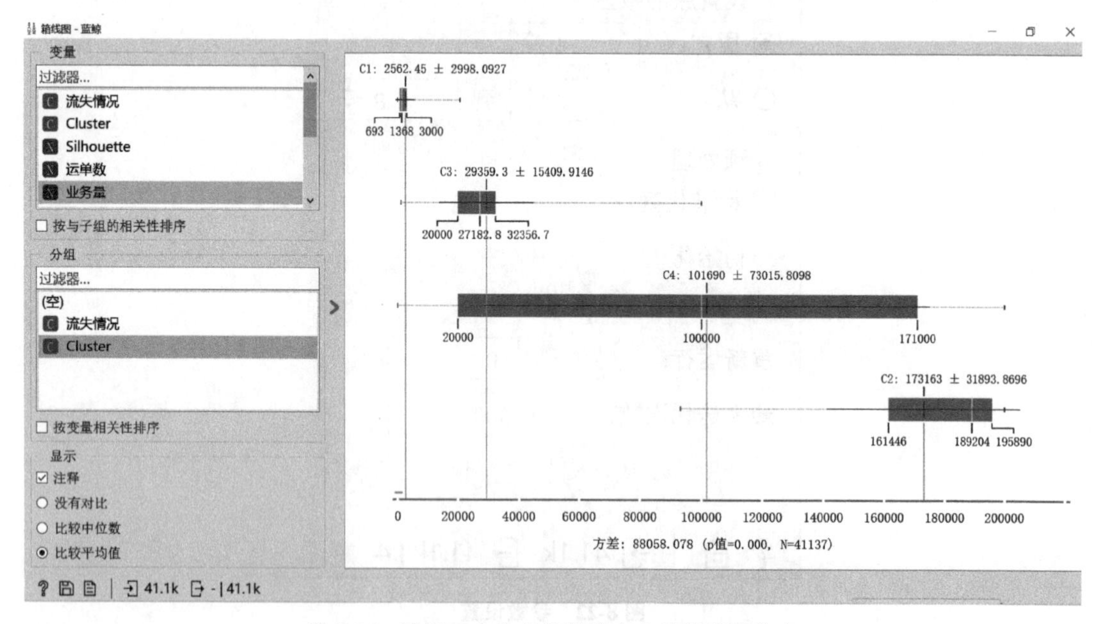

图 8-24　快运客户在业务量维度上的箱线图分布

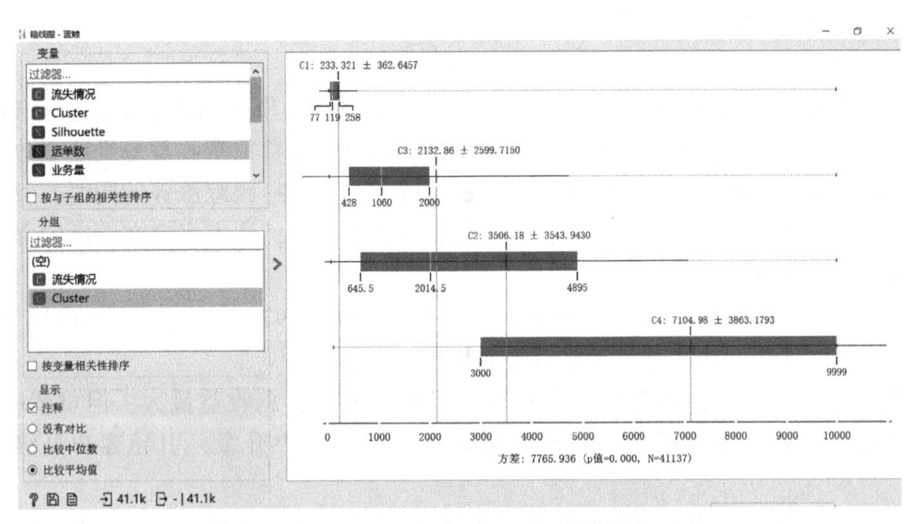

图 8-25 快运客户在运单数维度上的箱线图分布

从整体上观测，聚类模型性能大致符合预期。

从以上箱线图中可以观测到，4 类快运客户在不同维度上的均值见表 8-1。

表 8-1 4 类快运客户在不同维度上的均值

排名	收益	业务量	运单数	单位业务量收益
1	C2	C2	C1	C4
2	C4	C1	C2	C3
3	C1	C4	C3	C2
4	C3	C3	C4	C1

通过对以上数据整合，获得 4 类快运客户在不同维度上的排名见表 8-2。

表 8-2 4 类快运客户在不同维度上的排名

排名	单位运单数收益	单位体积收益	单位计费重量收益
1	C4	C4	C4
2	C2	C3	C3
3	C3	C2	C2
4	C1	C1	C1

从聚类以后客户体量来看，C1：513；C2：354；C3：40101；C4：169。

8.7 结果分析

依据上述分析，可以总结如下结论：

C4 类客户量最小，除运单最低其他各项指标均为最高。

C3 类客户量最大，总收益和各业务量较小，但从单位贡献率角度比较客观。

C2 类客户量较小，总收益和各业务量可观，但单位贡献率较小；这类客户以个性化营销为主，提高单位贡献率。

C1 类客户量较小，各项指标较小，但运单量最高。

价值最大的 VIP 大客户群(C4，占比为 0.41%)给企业带来的收益大，且在运单数、单位业务量收益、单位运单数收益、单位体积收益和单位计费重量收益等维度上分布都处于最高级别，从客户差异化服务视角来看，建议设专人一对一跟踪服务的同时，及时了解客户具体需求并及时反馈；必要时可在各网点设立服务专区，让大客户在专区内办理快运手续和进行快运资费结算服务。

C3 类客户群我们定义为基础客户群，客户数量最大占 97%，该类客户应以广告营销为主，保持客户黏性，并及时引导他们向主要客户转化。

C2 类为主要客户群，该类客户占总客户量的 0.86%，总收益最大，但贡献率较小，该类客户应有针对性地营销，采取积分制等优惠促进客户升级，引导客户升级为 VIP 客户。

C1 类运单量最高，说明与企业业务往来最为频繁，为潜力客户，需要重点维护，借助客户和企业的频繁往来实现业务升级和客户转化。

拓展与思考

1. 聚类过程中，组内相似性越大，组间差距越大，说明聚类效果越(　　)。

A. 好

B. 差

C. 不确定

D. 确定

2. 实验中处理缺失值的方法为(　　)。

A. 直接忽略

B. 人工填补

C. 自动填补

D. 推论法

3. 以下哪些是划分聚类方法中的算法？(　　)

A. K-means

B. K-medodis

C. K-modes

D. GMM

4. K-means 算法的 Step1 为(　　)。

A. 初始化质心

B. 指派样本

C. 更新质心

D. 检查

5. 计算 A1(3，6)，与 A2(1，2)之间的距离的平方是(　　)。

A. 11

B. 20

C. 16

D. 21

第9章 运输企业运营多维分析实验

9.1 实验概述

基于物流运输企业的运营多维分析——按照大数据多维分析的工作路径，以一家综合型快运物流企业的运输运营多维分析为例，在任务、数据和领域分析的基础上，进行数据处理和图表处理，最终形成一份直观的运输运营可视化分析报告。在分析过程中，从多个维度由浅入深地将隐藏在庞杂数据背后的规律性信息以直观的图表展现出来，并进一步地优化分析。

9.2 案例引入

9.2.1 企业背景

某物流企业是一家第三方物流公司，能提供整合一体化物流服务，拥有广阔的物流网络与服务范围——全国有118家分支机构，覆盖502个派送城市，可提供集空运、海运、仓储物流、快递、配送的“一站式”服务。该企业的快递主营业务为全国范围内的整担、零担运输，客户遍及全国，其主要的运输方式为公路运输。公司在全国各主要城市均有网点分布，目前在国内主要城市和经济区域拥有33个综合物流配送中心，192个营业网点，由班车沿固定线路进行站点间的运输。

随着该企业业务规模不断扩大，运单量大幅增加，但企业对运单的管理和分析并没有及时跟上，导致直接与客户、企业运营的大量相关信息没有及时得到分析并反馈到管理层。为解决这个问题，企业想借助数据可视化分析来分析运营数据，直观展示运营情况以便做出迅捷、高质、高效的决策。基于目前的状况，该企业打算从企业收益、企业资源、企业客户三个维度分析。企业收益指的是对企业收益情况的监控与分析，能够帮助管理层对企业运营状况和运营效率进行全面掌握和控制；企业的资源分析包括运力类型、线路和站点的分析等；客户关系管理是企业管理的核心内容，分析客户信息主要是帮助企业稳定老客户和发展新客户，保持企业的持续运营发展。

9.2.2 任务

从企业收益、企业资源、企业客户维度分析运营现状。

9.3 知识点讲解

9.3.1 数据分析的战略思维

提起数据分析，大家往往会联想到一些密密麻麻的数字表格，或是高级的数据建模手法，再或是华丽的数据报表。其实，“分析”本身是每个人都具备的能力，比如根据股票的走势决定购买还是抛出，依照每日的时间和以往经验选择行车路线、购买机票、预订酒店并比对多家的价格后做出最终选择。

这些小型决策，其实都是依照我们脑海中的数据点作出判断，这就是简单分析的过程。对于业务决策者而言，则需要掌握一套系统的、科学的、符合商业规律的数据分析知识。对于企业来讲，数据分析可以辅助企业优化流程、降低成本和提高营业额，我们将这类数据分析定义为商业数据分析。无论是运营者还是管理者都必须反思：数据的价值在哪？从数据中能得到什么？

9.3.2 数据分析的基本步骤

上面提到了数据分析与商业结果间关联的重要性，所有数据分析都应该以业务场景为起始思考点，以业务决策作为终点。数据分析该先做什么、后做什么？基于此，提出了数据分析流程的五个基本步骤(图 9-1)。

第一步，要先分析业务的含义，理解数据分析的背景、前提以及想要关联的业务场景结果。

第二步，需要制订分析计划，如何对场景拆分，如何推断。

第三步，从分析计划中拆分出需要的数据，真正落地分析本身。

第四步，从数据结果中，判断提炼出业务洞察。

第五步，根据数据结果洞察，最终产出业务决策。

图 9-1 数据分析流程图

9.3.3 多维数据模型

多维数据模型是为了满足用户从多角度多层次进行数据查询和分析的需要而建立起来的、基于事实和多维的数据库模型。其中，每个维度对应于模式中的一个或一组属性，而每个单元中都存放着某种聚集度量值，如 count 或 sum。数据立方体提供数据的多维视图，并允许预计算和快速访问汇总数据。

一般多维数据分析的操作包括：钻取、上卷、切片、切块以及旋转(图 9-2)。

钻取(drill-down)：维的不同层次间的变化，如从上一层降到下一层，或者说是将汇总数据拆分到更细节的数据，比如通过对 2010 年第二季度的总销售数据进行钻取，以查

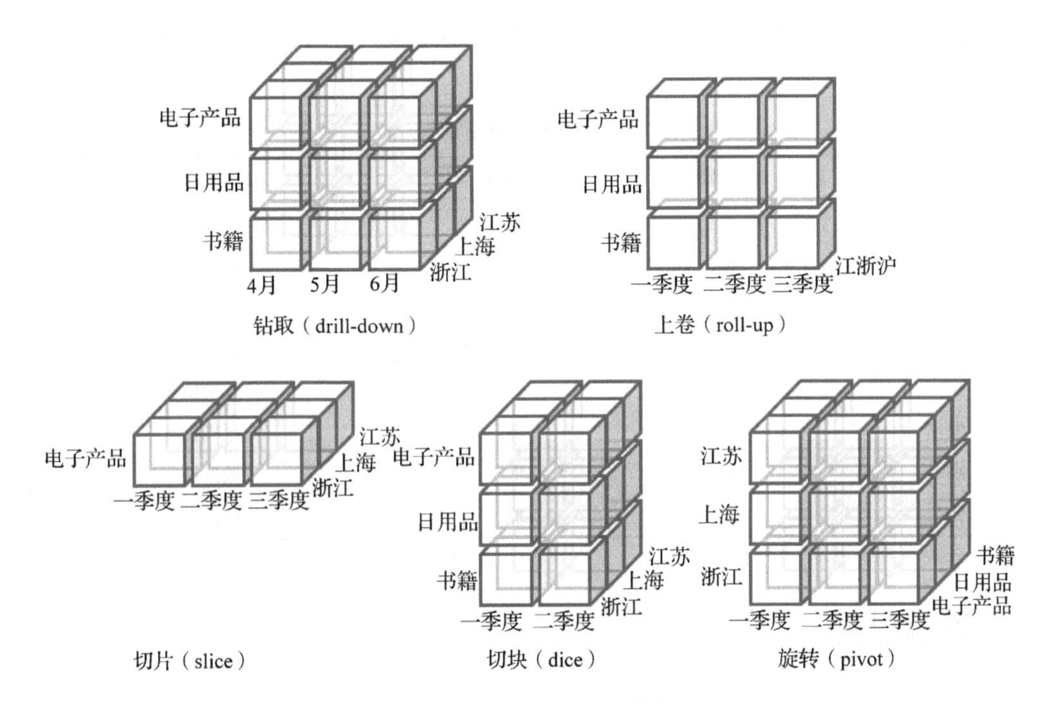

图 9-2　多维数据分析的操作

看 2010 年第二季度每个月的消费数据。当然也可以钻取浙江省的数据以查看杭州市、宁波市、温州市等浙江省具体城市的销售数据。

上卷(roll-up)：钻取的逆操作，即从细粒度数据向高层的聚合，如将江苏省、上海市和浙江省的销售数据进行汇总来查看江浙沪地区的销售数据。

切片(slice)：选择维中特定的值进行分析，比如只选择电子产品的销售数据，或者 2010 年第二季度的数据。

切块(dice)：选择维中特定区间的数据或者某批特定值进行分析，比如选择 2010 年第一季度到 2010 年第二季度的销售数据，或者是电子产品和日用品的销售数据。

旋转(pivot)：即维的位置的互换，就像是二维表的行列转换，通过旋转实现产品维和地域维的互换。

9.3.4　RFM 模型

RFM 模型就是根据客户活跃程度和交易金额的贡献，进行客户价值细分的一种方法。

R(recency)：离客户最近一次交易时间的间隔。*R* 值越大，表示客户交易发生的日期越久；反之，则表示客户交易发生的日期越近。

F(frequency)：客户在最近一段时间内交易的次数。*F* 值越大，表示客户交易越频繁；反之，则表示客户交易不够活跃。

M(monetary)：客户在最近一段时间内交易的金额。*M* 值越大，表示客户价值越高；反之，则表示客户价值越低。

RFM 分析的主要作用包括：一是识别优质客户，RFM 可以制定个性化的沟通和营销服务，为更多的营销决策提供有力支持；二是能够衡量客户价值和客户利润创收能力。

RFM 分析原理见表 9-1。

表 9-1 RFM 分析原理

RS 分类	FS 分类	MS 分类	客户类型
高	高	高	高价值客户
低	高	高	重点保持客户
高	低	高	重点发展客户
低	低	高	重点挽留客户
高	高	低	一般价值客户
低	高	低	一般保持客户
高	低	低	一般发展客户
低	低	低	潜在客户

9.4 实验过程

9.4.1 收益

企业收益是企业在一定时期内创造的最终经营成果，是反映和衡量企业经营绩效的主要标准之一，更是企业分配的对象。企业获取收益的能力，是衡量公司财务状况是否健全的重要标准。下面，我们通过“商业智能分析平台”软件对以上案例中的物流企业进行企业收益分析。

打开“商业智能分析平台”软件，点击“创建问题”，创建“简单查询”，从数据库“bigdata”中选择数据“运单表”，选择“聚合”设置聚合条件为“总和”的“收入金额”，点击“完成”。我们会看到该物流企业从 2015 年 4 月底到 2015 年 6 月初的总收入金额数值为 110623675.18。点击“保存”按钮，命名为“总收益”，选择“所有个人集合”中自己的集合，保存即可。

将图表保存到看板中，选择“所有个人集合”中自己创建的集合，并在其中创建新的仪表板，命名为“企业收益”，点击保存即可。可以看到刚做的总收益图表保存到了“企业收益”看板中，点击保存即可。

利用钻取查看不同层次间的数据变化，分析该物流企业在此期间内每周的收益情况。如图 9-3 所示，通过柱状图分析该物流企业 2015 年 4 月底到 2015 年 6 月初每周的收益情况。分组条件设置为“录入时间按周”，将可视化方式设置为“柱状图”，添加“过滤器”选择“录入时间”介于 2015 年 4 月 20 日和 2015 年 6 月 1 日。命名为“收益统计——周”并保存。

如图 9-3 所示，该物流企业在此期间内每周的收益情况，并分析得出，在每月的最后一周收益金额明显增多，而月初收益则明显下降。

下面利用折线图更加清晰地展现这段时间内该物流企业的收益走向。单击“可视化”，

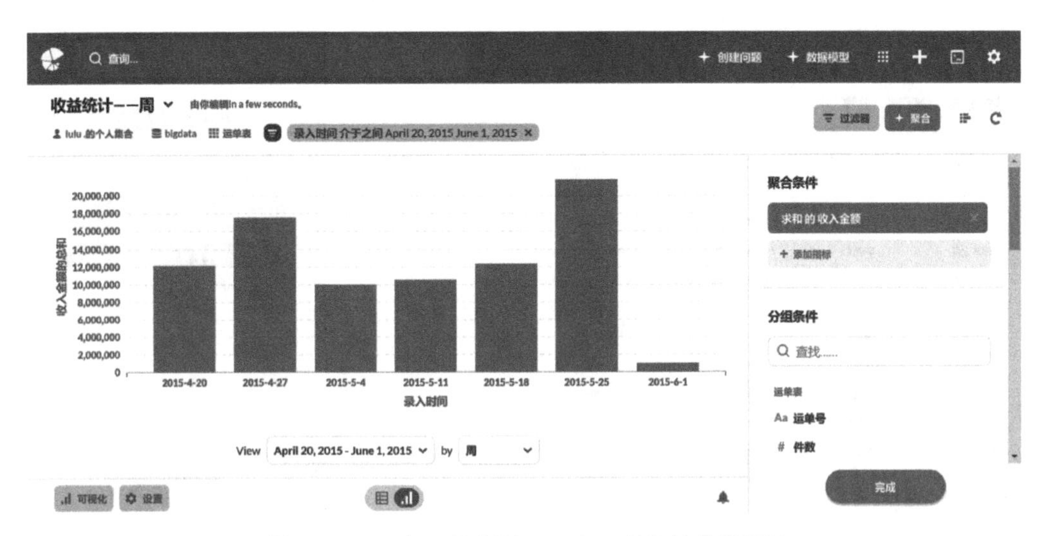

图 9-3　2015 年 4 月底至 2015 年 6 月初的收益情况

将可视化方式设置为“折线图”。命名为“收益统计——周”并保存。折线图的表示如图 9-4 所示，可以看出，每月期间的总收益先呈现上升趋势并且在最后一周收益增长明显加快，但在下个月初时又明显下降。

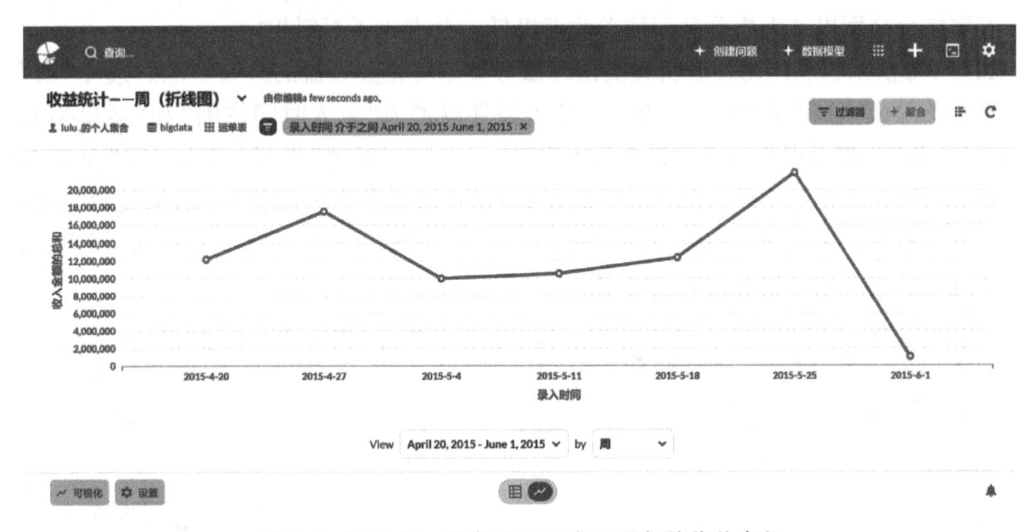

图 9-4　2015 年 4 月底至 2015 年 6 月初的收益走向

下面分析各个区域的各个公司的收益分布情况(图 9-5)。选择显示编辑器(自定义查询)，设置“聚合条件”为“总和”的“收入金额”；添加自定义表达式“收益占比”=“Sum([收入金额])/110623675.18”，“by(分组)”选择“superiorarea”和“superiorinstitution”，“可视化”为“表格”，查看结果。结果显示中，将“求和”按降序排列，并设置“求和”格式化为“显示迷你条形图”，“收益占比”格式化设置“显示迷你条形图”，样式选择“Percent”，点击完成。最后保存命名为“收益分布—分区域，公司”。

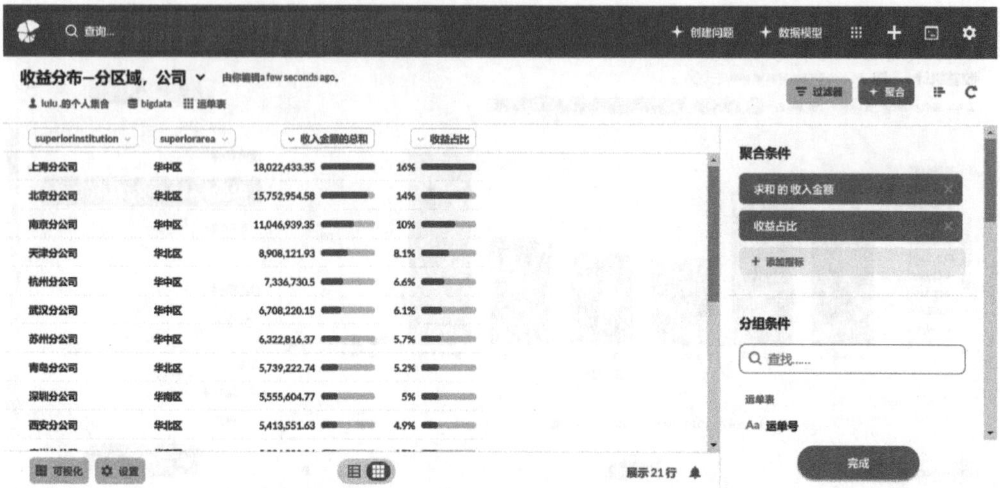

收益分布–分区域，公司

superiorinstitution	superiorarea	收入金额的总和	收益占比
上海分公司	华中区	18,022,433.35	16%
北京分公司	华北区	15,752,954.58	14%
南京分公司	华中区	11,046,939.35	10%
天津分公司	华北区	8,908,121.93	8.1%
杭州分公司	华中区	7,336,730.5	6.6%
武汉分公司	华中区	6,708,220.15	6.1%
苏州分公司	华中区	6,322,816.37	5.7%
青岛分公司	华北区	5,739,222.74	5.2%
深圳分公司	华南区	5,555,604.77	5%
西安分公司	华北区	5,413,551.63	4.9%

聚合条件：求和 的 收入金额；收益占比

展示 21 行

图 9-5 各区域各个公司的收益分布情况

分析可知，该物流公司分布在华中区的上海分公司、南京分公司以及华北区的北京分公司和天津分公司，在 2015 年 4 月底到 2015 年 6 月初这段时间内的总收益较多，总占比高达近 50%；而华南地区的分公司普遍较低，总占比在 10%左右；华北地区的综合物流部、石家庄分公司以及大连分公司的总收益极低，总占比还不到 3%。

如图 9-6 所示，利用切片分析各类运单服务类型对企业收益的分布影响。选择“聚合”设置聚合条件为“总和”的“收入金额”；分组条件设置为“录入时间按周”和“运单类型”；单击“可视化”，将可视化方式设置为“面积图”，添加“过滤器”选择“录入时间”介于 2015 年 4 月 20 日和 2015 年 6 月 1 日。最后保存命名为“收益分布—服务”。结果显示如图 9-6 所示，可以看到，优先服务的收益一直处于低水平，标快服务和超区服务的收益处于高水平，并且月末期间超区收益会明显增多。

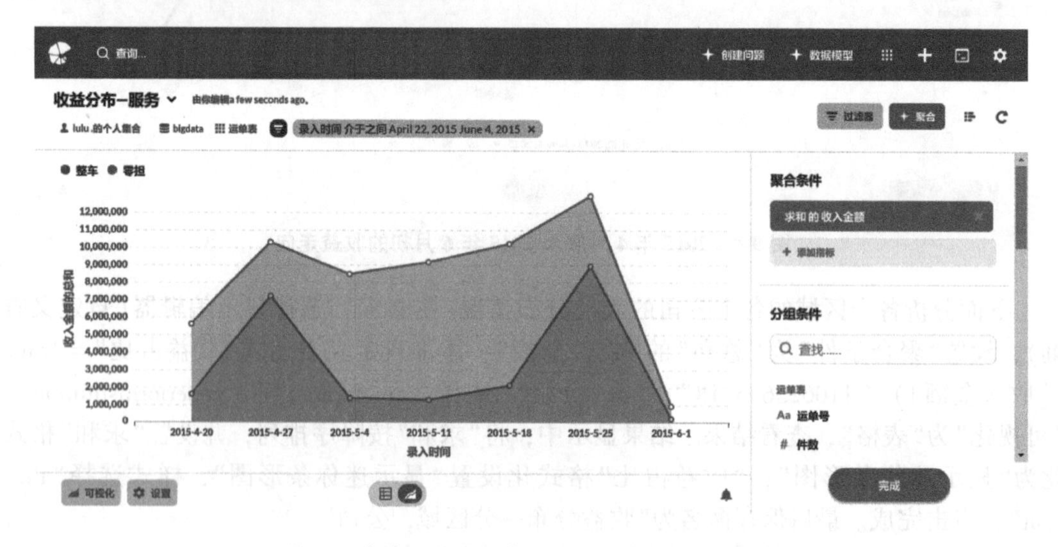

图 9-6 各类运单服务类型对企业收益的分布影响

下面通过柱状图分析各类运单服务类型对收益的分布影响。选择“聚合”设置聚合条件为“不重复值的总数”中的“运单号”；分组条件设置为“录入时间 按周”和“运单类型”；单击“可视化”，添加“过滤器”选择“录入时间”介于 2015 年 4 月 24 日和 2015 年 6 月 4 日，将可视化方式设置为“柱状图”。并命名为“业务量—服务”(图 9-7)。

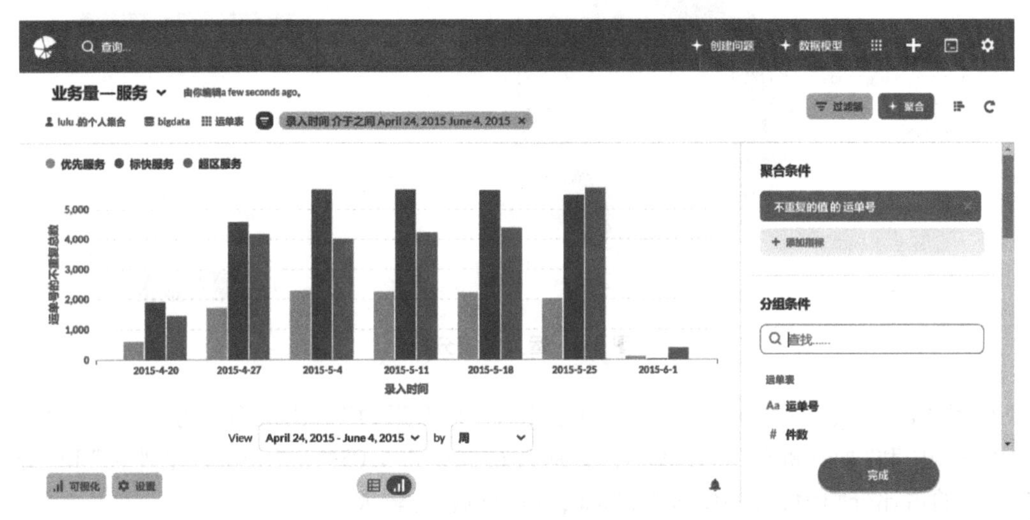

图 9-7　各类运单服务类型对收益的分布影响

可以看出，“标快服务”基本处于最高，即大家基本倾向于一般服务；超区服务也对运单量有较大影响，基本上一直处于高水平状态；对运单量影响最小的是优先服务，在三类服务中一直处于最低水平。整体看来，在月末和月初期间，三类服务的收益都会有所下降。

通过分析该物流企业的收益在各时间段、各区域以及各个服务的分布情况，为经营决策者提供信息，了解自己企业的收益情况，从而达到提升企业竞争力，提高企业收益的目的。

9.4.2　企业资源

企业资源是指任何可以称为企业强项或弱项的事物，任何可以作为企业选择和实施其战略的基础的东西，如企业的资产组合、属性特点、对外关系、品牌形象、员工队伍、管理人才和知识产权等等。通过分析企业资源，可以解决由于业务规模的不断扩大和运单量大幅增加，而造成的企业对于运单的管理和分析并没有及时跟上，导致大量直接与客户、企业运营的相关信息没有及时得到分析、反馈到管理层的问题，对企业的发展有深远意义。下面利用“商业智能分析平台”软件对企业的资源进行分析，主要包括对运力类型、线路和站点的分析。

(1)运力类型分析

打开“商业智能分析平台”软件，从数据库“bigdata”中选择数据表“transport”，创建一个图表。分析企业资源的运力类型，选择“聚合”设置聚合条件为“不重复值的总数”中的“waybillno”；分组条件设置为“powertypename”；单击“可视化”，将可视化方式设置为“环形图”。命名为“运力结构的贡献率”，结果如图 9-8 所示。

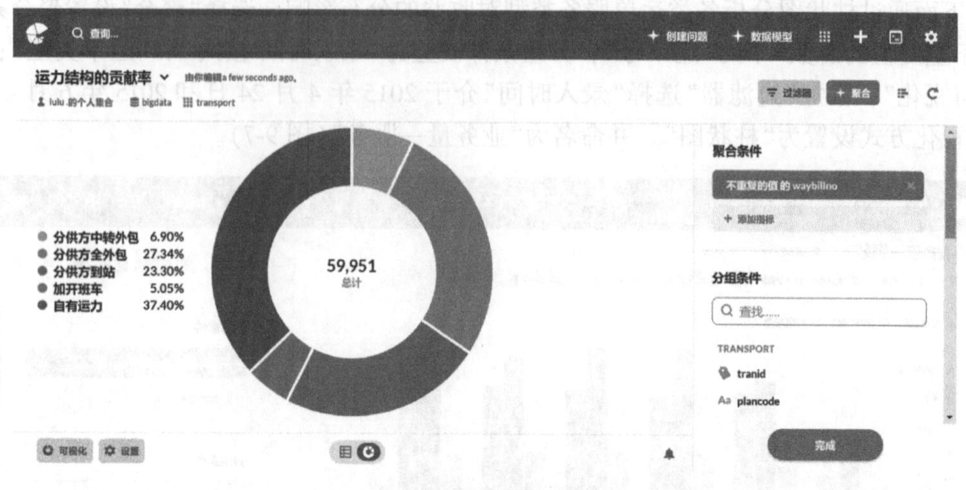

图 9-8　运力类型分析

如图 9-8 所示，一共有 59915 个运单，其中“自有运力”占比最高，为 37.4%；“分供方中转外包”和“加开班车”占比较小，分别为 6.90%和 5.05%；“分供方全外包”和“分供方到站”的占比分别为 27.34%和 23.30%，占比也相对较大。

(2)线路分析

下面对企业资源的线路进行分析。打开“商业智能分析平台”软件，从数据库“bigdata”中选择数据表“transport”，可以创建一个图表。对企业资源的线路进行分析，从数据库“bigdata”中选择数据表“transport”，选择“过滤器”，添加过滤条件为“powertypename”，“是”加开班车和自有运力，和“arrinedatetime”介于“October 1，2015”和“October 31，2015”；选择“聚合”设置聚合条件为“不重复值的总数”中的“tranid”和“总和”中的“delaytime”；分组条件设置为“schedulename”；单击“tranid 的不重复的总数”，选择降序排列；单击“可视化”，将可视化方式设置为“柱形图”，命名为“线路运单量及延迟情况”。结果如图 9-9 所示。

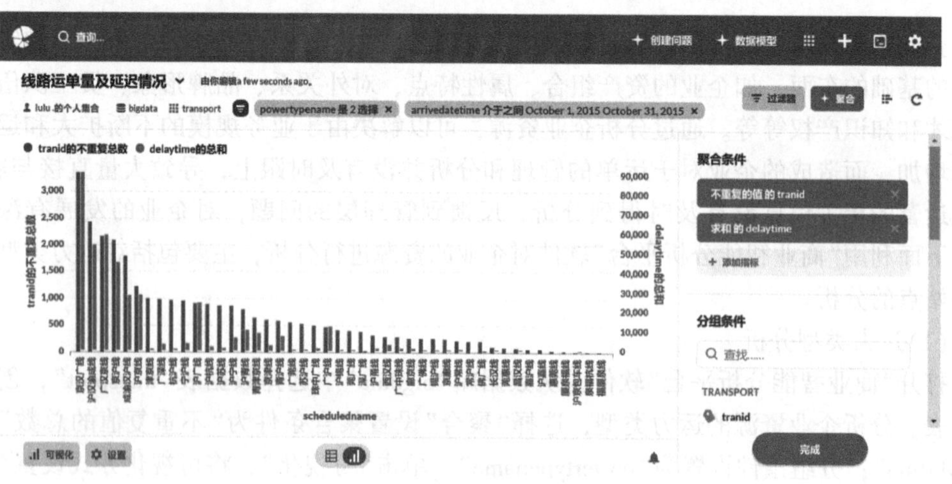

图 9-9　企业资源的线路分析

“计数”代表所在线路上 2015 年 10 月 1 日到 31 日的所有运单量的总和，“求和”代表在此期间内所有运单的延迟时间总和。可以看到，京汉广线上的运单量最多，但同时该线路上的延迟时间也是最久的。而广深线、宁沪线、津京线、杭沪线以及沪苏线的运单总量在 900 单以上，但延迟时间短，说明运输通畅，可作为以后的备选路线。

在企业资源的线路分析的基础上，分析各线路运输效率(图 9-10)。选择“聚合”设置聚合条件为“累计求和”中的“delaytime”和“不重复值的总数”中的“tranid”；再增加一个聚合条件为自定义表达方式“=Sum([delaytime])/ Count”命名为平均每单延迟时间，“分组条件”设置为“scheduledname”；将可视化方式设置为“表格”，保存并显示结果。

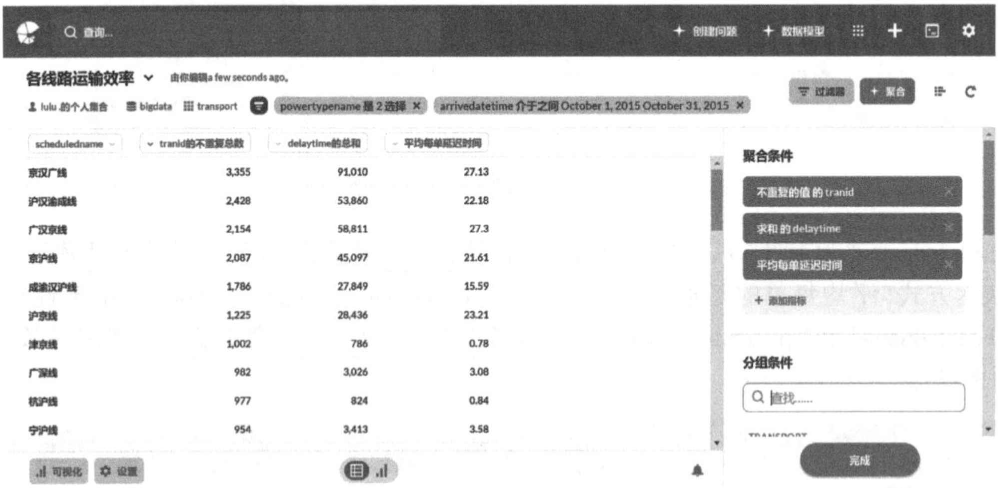

图 9-10　各线路运输效率

可以看到京汉广线的运单量、总延迟时间、平均每单的延迟时间均是最高。总体来看，运单量和总延迟时间越高，平均每单的延迟时间也越高。但也有特殊情况，例如沪广线、沪京包车线、沪青线和青津京线，运单量和总延迟时间均不高，但平均每单的延迟时间偏高。

找出平均每单延迟时间长的路线，将可视化方式设置为“表格”；选择“tranid 的不重复值的总数”“delaytime 的总数”和“平均每单延时时间”选择降序排列，“分组条件”设置为“scheduledname”，分析各条线路的平均每单延时时间。在设置“选项”的“字段”中，可将“tranid 的不重复值的总数”“delaytime 的总数”和“平均每单延时时间”设置为“显示迷你条形图”，样式选择“Normal”，点击完成(图 9-11)。

可以看出，京汉广线、广汉京线和沪广线的平均每单延时时间都在 27 单位时间以上，昌汉线、福夏泉线、京津线和廊京线的平均每单延时时间较低，在 6 单位时间左右，但这几条线路上的运单量也很少。因此，为分析线路上的车辆配送效率，我们选取京汉广线、广汉京线和沪广线这三条线路上的配送车辆进行分析。

选取时间段为 2015 年 10 月 1 日到 2015 年 10 月 31 日的数据，选择“过滤器”，添加过滤条件为“arrinedatetime”介于“October 1，2015”和“October 31，2015”；添加过滤条件

不重复的值 的 tranid和求和 的 delaytime和平均每单延迟时间 by schedulename

schedulename	tranid的不重复总数	delaytime的总和	平均每单延迟时间
京汉广线	3,355	91,010	27.13
沪汉渝成线	2,428	53,860	22.18
广汉京线	2,154	58,811	27.3
京沪线	2,087	45,097	21.61
成渝汉沪线	1,786	27,849	15.59
沪京线	1,225	28,436	23.21
津京线	1,002	786	0.78
广深线	982	3,026	3.08
杭沪线	977	824	0.84
宁沪线	954	3,413	3.58

图 9-11　各条线路的平均每单延时时间

“schedulename”为京汉广线、广汉京线和沪广线；点击显示编辑器，聚合条件中添加自定义表达方式“平均每单的延迟时间”=“Sum([delaytime])/Count”；“by(分组条件)”为“schedulename”和“platenumber”；“可视化”设置为“表格”，命名为“车辆配送效率”(图 9-12)。

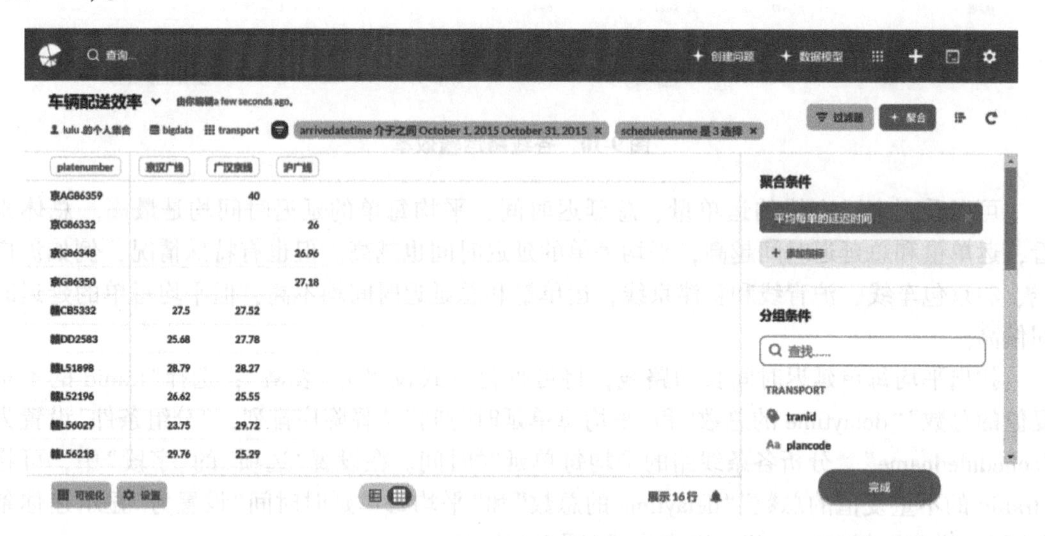

图 9-12　三个配送线路上各配送车辆的平均延迟时间

如图 9-12 所示，在三个配送线路上，各个配送车辆的平均延迟时间，其中广汉京线路上的京 AG×××××的延迟时间最高，为 40 单位时间，赣 L×××××在京汉广线和广汉京线上的延迟时间也高达 28 单位时间以上。这些高延迟的车辆以后配送时应该考虑选择其他线路，以免耗费大量时间成本。

(3)站点分析

下面进行企业资源中的站点分析。通过站点分析，分析站点的地域分布，业务量占比，运单量变化趋势以及站点业务量分布，对企业的发展具有很大帮助。打开“商业智能分析平台”软件，从数据库“bigdata”中选择数据表“运单表”。

可以看出该物流企业的站点大部分分布在华东、华南以及华北地区，在北京、上海、广州周围的站点较密集。

下面分析站点的业务量占比。选择“聚合”，设置聚合条件为“不重复值的总数”中的“运单号”；分组条件设置为“始发站”；“可视化”设置为“环形图”，命名为“站点的业务量占比”(图9-13)。

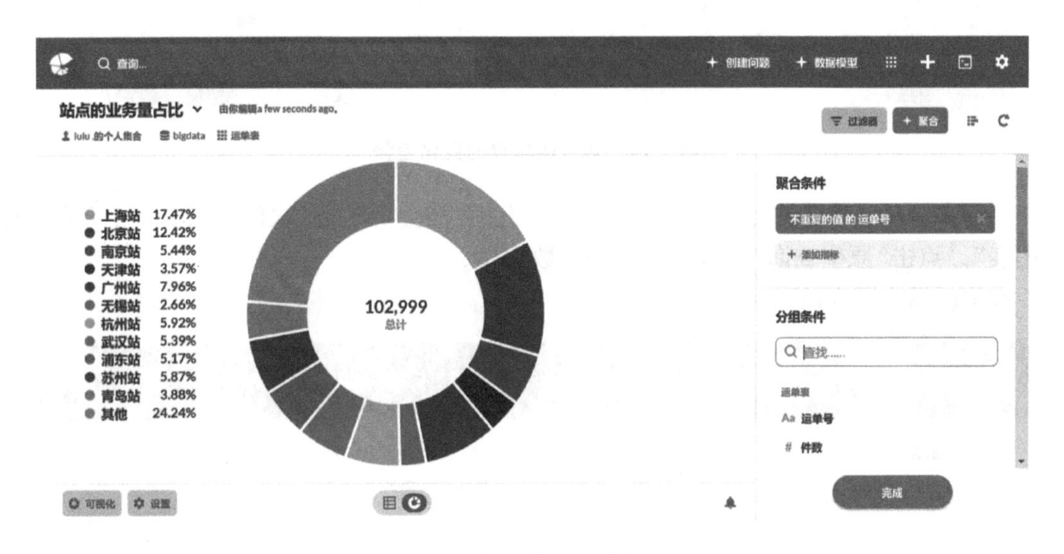

图9-13 各站点的业务量占比

如图9-13所示，上海站、北京站和广州站的业务量占比较高，尤其是上海站，高达17.5%；杭州站、苏州站、南京站和浦东站等南方地区的业务量占比均在5%以上；在其他地区，业务量占比较小，但也不容忽视，它们的总占比量较高，也会为企业带来很大的收益。

下面分析上海站、北京站和广州站在2015年4月1日到2015年5月31日的站点运单量变化趋势。从数据库“bigdata”中选择数据表“运单表”，点击过滤器，设置过滤条件为“始发站”是“上海站，北京站，广州站”；“录入时间”介于“04/01/2015”和“05/31/2015”；选择“聚合”，设置聚合条件为“不重复值的总数”的“运单号”；分组条件设置为“始发站”和“录入时间 /day”；“可视化”设置为“折线图”，命名为“站点运单量的变化趋势”(图9-14)。

如图9-14所示，工作日期间的站点运单量明显高于周末的运单量；上海的运单量最高，其次是北京站，最小的是广州站；上海4月的运单量明显高于5月的运单量；广州站月底的运单量有明显增高。

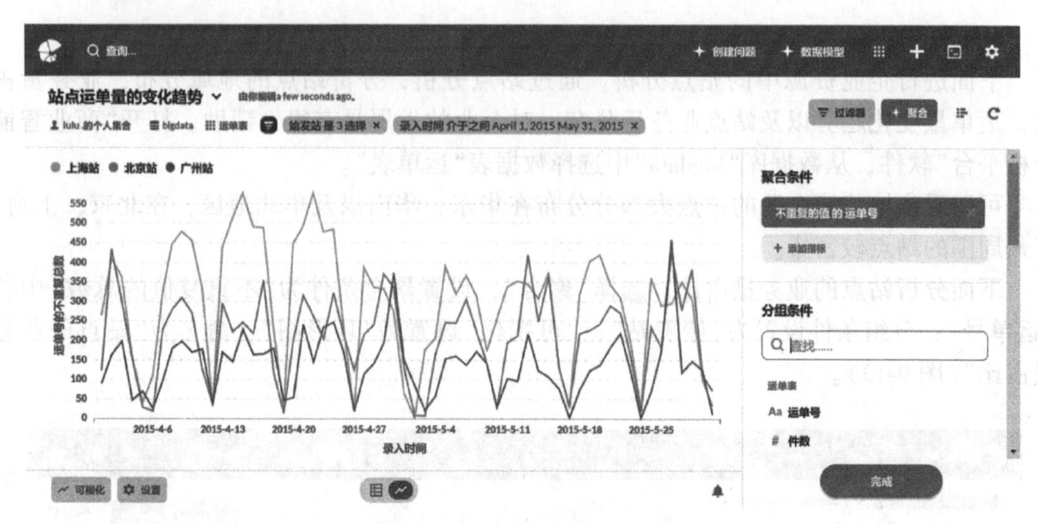

图 9-14　站点运单量的变化趋势

下面来分析具体各站点的运单量。打开“商业智能分析平台”软件，点击右上角的“创建图表”。点击“原生查询”，选择“bigdata”数据库。

在编辑器中写入以下代码(图 9-15)：

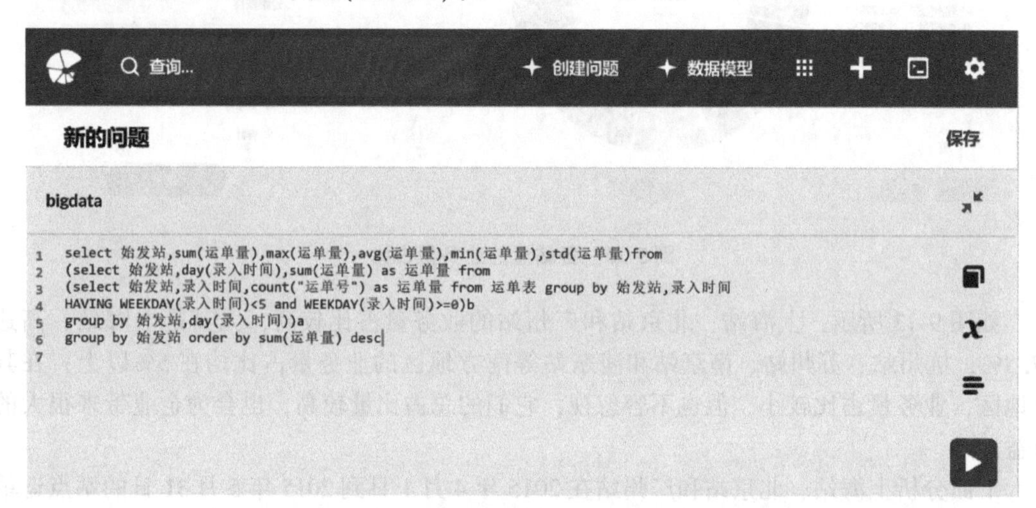

图 9-15　写入代码 group by 始发站 order by sum(运单量) desc”

“select 始发站，sum(运单量)，max(运单量)，avg(运单量)，min(运单量)，std(运单量)from

(select 始发站，day(录入时间)，sum(运单量)as 运单量 from

(select 始发站，录入时间，count(“运单号”) as 运单量 from 运单表 group by 始发站，录入时间

HAVING WEEKDAY(录入时间)<5 and WEEKDAY(录入时间)>=0)b

group by 始发站，day(录入时间))a

group by 始发站 order by sum(运单量)desc”

由于周末期间可能有些站点不工作，导致运单量极低，影响最终分析结果，因此，我们选取了工作日期间的运单量进行分析。点击“运行查询”，结果如图 9-16 所示。

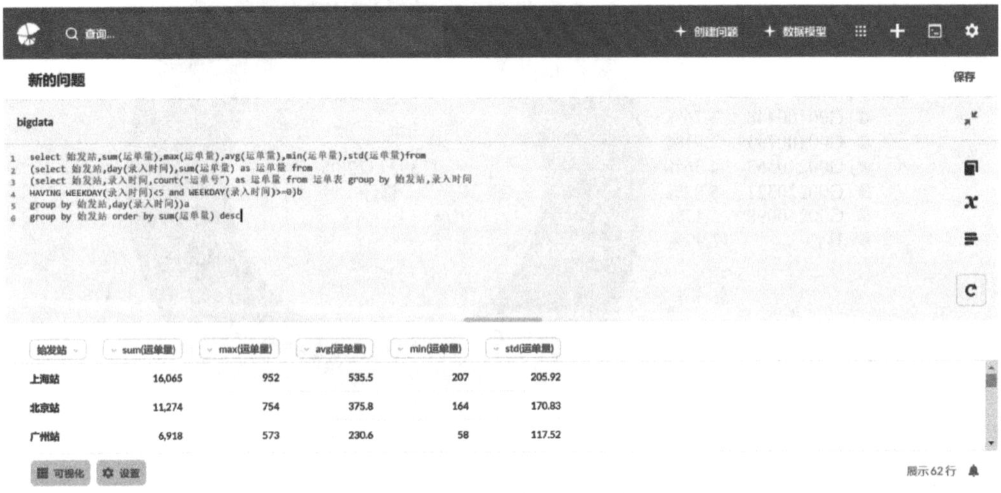

图 9-16　工作日期间的运单量

如图 9-16 所示，在 2015 年 10 月 1 日到 2015 年 10 月 31 日期间内，该企业各站点的运单量分布情况。上海站的总运单量最多，高达 16065 个，平均运单量为 535. 5 个，但运单量的标准差为 205. 92，说明上海站的运单量分布极不稳定，即有些时间段运单量很大，有些时间段运单量很小。北京站和广州站的情况与上海站类似，但运单量相对少一些。

9. 4. 3　企业客户

在众多的客户关系管理的分析模式中，RFM 模型是被广泛提到的。RFM 模型是衡量客户价值和客户创利能力的重要工具和手段，主要通过客户的近期购买行为、购买的总体频率以及投入金额三项指标来描述客户的价值情况。下面，我们将利用“商业智能分析平台”软件，对企业客户进行 RFM 分析。

打开“商业智能分析平台”软件，从数据库“bigdata”中选择数据“运单表”，可以创建一个图表。在“数据”选项中，我们选择的是“运单表”。选择“聚合”，设置聚合条件为“不重复值的总数”中的“客户账号”；“可视化”选择“数字”，点击“完成”，我们可以看到一共有 1196 条不重复数据，即一共有 1196 个客户。点击右上角的“保存”按钮，添加名字为“客户量”，放到“所有个人集合”中自己的集合里，点击保存，并添加到看板，选择“所有个人集合”中的自己的个人集合中，点击保存。这样图表就保存到我们的个人集合和报表中了。

如图 9-17 所示，该图显示客户的收益分布。选择“数据”选项中的“客户-cluster”数据，选择“聚合”，设置聚合条件为“总和”中的“收入金额”，分组条件设置为“客户账号”，“可视化”选择“环形图”，点击“完成”，可以看到客户的收入情况，并保存到个人集合和看板中。

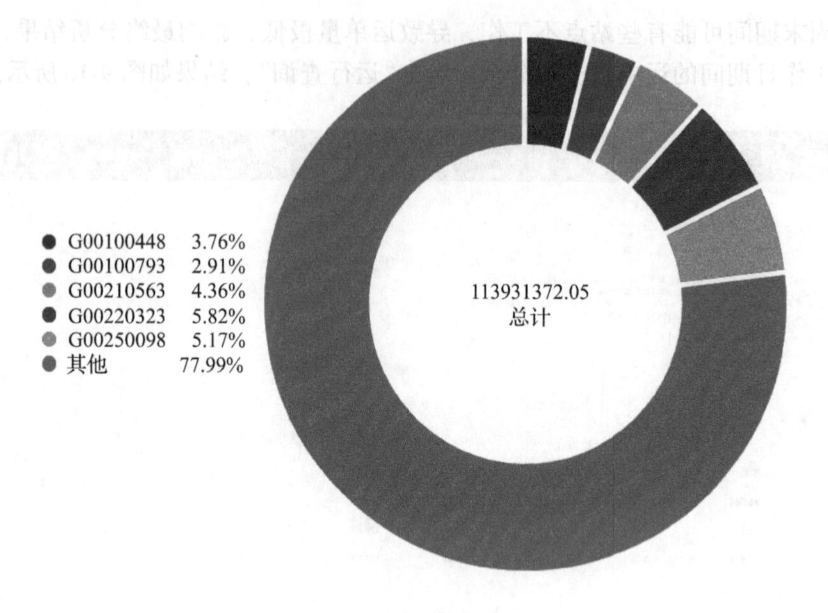

图 9-17 客户的收益分布

从饼图中可以看到，客户 G00100448、客户 G00100793、客户 G00210563、客户 G00220323、客户 G00250098 和客户 JG0270000 的收入在所有客户收入中占比较高，属于高收入客户。

RFM 模型就是根据客户活跃程度和交易金额的贡献量，对客户价值进行细分的一种方法，下面分析客户的 RFM 水平线。

选择“数据”选项中的“客户-cluster”数据，选择“聚合”，设置聚合条件为“平均值”中的“最近间隔”“平均值”中的“运单量”和“平均值”中的“收入金额”；“可视化”选择“表格”，点击“完成”，并保存。可以看到客户的 RFM 水平线(图 9-18)。

bigdata 客户-cluster

最近间隔的平均值	运单量的平均值	收入金额的平均值
12.23	93.91	94,080.41

聚合条件
平均值 的 最近间隔
平均值 的 运单量
平均值 的 收入金额
+ 添加指标

图 9-18 客户的RFM 水平线

即所有客户的平均“最近间隔”为 12.23，平均“运单量”为 93.91，平均“收入金额”为 94080.41。

高价值客户是 RS 高、FS 高、MS 高的客户，将“最近间隔”低于平均值的客户、“运单量”高于平均值的客户以及“收入金额”高于平均值的客户用不同颜色表现出来，可以看出高价值客户的分布情况。

根据客户的 RFM 水平线情况，如图 9-19 所示，设置“聚合根据”为“客户账号”，点击可视化下表格的设置，设置“条件格式”，将“最近间隔”低于平均值的客户，“运单量”高于平均值的客户以及“收入金额”高于平均值的客户筛选出来。如图 9-20 所示，点击完成即可以看到高价值客户的分布。

图 9-19　设置“条件格式”

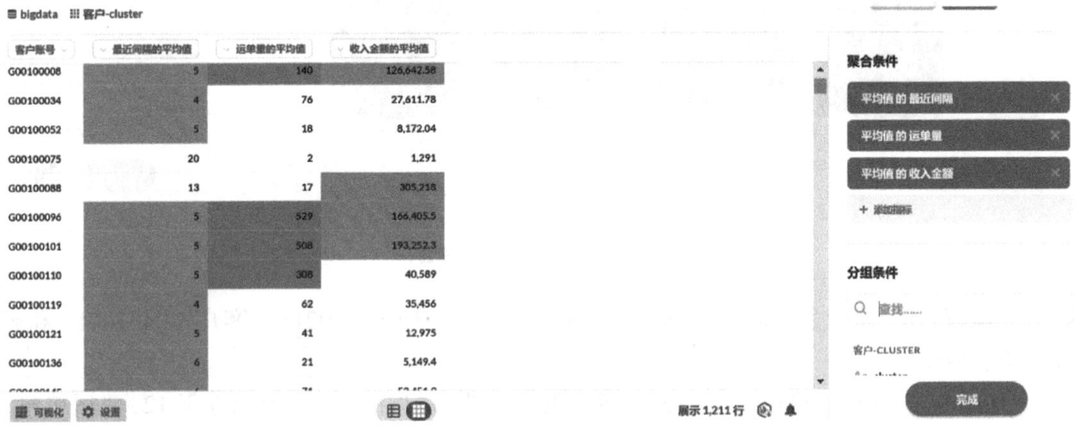

图 9-20　高价值客户的分布

如图 9-21 所示，将这些高价值保持客户筛选出来。在以上基础上，将“过滤器”中的筛选条件设置为“最近间隔小于或等于 12，运单量大于等于 94，收入金额大于或等于 94080”，点击“添加过滤器”即可。

如图 9-22 所示，将重点保持客户筛选出来，即“最近间隔”大于 12，“运单量”大于或等于 94，“收入金额”大于或等于 94080 的客户。选择“聚合”，设置聚合条件为“最小值”中的“最近间隔”，点击“完成”即可。

bigdata 客户-cluster 平均的最近间隔 小于或等于 12 × 平均的运单量大于或等于 94 × 平均的收入金额 大于 94080 ×

客户账号	最近间隔的平均值	运单量的平均值	收入金额的平均值
G00100008	5	140	126,642.58
G00100096	5	529	166,405.5
G00100101	5	508	193,252.3
G00100448	1	8,693	4,280,481.63
G00100589	4	436	775,634.83
G00100597	5	197	101,162.57
G00100693	5	203	114,328
G00100710	4	944	559,827.5
G00100768	2	337	557,282.5
G00100793	3	814	3,310,236.37
G00100810	6	150	195,722.06

聚合条件
平均值的最近间隔
平均值的运单量
平均值的收入金额
+ 添加指标
分组条件
查找……
客户-CLUSTER
完成
可视化 设置
展示 137 行

图 9-21 筛选高价值保持客户

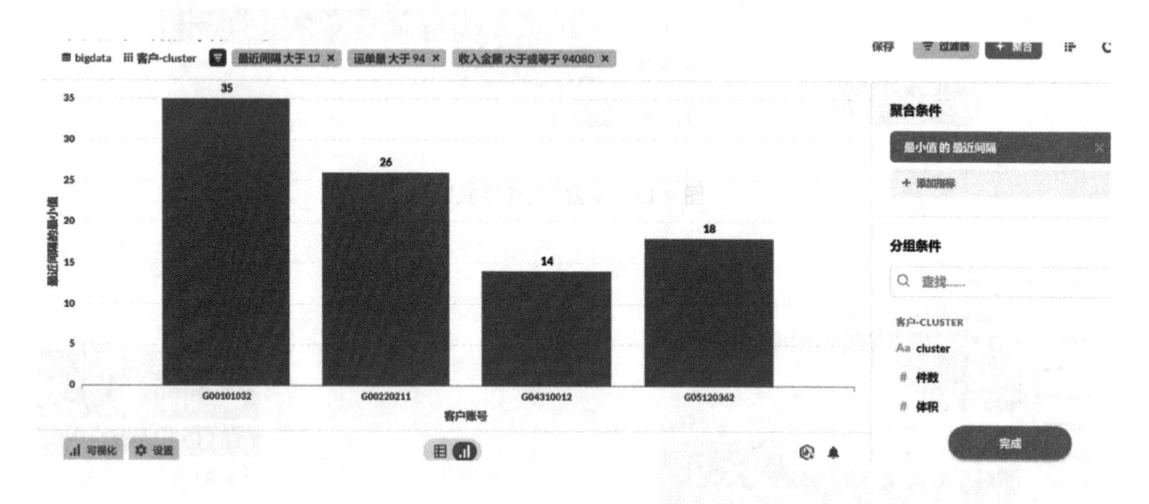

图 9-22 筛选重点保持客户

可以看到，重点发展客户有客户 G00101032、客户 G00220211、客户 G04310012 和客户 G05120362。

如图 9-23 所示，将重点发展客户筛选出来，即“最近间隔”大于或等于 12，“运单量”小于 94，“收入金额”大于或等于 94080 的客户。选择“聚合”设置聚合条件为“最小值”中的“运单量”，点击“完成”即可。

RS 分类低、FS 低、MS 高的客户是重点挽留客户，如图 9-24 所示，将重点挽留客户筛选出来。设置“分类根据”为“最近间隔”小于或等于 12，“运单量”小于或等于 94，“收入金额”大于或等于 94080，选择“聚合”设置聚合条件为“总和”的“收入金额”，“可视化”设置为“面积图”。点击“完成”即可。

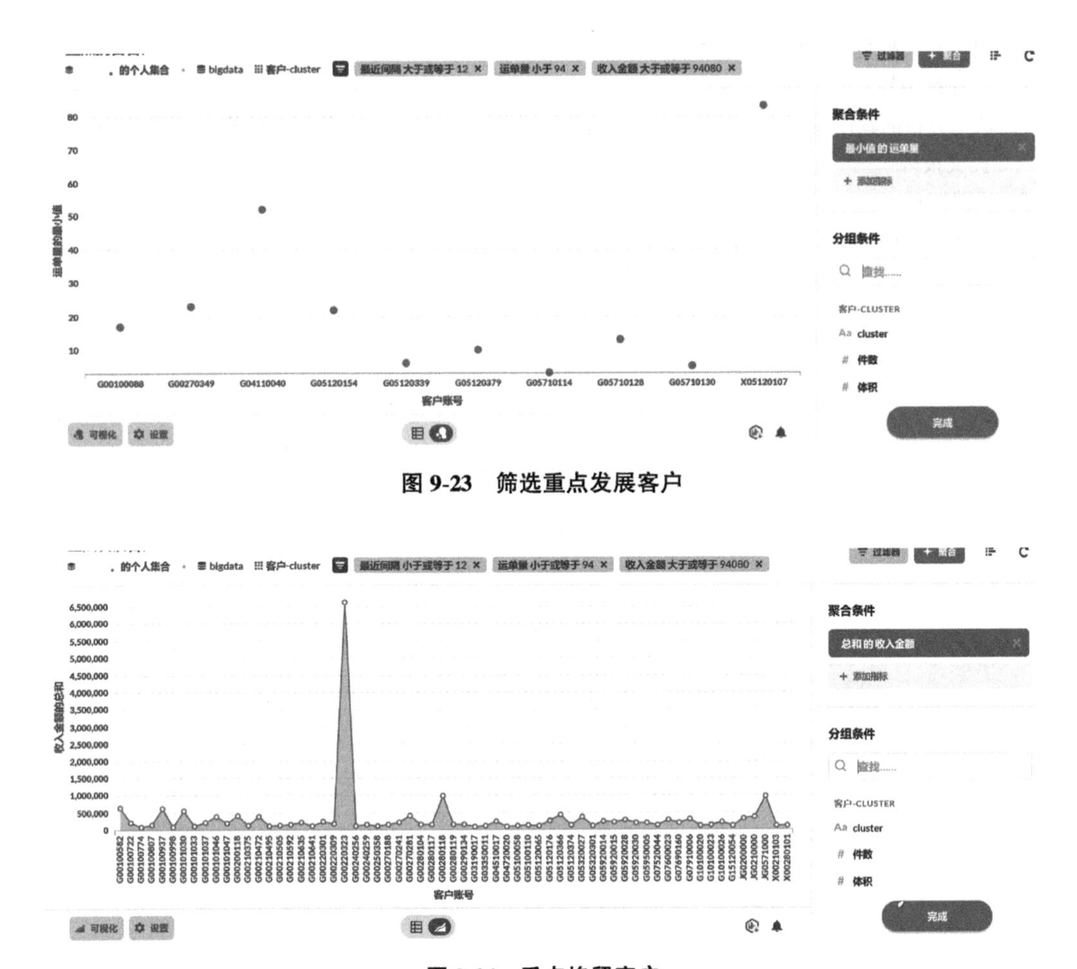

图 9-23　筛选重点发展客户

图 9-24　重点挽留客户

拓展与思考

1. 实验主要从三个维度对企业运营进行分析，包括企业收益、企业客户和(　　)。

A. 企业模块

B. 企业成本

C. 企业资源

2. 实验对企业客户进行分析，主要用到了(　　)。

A. RFM 模型

B. 顾客社交价值模型

C. CLV 模型

3. RFM 模型的 R 代表(　　)。

A. 客户最近一次交易时间的间隔

B. 客户在最近一段时间内交易的次数

C. 客户在最近一段时间内交易的金额

4. 多维数据模型中的钻取主要指(　　)。

A. 从细粒度数据向高层的聚合

B. 将汇总数据拆分到更细节的数据

C. 选择维中特定的值进行分析

5. 数据分析的具体步骤为分析业务含义、制订分析计划、拆分查询数据、提炼业务洞察和(　　)。

A. 提交报告

B. 反馈汇总

C. 产出业务决策

第10章 规划求解之物资调运问题

10.1 引言

如今，物资调运问题普遍存在于生活的每个角落，利用有效的方法解决物资调运问题会给我们的工作生产带来许多便利及可观的收益。物资调运问题不仅与交通运输行业、物流行业紧密相关，也是许多生产经营活动中不可缺少的重要环节。规划合理的运输方式，使得物资的分配和利用达到最高的效率，同时也将运输费用降到最低，这就是求解物资调运问题的主要目的。

物资调运主要是指根据需求方对货物的需求量，从供方提取货物送达需求方的过程，直接决定着物流的效率与效果。合理的物资调配不仅节约物流成本、提高货物运输速度，还能有效地连接生产与消费，从而有利于物流服务和商品附加价值的实现，有效促进生产商按需生产，真正使配送管理建立在实际需求经营上。但实际中物资的供需关系存在多种可能，而物资调运问题也通常分为 3 种情况，分别为供需平衡的情况、供大于需以及供小于需的情况。为了制订合理的运量规划方案，需要进行数学建模，运用数学方法来解决。

如何进行合理的物资调运，使总的运输成本最小？下面根据这 3 种不同的情况分别介绍使用 Excel 规划求解工具解决具体问题的方法。

10.2 案例一

10.2.1 供需平衡

某物流公司需要从 1 号、2 号、3 号 3 个仓库中装载某批货物送到 A、B、C、D 4 个商店中，3 个仓库中的货物存量和 4 个商店的货物需求量见表 10-1、表 10-2，运费标准见表 10-3。

表 10-1 案例一仓库存量

仓库编号	仓库		
	1 号	2 号	3 号
存量	1400	1200	800

表 10-2　案例一商店需求量

商店编号	商店			
	A	B	C	D
需求量	950	820	860	770

3 个仓库运送每单位货物至 4 个商店的运输费用见表 10-3。

表 10-3　运费标准

仓库	商店			
	A	B	C	D
1 号	25	18	18	4
2 号	18	5	29	12
3 号	26	8	4	28

根据以上条件计算，如何组织运输分配方案才能使指定数量的货物送达各个商店的同时运输费用最小。

10.2.2　模型建立

(1)决策变量

设从仓库 i 到商店 j 的运输量为 x_{ij}。

(2)目标函数

$$\min Z = 25x_{1A} + 18x_{2A} + 26x_{3A} + 18x_{1B} + 5x_{2B} + 8x_{3B} + 18x_{1C} + 29x_{2C} + 4x_{3C} + 4x_{1D} + 12x_{2D} + 28x_{3D} \tag{10-1}$$

(3)约束条件

$$x_{1A} + x_{1B} + x_{1C} + x_{1D} = 1400 \tag{10-2}$$

$$x_{2A} + x_{2B} + x_{2C} + x_{2D} = 1200 \tag{10-3}$$

$$x_{3A} + x_{3B} + x_{3C} + x_{3D} = 800 \tag{10-4}$$

$$x_{1A} + x_{2A} + x_{3A} = 950 \tag{10-5}$$

$$x_{1B} + x_{2B} + x_{3B} = 820 \tag{10-6}$$

$$x_{1C} + x_{2C} + x_{3C} = 860 \tag{10-7}$$

$$x_{1D} + x_{2D} + x_{3D} = 770 \tag{10-8}$$

$$x_{ij} \geqslant 0 (i = 1, 2, 3; j = A, B, C, D) \tag{10-9}$$

数学模型的一般形式见表 10-4。

表 10-4　数学模型一般形式

运费	商店				存量
	A	B	C	D	
1	…	…	…	…	b_1
2	…	…	…	…	b_2
3	…	…	…	…	b_3
需求量	a_1	a_2	a_3	a_4	

$$\min Z = \sum_{i=1}^{3} \sum_{j=A}^{D} c_{ij} x_{ij} \quad (c_{ij}\text{ 为从仓库 } i \text{ 到商店 } j \text{ 的运输费}) \tag{10-10}$$

$$\sum x_{ij} = \sum b_i \text{ 仓库的商品全部供应出去} \tag{10-11}$$

$$\sum x_{ij} = \sum a_i \text{ 商店 A，B，C，D 的需求全部得到满足} \tag{10-12}$$

即：

$$\text{供需平衡} \sum a_i = \sum b_i \tag{10-13}$$

10.2.3　求解过程

步骤 1：Excel 中输入题目条件，并建立规划求解的求解模型(图 10-1、图 10-2)。

	A	B	C	D	E	F
1	货物需求					
2			1号	2号	3号	
3		存量	1400	1200	800	
4						
5			A	B	C	D
6		需求量	950	820	860	770
7	运输费用					
8		运费标准	A	B	C	D
9		1号	25	18	18	4
10		2号	18	5	29	12
11		3号	26	8	4	28

图 10-1　案例一题目条件

	I	J	K	L	M	N	O	P	Q	R
1										
2										
3	求解过程		A	B	C	D	供货总量	存量目标	运费小计	运费合计
4		1号	0	0	0	0	0	1400	0	0
5		2号	0	0	0	0	0	1200	0	
6		3号	0	0	0	0	0	800	0	
7		到货总量	0	0	0	0				
8		需求目标	950	820	860	770				

图 10-2　案例一求解模型

其中 K4：N6 单元格区域用于存放从 3 个仓库实际发往 4 个商店的货物数量，此区域为规划求解的可变单元格区域。

O 列用于对 3 个仓库的供货数量求和，便于与存量目标对比。在 O4 单元格输入公式“=SUM(K4：N4)”，下同。

第 7 行用于对 4 个商店的实际到货数量进行求和，以便和货物需求目标进行对比。在 K7 单元格内输入公式“=SUM(K4：K6)”，右同。

Q 列用于计算实际产生的运输费用，Q4 单元格内输入公式“=SUMPRODUCT（C9：F9，K4：N4)”，下同。

R4 单元格用于对 Q 列所计算的运费求和，输入公式“=SUM(Q4：Q6)”

步骤 2：为保障结果的可读性，设置 K4：N6 单元格区域的单元格格式为数值型。

步骤 3：打开“规划求解”，在设置目标文本框中选择 R4 单元格，选中“最小值”，以运输费用最小为规划目标，“可变单元格”选择 K4：N6 单元格区域，可变单元格即为最终我们想要的结果。

步骤 4：遵守约束中添加约束，此案例中包含的约束条件如下：

条件一：K4：N6>=0

条件二：K4：N6=整数

条件三：K7：N7=K8：N8

条件四：O4：O6=P4：P6

案例一规划求解参数设置如图 10-3 所示。

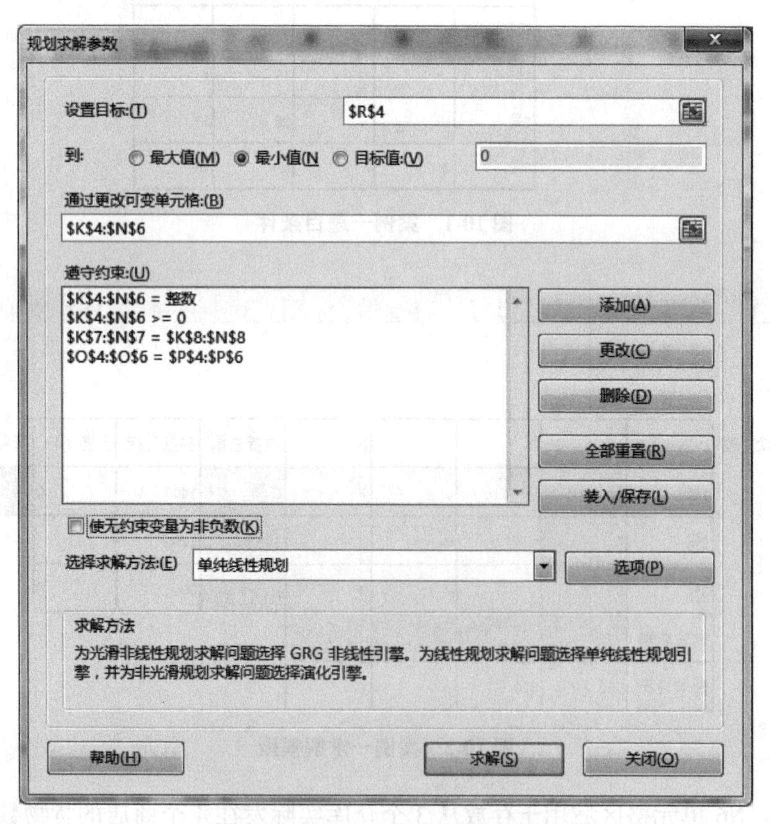

图 10-3　案例一规划求解参数设置

步骤 5：如图 10-4 所示，单击求解开始求解运算过程，并显示最终的求解结果。

	A	B	C	D	供货总量	存量目标	运费小计	运费合计
1号	570	0	60	770	1400	1400	18410	32550
2号	380	820	0	0	1200	1200	10940	
3号	0	0	800	0	800	800	3200	
到货总量	950	820	860	770				
需求目标	950	820	860	770				

图 10-4　案例一求解结果

结果显示，通过合理分配各个仓库运送至指定商店的货物数量，可以在满足各家商店货物需求的同时使得总运费最低。总运输费用为 32550 元，平均每单位货物运费仅需 9.6 元左右，求解方案可以最大程度地提高货物调配的效益。

案例中，3 个仓库货物总量和 4 家商店的货物总需求量均为 3400，属于供需平衡状态，但实际中供需平衡的情况并不多见。当供需不平衡时，利用规划求解物资调运问题，需要使用“模拟平衡”的方法。

10.3　案例二

10.3.1　供大于需

以案例一的场景为基础，运费条件保持不变，但仓库和商店的供需量有所变化，如下所示仓库中的货物存量总共为 4100，而商店的货物需求总量仍为 3400，属于供大于需的状态。

在供大于需的情况下，仓库在满足各家商店的货物需求后仍有部分剩余，可以将剩余货物加入模型，使供需总量保持模拟的平衡状态；同时剩余货物不需要运往商店，因此无须考虑这部分的运输费用。

3 个仓库中的货物存量和 4 个商店的货物需求量见表 10-5 和表 10-6。

表 10-5　案例二仓库存量

仓库编号	仓库		
	1 号	2 号	3 号
存量	1800	1400	900

表 10-6　案例二商店需求量

商店编号	商店			
	A	B	C	D
需求量	950	820	860	770

10.3.2 模型建立

(1)决策变量

设从仓库 i 到商店 j 的运输量为 x_{ij}

(2)目标函数

$$\min Z = 25x_{1A} + 18x_{2A} + 26x_{3A} + 18x_{1B} + 5x_{2B} + 8x_{3B} + 18x_{1C} + 29x_{2C} + 4x_{3C} + 4x_{1D} + 12x_{2D} + 28x_{3D} \tag{10-14}$$

(3)约束条件

$$x_{1A} + x_{1B} + x_{1C} + x_{1D} \leqslant 1800;\ x_{2A} + x_{2B} + x_{2C} + x_{2D} \leqslant 1400;\ x_{3A} + x_{3B} + x_{3C} + x_{3D} \leqslant 900 \tag{10-15}$$

$$x_{1A} + x_{2A} + x_{3A} = 950 \tag{10-16}$$

$$x_{1B} + x_{2B} + x_{3B} = 820 \tag{10-17}$$

$$x_{1C} + x_{2C} + x_{3C} = 860 \tag{10-18}$$

$$x_{1D} + x_{2D} + x_{3D} = 770 \tag{10-19}$$

$$X_{ij} \geqslant 0 (i = 1, 2, 3;\ j = A, B, C, D) \tag{10-20}$$

数学模型的一般形式见表 10-7。

表 10-7 数学模型一般形式

运费	商店				存量
	A	B	C	D	
1	…	…	…	…	b_1
2	…	…	…	…	b_2
3	…	…	…	…	b_3
需求量	a_1	a_2	a_3	a_4	

$$\min Z = \sum_{i=1}^{3} \sum_{j=A}^{D} c_{ij} x_{ij} \tag{10-21}$$

$$\sum x_{ij} < \sum b_i \text{ 仓库 1, 2, 3 的商品没有全部供应出去} \tag{10-22}$$

$$\sum x_{ij} = \sum a_i \text{ 商店 A, B, C, D 的需求全部得到满足} \tag{10-23}$$

即：

$$\text{供大于需 } \sum a_i < \sum b_i \tag{10-24}$$

10.3.3 求解过程

步骤 1：根据案例需求，在 Excel 中建立规划求解所需的模型，如图 10-5、图 10-6 所示。

对比供需平衡情况后，发现供大于需，所以新增了一列“剩余仓储”；

以 K4：N6 为规划求解的可变单元格区域，P4 单元格输入公式“=SUM(K4：O4)”，下同；K7 单元格内输入公式“=SUM(K4：K6)”，下同。

在 R4 单元格内输入公式“=SUMPRODUCT(C9：F9，K4：N4)”下同，这里由于剩余

	A	B	C	D	E	F
1	货物需求					
2			1号	2号	3号	
3		存量	1800	1400	900	
4						
5			A	B	C	D
6		需求量	950	820	860	770
7	运输费用					
8		运费标准	A	B	C	D
9		1号	25	18	18	4
10		2号	18	5	29	12
11		3号	26	8	4	28

图 10-5　案例二题目条件

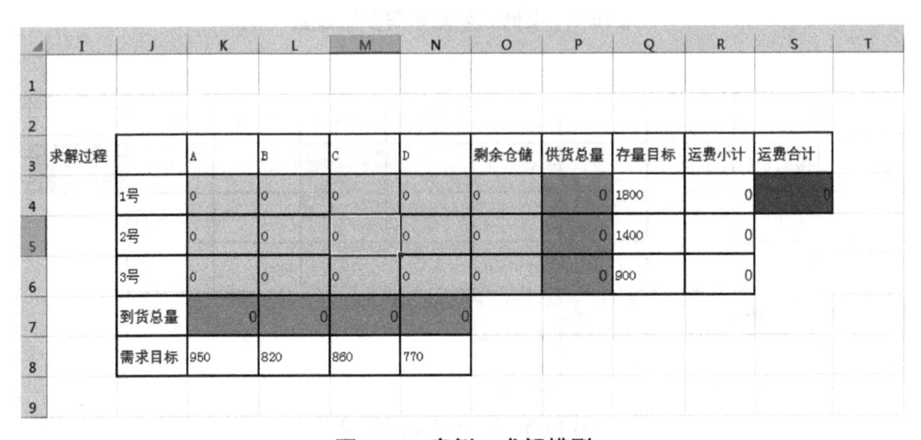

	I	J	K	L	M	N	O	P	Q	R	S	T
1												
2												
3	求解过程		A	B	C	D	剩余仓储	供货总量	存量目标	运费小计	运费合计	
4		1号	0	0	0	0	0	0	1800	0	0	
5		2号	0	0	0	0	0	0	1400	0		
6		3号	0	0	0	0	0	0	900	0		
7		到货总量	0	0	0	0						
8		需求目标	950	820	860	770						
9												

图 10-6　案例二求解模型

仓储部分不考虑运输费用，因此计算运费不包含这部分内容。

在 S4 单元格内输入公式“=SUM(R4：R6)”，此单元格为规划求解目标单元格。

步骤 2：为保障结果的可读性，设置 K4：N6 单元格区域的单元格格式为数值型。

步骤 3：选中 S4 单元格，打开“规划求解”，选择最小值，可变单元格选择 K4：O6 单元格区域。

步骤 4：遵守约束中添加约束，此案例中包含的约束条件如下：

条件一：K4：O6>=0

条件二：K4：O6=整数

条件三：K7：N7=K8：N8

条件四：P4：P6=Q4：Q6

案例二规划求解参数设置如图 10-7 所示。

步骤 5：单击求解。开始求解运算过程，并显示最终的求解结果(图 10-8)。

图 10-7　案例二规划求解参数设置

	A	B	C	D	剩余仓储	供货总量	存量目标	运费小计	运费合计
1号	330	0	0	770	700	1800	1800	11330	30150
2号	620	780	0	0	0	1400	1400	15060	
3号	0	40	860	0	0	900	900	3760	
到货总量	950	820	860	770					
需求目标	950	820	860	770					

图 10-8　案例二求解结果

结果显示，3 个仓库在满足各家商店的货物调运需求后，1 号仓库尚有剩余库存，总的运输费用为 30150 元，平均每单位货物运费仅需 8. 9 元左右。供大于需状态下的最佳调运组合通过规划求解找到了结果。

10. 4　案例三

10. 4. 1　供小于需

以案例一问题背景为例，运费条件不变，但 3 个仓库和 4 家商店的供需量有变化。仓库中的货物存量总共只有 3000，而商店的货物需求总量有 3400，是一种典型的供小于需的状态。

对于供小于需的情况，仓库在提供所有存储货物后仍不能满足商店的需求，因此在规划求解是新增一个“虚拟仓库”，使供需总量保持模拟平衡状态；同时新增虚拟仓库的运输操作产生的运输费用暂不考虑。

3 个仓库中的货物存量和 4 个商店的货物需求量见表 10-8、表 10-9。

表 10-8　案例三仓库存量

仓库编号	仓库		
	1 号	2 号	3 号
存量	1200	1100	700

表 10-9　案例三商店需求量

商店编号	商店			
	A	B	C	D
需求量	950	820	860	770

10.4.2　模型建立

(1) 决策变量

设从仓库 i 到商店 j 的运输量为 x_{ij}

(2) 目标函数

$$\min Z = 25x_{1A} + 18x_{2A} + 26x_{3A} + 18x_{1B} + 5x_{2B} + 8x_{3B} + 18x_{1C} + 29x_{2C} + 4x_{3C} + 4x_{1D} + 12x_{2D} + 28x_{3D} \tag{10-25}$$

(3) 约束条件

$$x_{1A} + x_{1B} + x_{1C} + x_{1D} = 1200 \tag{10-26}$$

$$x_{2A} + x_{2B} + x_{2C} + x_{2D} = 1100 \tag{10-27}$$

$$x_{3A} + x_{3B} + x_{3C} + x_{3D} = 700 \tag{10-28}$$

$$x_{1A} + x_{2A} + x_{3A} \leqslant 950;\ x_{1B} + x_{2B} + x_{3B} \leqslant 820;\ x_{1C} + x_{2C} + x_{3C} \leqslant 860;\ x_{1D} + x_{2D} + x_{3D} \leqslant 770 \tag{10-29}$$

$$x_{ij} \geqslant 0 \quad (i = 1,\ 2,\ 3;\ j = A,\ B,\ C,\ D) \tag{10-30}$$

数学模型的一般形式见表 10-10。

表 10-10　数学模型一般形式

运费	商店				存量
	A	B	C	D	
1	…	…	…	…	b_1
2	…	…	…	…	b_2
3	…	…	…	…	b_3
需求量	a_1	a_2	a_3	a_4	

$$\min Z = \sum_{i=1}^{3} \sum_{j=A}^{D} c_{ij} x_{ij} \tag{10-31}$$

$$\sum x_{ij} = \sum b_i \text{ 仓库 1, 2, 3 的商品全部供应出去} \tag{10-32}$$

$$\sum x_{ij} < \sum a_i \text{ 商店 A, B, C, D 的需求没有全部得到满足} \tag{10-33}$$

即：

$$\text{供小于需 } \sum b_i < \sum a_i \tag{10-34}$$

10.4.3 求解过程

步骤 1：根据案例需求，在 Excel 中建立规划求解所需的模型，如图 10-9、图 10-10 所示。

	A	B	C	D	E	F	G	H
1	货物需求							
2			1号	2号	3号			
3		存量	1200	1100	700			
4								
5			A	B	C	D		
6		需求量	950	820	860	770		
7	运输费用							
8		运费标准	A	B	C	D		
9		1号	25	18	18	4		
10		2号	18	5	29	12		
11		3号	26	8	4	28		

图 10-9　案例三题目条件

	I	J	K	L	M	N	O	P	Q	R	S
1											
2											
3	求解过程		A	B	C	D	供货总量	存量目标	运费小计	运费合计	
4		1号	0	0	0	0	0	1200	0	0	
5		2号	0	0	0	0	0	1100	0		
6		3号	0	0	0	0	0	700	0		
7		虚拟仓库	0	0	0	0					
8		到货总量	0	0	0	0					
9		需求目标	950	820	860	770					
10											

图 10-10　案例三求解模型

现在的规划求解模型和供需平衡模型相比，只是新增了一行“虚拟仓库”的模拟供货数据。

以 K4：N7 单元格区域为规划求解的可变单元格区域。

在 O4 单元格内输入公式“=SUM(K4：N4)”，下同。

在 K8 单元格内输入公式“=SUM(K4：K7)”，右同。

在 Q4 单元格输入公式“=SUMPRODUCT(C10：F10，K4：N4)”，下同，由于虚拟仓库不考虑运输费用，因此不计算。

在 R4 单元格输入公式“=SUM(Q4：Q6)”，为规划求解的目标单元格。

步骤 2：为保障结果的可读性，设置 K4：N7 单元格区域的单元格格式为数值型。

步骤 3：选中 S4 单元格，打开“规划求解”，选择最小值，可变单元格选择 K4：N7 单元格区域。

步骤 4：遵守约束中添加约束，此案例中包含的约束条件如下：

条件一：K4：N7>=0

条件二：K4：N7=整数

条件三：K8：N8=K9：N9

条件四：O4：O6=P4：P6

案例三规划求解参数设置如图 10-11 所示。

图 10-11　案例三规划求解参数设置

步骤 5：单击求解开始求解运算过程，并显示最终的求解结果(图 10-12)。

规划结果显示，在甲、乙、丙等 3 个仓库将所有的库存货物全部调运完毕，仍不能满足 A 商店的货物需求，因此需要继续从其他地方配送货物至 A 商店。在不考虑补充货物操作费用的情况下，按照目前的规划结果可以保证调运费用最低，平均每单位货物运费仅

	A	B	C	D	供货总量	存量目标	运费小计	运费合计
1号	270	0	160	770	1200	1200	12710	24650
2号	280	820	0	0	1100	1100	9140	
3号	0	0	700	0	700	700	2800	
虚拟仓库	400	0	0	0				
到货总量	950	820	860	770				
需求目标	950	820	860	770				

图 10-12　案例三求解结果

需 8.2 元左右。至于如何满足 A 商店剩余的货物需求则需要根据实际情况另行考虑。

10.5　案例四

10.5.1　案例描述

某公司在大连和广州有两个分厂，大连分厂每月生产 400 台某种仪器，广州分厂每月生产 601 台某种仪器。该公司在上海与天津有两个销售公司负责对南京、济南、南昌与青岛 4 个城市的仪器供应，又因为大连与青岛距离较近，公司同意大连分厂也可向青岛直接供货，这些城市间的每台仪器的运输费如图 10-13 所示，单位为百元。应该如何调运天津大连分厂仪器，使得总的运输费最低？

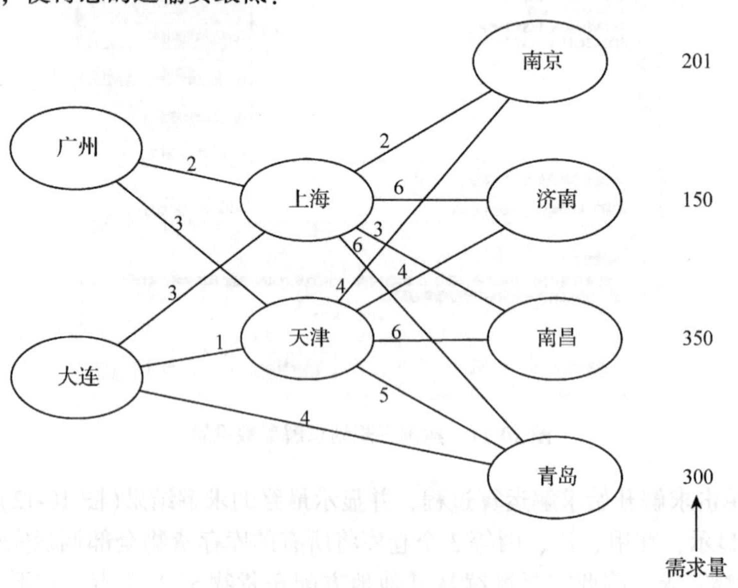

图 10-13　案例四题目条件

10.5.2　模型建立

设广州编号为a，大连编号为b，上海，天津，南京，济南，南昌，青岛编号依次为1，2，3，4，5，6。

(1)决策变量

设从生产地 i 到配送中心 j 的运输量为 x_{ij}，从配送中心到各城市的运输量为 y_{jk}

(2)目标函数

$$\min Z = 2x_{a1} + 3x_{a2} + 3x_{b1} + 1x_{b2} + 4x_{b6} + 2y_{13} + 6y_{14} + 3y_{15} + 6y_{16} + 4y_{23} + 4y_{24} + 6y_{25} + 5y_{26} \tag{10-35}$$

(3)条件约束

$$x_{a1} + x_{b1} = y_{13} + y_{14} + y_{15} + y_{16} \tag{10-36}$$

$$x_{a2} + x_{b2} = y_{23} + y_{24} + y_{25} + y_{26} \tag{10-37}$$

$$x_{a1} + x_{a2} = 601 \tag{10-38}$$

$$x_{b1} + x_{b2} + x_{b6} = 400 \tag{10-39}$$

$$y_{13} + y_{23} = 201 \tag{10-40}$$

$$y_{14} + y_{24} = 150 \tag{10-41}$$

$$y_{15} + y_{25} = 150 \tag{10-42}$$

$$y_{16} + y_{26} + x_{b6} = 300 \tag{10-43}$$

$$x_{ij} \geqslant 0(i = a,\ b;\ j = 1,\ 2) \tag{10-44}$$

$$y_{jk} \geqslant 0 \tag{10-45}$$

10.5.3　求解过程

步骤1：如图10-14所示，构建模型，首先物资从生产地运到配送中心，再由配送中心运到需求地。

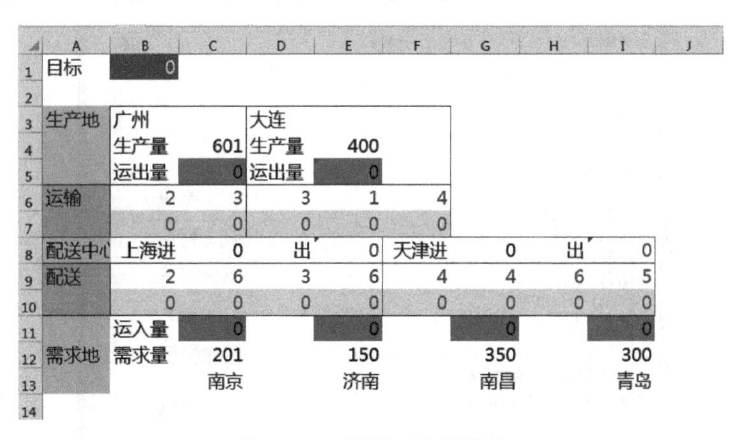

图10-14　案例四求解模型

以B7：F7和B10：F10为求解的可变单元格区域；

B1为求解目标变量，输入公式

“=SUMPRODUCT(B6：F6，B7：F7)+SUMPRODUCT(B9：I9，B10：I10)”

其中，对于生产地，广州的运出量为广州→上海、广州→天津之和，即 C5 单元格公式为“=B7+C7”，同理 E5 单元格为“=SUM(D7：F7)”；

对于配送中心，上海进表示为广州→上海、大连→上海之和，即 C8 单元格公式为“=B7+D7”，同理 G8 单元格为“=C7+E7”；

上海出表示由上海运往各需求地的配送量总和，即 E8 单元格为“=SUM(B10：E10)”，同理 I8 单元格为“=SUM(F10：I10)”；

对于需求的运入量为配送中心或生产地运输的量，即 C11 单元格为“=B10+ F10”，E11 单元格为“=C10+G10”，G11 单元格为“=D10+H10”，I11 单元格为“=E10+ I10+F7”。

步骤 2：选中 B1 单元格，打开“规划求解”，选择最小值，可变单元格选择 B7：F7 和 B10：F10 单元格区域。

步骤 3：遵守约束中添加约束，此案例中包含的约束条件如下：

条件一：B7：F7=整数

条件二：B10：F10=整数

条件三：C4=C5

条件四：E4=E5

条件五：C8=E8

条件六：G8=I8

条件七：C11=C12

条件八：E11=E12

条件九：G11=G12

条件十：I11=I12

案例四规划求解参数设置如图 10-15 所示。

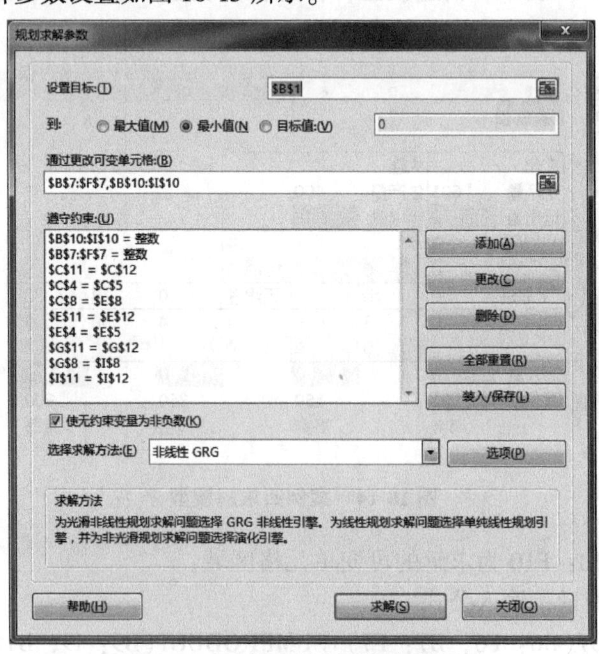

图 10-15　案例四规划求解参数设置

步骤 4：单击求解开始求解运算过程，并显示最终的求解结果(图 10-16)。其中运费为 4604，生产地运往配送中心，以及配送中心运往需求地的具体运输量如图 10-16 部分所示。

目标	4604							
生产地	广州		大连					
	生产量	601	生产量	400				
	运出量	601	运出量	400				
运输	2	3	3	1	4			
	551	50	0	100	300			
配送中心	上海进	551	出	551	天津进	150	出	150
配送	2	6	3	6	4	4	6	5
	201	0	350	0	0	150	0	0
需求地	运入量	201		150		350		300
	需求量	201		150		350		300
		南京		济南		南昌		青岛

图 10-16　案例四求解结果

拓展与思考

1. 物资调运主要是指根据需求方对货物的需求量，从提供方提取货物到需求方的过程。(　　)

A. 错误

B. 正确

C. 不确定

2. 当供需不平衡时，利用规划求解物资调运问题，需要使用(　　)方法。

A. 动态调整

B. 整数规划

C. 模拟平衡

3. 规划求解流程主要包括建立模型，(　　)，结果分析。

A. 规划求解

B. 模拟平衡

C. 整数规划

4. 物资调运问题通常分为 3 种情况，其分类依据是(　　)。

A. 需求量

B. 存货量

C. 供需平衡关系

第11章 最后一公里之路径规划

11.1 案例背景

旅行商问题(TSP 问题)与最短路径问题的关系十分密切，就是从某个节点出发，经过其他节点再返回到出发点所经历的最短路线方案。与最短路径问题有所区别的是：路线需要经过网络中的所有节点，并且最终形成回路。对于每个节点来说，都要被访问到而且只访问一次。同时对于某个节点，访问者的来源是唯一的，因此规划求解的旅行商问题与任务分配相似。

某快递员每天从配送点出发需要送包裹至 6 个不同位置的小区，然后将 6 个地方收集的快件再送回配送点。通过长时间的记录，快递员将 6 个小区之间骑行所需的平均时间整理如图 11-1 所示，其中配送点设在 A 小区附近，因此将 A 小区视为出发点。

	A	B	C	D	E	F	G	H
1			出发地					
2		时间估算	A小区	B小区	C小区	D小区	E小区	F小区
3	抵达地	A小区	—	18	8	13	15	8
4		B小区	18	—	18	6	15	19
5		C小区	8	18	—	9	14	5
6		D小区	13	6	9	—	16	14
7		E小区	15	15	14	16	—	9
8		F小区	8	19	5	14	9	—

图 11-1　快递员在 6 个小区间骑行所需平均时间

此例中任意两地的往返时间是相同的，如 A 小区至 B 小区的时间与 B 小区返回 A 小区的时间都为 18，因此出发地和目的地可以互换，同一条快递路线存在两条花费时间相同的正反路径。

快递员如何规划一天的送快递路线，使得花费时间最少。此问题即为典型的旅行商问题(TSP)。

11.2 数学模型

将快递员配送快递记为赋权图 $G=(\boldsymbol{V},\ \boldsymbol{E})$，$\boldsymbol{V}$ 为顶点集，代表小区集合；$\boldsymbol{E}$ 为边集，

代表各小区间的路线集合，且顶点间的距离(即各小区间时间花费) d_{ij} 已知。快递员所走路径为闭合路径。

设：

$$x_{ij}=\begin{cases}1，若(i,\ j)\ 在闭合路径上\\0，其他\end{cases} \tag{11-1}$$

目标函数：

$$\min Z=\sum_{j=1}^{n}\sum_{j=1}^{n}d_{ij}x_{ij} \tag{11-2}$$

约束条件：

$$\text{s.t}\begin{cases}\sum_{j=1}^{n}x_{ij}=1, & i\in V & (1)\\ \sum_{i=1}^{n}x_{ij}=1, & j\in V & (2)\\ \sum_{i\in S}\sum_{i\in S}x_{ij}\leqslant |S|-1, & \forall S\subset V,\ 2\leqslant |S|\leqslant n-1 & (3)\\ d_{ij}=d_{ji} & & (4)\\ x_{ij}\in\{0,\ 1\} & & (5)\end{cases} \tag{11-3}$$

约束条件(1)表示对于每个顶点 **V** 有且只有一条进边，约束条件(2)表示对于每个顶点 **V** 有且只有一条出边，约束条件(3)保证没有任何子回路解的产生，约束条件(4)表示同一条边的正反路径距离相同，约束条件(5)中 0 代表没有走该条路，1 代表走了该条路。

11.3　求解过程

11.3.1　建立模型

根据题目条件建立规划求解的模型及原始数据如图 11-2 所示。

	A	B	C	D	E	F	G	H	I	J	K
1			出发地								
2		时间估算	A小区	B小区	C小区	D小区	E小区	F小区			
3	抵达地	A小区	—	18	8	13	15	8			
4		B小区	18	—	18	6	15	19			
5		C小区	8	18	—	9	14	5			
6		D小区	13	6	9	—	16	14			
7		E小区	15	15	14	16	—	9			
8		F小区	8	19	5	14	9	—			
9											
10			出发地								
11		路线规划	A小区	B小区	C小区	D小区	E小区	F小区	来源唯一性	所需时间	
12	抵达地	A小区	—								
13		B小区		—							
14		C小区			—						
15		D小区				—					
16		E小区					—				
17		F小区						—			
18		目标唯一性							合计时间		
19											

图 11-2　规划求解模型原始数据

其中，C12：H17 单元格区域用于记录实际的路径选择情况，可以用 0 表示路径未选择，1 表示选择从某地出发前往另一地。此区域作为规划求解的可变单元格区域。

其中，A 小区至 A 小区、B 小区至 B 小区等类似路径实际中不存在，因此 C12 等单元格取值不为 1。C3 等设为 9999。

规划求解模型修正数据如图 11-3 所示。

	A	B	C	D	E	F	G	H	I	J	K
1			出发地								
2		时间估算	A小区	B小区	C小区	D小区	E小区	F小区			
3	抵达地	A小区	9999	18	8	13	15	8			
4		B小区	18	9999	18	6	15	19			
5		C小区	8	18	9999	9	14	5			
6		D小区	13	6	9	9999	16	14			
7		E小区	15	15	14	16	9999	9			
8		F小区	8	19	5	14	9	9999			
9											
10			出发地								
11		路线规划	A小区	B小区	C小区	D小区	E小区	F小区	来源唯一性	所需时间	
12	抵达地	A小区	—						0	0	
13		B小区		—					0	0	
14		C小区			—				0	0	
15		D小区				—			0	0	
16		E小区					—		0	0	
17		F小区						—	0	0	
18		目标唯一性	0	0	0	0	0	0	合计时间	0	
19											

图 11-3　规划求解模型修正数据

I 列用于统计目的地的来源地数据，根据旅行商问题的特性，每个地点的来源是唯一的。在 I12 单元格输入公式“=SUM(C12：H12)”，下同。

第 18 行用于统计出发地前往目的地的数目，根据旅行商特性，C18 单元格输入“=SUM(C12：C17)”，右同。

J 列用于统计路线确定情况下各条路线所需的时间，在 J12 单元格内输入“=SUMPRODUCT(C12：H12，C3：H3)”，下同。

J18 单元格用于累计 J12：J17 单元格中的时间，即整个送快递过程的时间。J18 单元格内输入“=SUM(J12：J17)”作为规划求解的目标单元格。

11.3.2　规划求解

选中 J18 单元格，打开规划求解，设置 J18 单元格为目标单元格，选择最小值，可变单元格选择 C12：H17 单元格区域。

11.3.3　约束条件

(1)根据题意，添加约束条件如下

条件 1：C12：H17 为二进制数；

条件 2：I12：I17=1；

条件 3：C18：H18=1；

规划求解参数设置如图 11-4 所示。

当前规划求解找到一条最短的路线方案，这条路线的具体走法，如果能够形成一个独

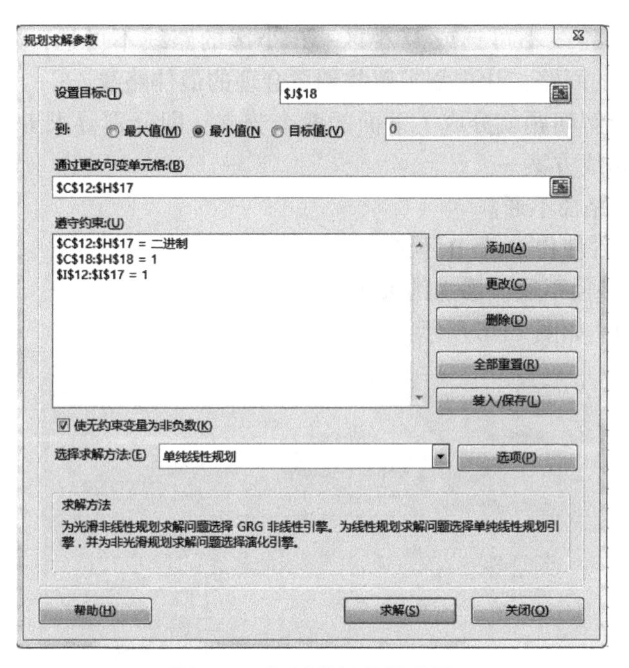

图 11-4　规划求解参数设置

立的封闭回路，即从 A 小区出发能够访问到其他 5 个小区最后再返回 A 小区，说明此路线即为满足题目要求的最佳路线方案。否则需要根据情况继续规划求解过程以求取满足条件的答案。规划求解结果如图 11-5 所示。

	A	B	C	D	E	F	G	H	I	J
1			出发地							
2		时间估算	A小区	B小区	C小区	D小区	E小区	F小区		
3	抵达地	A小区	9999	18	8	13	15	8		
4		B小区	18	9999	18	6	15	19		
5		C小区	8	18	9999	9	14	5		
6		D小区	13	6	9	9999	16	14		
7		E小区	15	15	14	16	9999	9		
8		F小区	8	19	5	14	9	9999		
9										
10			出发地							
11		路线规划	A小区	B小区	C小区	D小区	E小区	F小区	来源唯一性	所需时间
12	抵达地	A小区	0	0	1	0	0	0	1	8
13		B小区	0	0	0	1	0	0	1	6
14		C小区	1	0	0	0	0	0	1	8
15		D小区	0	1	0	0	0	0	1	6
16		E小区	0	0	0	0	0	1	1	9
17		F小区	0	0	0	0	1	0	1	9
18		目标唯一性	1	1	1	1	1	1	合计时间	46

图 11-5　规划求解结果

如图 11-5 所示，可以得知，通过求解发现了三条独立回路的路线：A 小区→C 小区→A 小区，B 小区→D 小区→B 小区，E 小区→F 小区→E 小区。

无法满足条件，此问题合理路线应大于 46。

要将当前的求解结果最终调整为单独的一条回路，需要拆分目前三条回路中的一条。可以从其中较短的一条回路 B 小区→D 小区→B 小区入手，采用人为设置障碍的方法，使得 B 小区→D 小区的路线不可选或 D 小区→B 小区的路线不可选，相当于宣布“此路不通”，从而打断原有的回路，让规划求解找到更合理的最佳路线。

由此这个规划求解问题就分成了下面的两个分支，即分别寻求 B 至 D 不通和 D 至 B 不通情况下的最短路线方案。

分支 1：D 至 B 路径不通。

(2)添加约束条件使得 D 至 B 不通

为了使 D 至 B 路径不通，添加约束条件如下：

条件 4：F13=0，如图 11-6 所示。

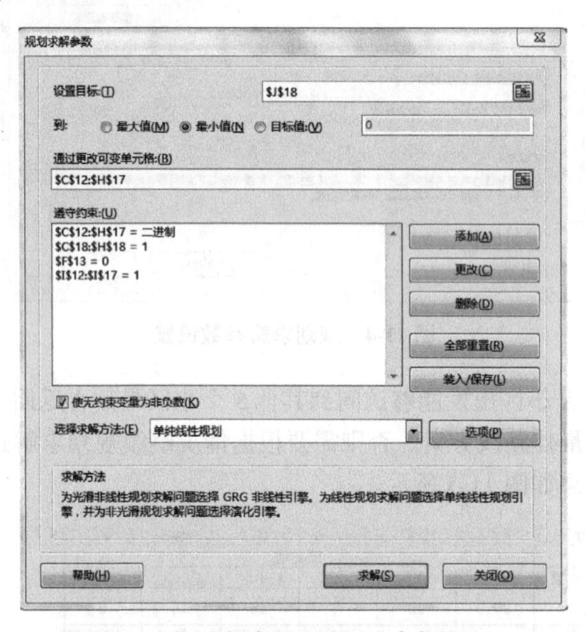

图 11-6 规划求解参数中添加约束条件F13=0

添加约束条件 F13=0 后的规划求解结果如图 11-7 所示。求解结果中形成封闭回路，反向同样成立。

	时间估算	A小区	B小区	C小区	D小区	E小区	F小区
		出发地					
抵达地	A小区	9999	18	8	13	15	8
	B小区	18	9999	18	6	15	19
	C小区	8	18	9999	9	14	5
	D小区	13	6	9	9999	16	14
	E小区	15	15	14	16	9999	9
	F小区	8	19	5	14	9	9999

	路线规划	A小区	B小区	C小区	D小区	E小区	F小区	来源唯一性	所需时间
		出发地							
抵达地	A小区	0	0	1	0	0	0	1	8
	B小区	0	0	0	0	1	0	1	15
	C小区	0	0	0	1	0	0	1	9
	D小区	0	1	0	0	0	0	1	6
	E小区	0	0	0	0	0	1	1	9
	F小区	1	0	0	0	0	0	1	8
	目标唯一性	1	1	1	1	1	1	合计时间	55

图 11-7 添加约束条件F13=0 后的规划求解结果

A 小区→F 小区→E 小区→B 小区→D 小区→C 小区→A 小区，时间开销为 55，作为参考。

分支 2：B 至 D 路径不通。

(3)添加约束条件使得 B 至 D 不通

为了使 B 至 D 路径不通，添加约束条件如下：

条件 4：D15=0，如图 11-8 所示。

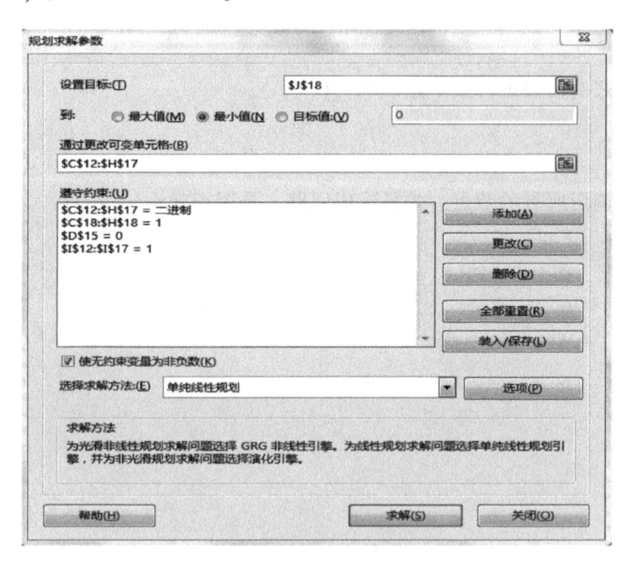

图 11-8 规划求解参数中添加约束条件D15=0

添加约束条件 D15=0 后的规划求解结果如图 11-9 所示。求解结果中形成封闭回路，反向同样成立。

	A	B	C	D	E	F	G	H	I	J
1			出发地							
2		时间估算	A小区	B小区	C小区	D小区	E小区	F小区		
3	抵达地	A小区	9999	18	8	13	15	8		
4		B小区	18	9999	18	6	15	19		
5		C小区	8	18	9999	9	14	5		
6		D小区	13	6	9	9999	16	14		
7		E小区	15	15	14	16	9999	9		
8		F小区	8	19	5	14	9	9999		
9										
10			出发地							
11		路线规划	A小区	B小区	C小区	D小区	E小区	F小区	来源唯一性	所需时间
12	抵达地	A小区	0	0	0	0	0	1	1	8
13		B小区	0	0	0	1	0	0	1	6
14		C小区	1	0	0	0	0	0	1	8
15		D小区	0	0	1	0	0	0	1	9
16		E小区	0	1	0	0	0	0	1	15
17		F小区	0	0	0	0	1	0	1	9
18		目标唯一性	1	1	1	1	1	1	合计时间	55

图 11-9 添加约束条件D15=0 后的规划求解结果

最终结果为 A 小区→C 小区→D 小区→B 小区→E 小区→F 小区→A 小区，时间开销为 55。

拓展与思考

1. 某快递员每天需要前往 8 个小区送快递，这类问题属于旅行商问题吗？( )

A. 是

B. 否

2. 通过 Excel 解决旅行商问题，我们用到了哪个功能？( )

A. 视图

B. 规划求解

3. 在进行规划求解之前需要进行数学建模吗？( )

A. 需要

B. 不需要

4. 旅行商问题需要遍历所有的节点，并且形成回路。是否正确？( )

A. 错误

B. 正确

第12章 物流配送中心选址分析

12.1 实验概述

物流网络中站点的数量和地址是影响成本和服务的主要因素，也是连接其他业务的桥梁。本实验从物流网络的运输距离、运输费用、服务水平和库存成本等维度分析不同选址方案对物流网络的影响，从而选择最优的方案。

12.2 案例引入

企业背景：某国外企业生产葡萄酒，该企业共有 284 个客户遍布整个美国，其供应链网络主要由两个生产站点和三个配送中心组成。

由于现有网络的不完善，存在总成本高、负盈利的问题，企业管理层最近在重新规划他们在美国的设施选址，因此希望做一个选址分析来确定在美国重组其供应链设施的候选站点。

12.3 现有物流网络分析

基于企业现状，供应链管理层决定在保留三个配送中心的基础上，以增加配送中心的方式改变现有网络。在以上决策的基础上需要考虑以下问题：

(1)如何添加候选站点。

(2)如何选取最佳配送站点。

(3)如何评估重组网络。

解决问题前先了解目前的网络数据。

12.3.1 基础数据

基础数据包括客户表、站点表和客户需求表，其中客户表中包含客户需求。基础数据的分析包括客户和站点的分布以及客户需求分析。

点击“物流网络优化”，选择客户表“Customers0”，选择“聚合”设置聚合条件为“平均值的 Latitude”和“平均值的 Longitude”，“分组条件”选择客户名“Name”，可以观察到客户的地域分布，大多集中在东部地区和沿海。将图表保存为客户分布，并创建仪表盘物流网络分析。

同样的方式查看站点分布，选择“站点表”，筛选现在有网络，选择过滤器“Status”是“Include”，选择“聚合”设置聚合条件为“平均值的 Latitude”和“平均值的 Longitude”，“分组条件”选择客户名“Name”，可以看到共 5 个站点，两个工厂在横向轴线的两端，工厂之间为三个配送中心。

查看客户的地区分布(图 12-1)，选择 customers0，从需求量、客户量及其占比、累积求和指标查看数据分布。选择“聚合”设置聚合条件为“总和”的“Quantity”，“不重复的总数”的“Name”；点击显示编辑器，在聚合条件中添加自定义表达方式：“需求占比 = sum([Quantity])/518474”，“客户占比 = distinct([CustomerID])/284”和“累积求和 = CumulativeSum([Quantity])/518474”，“分组条件”设为“State”。

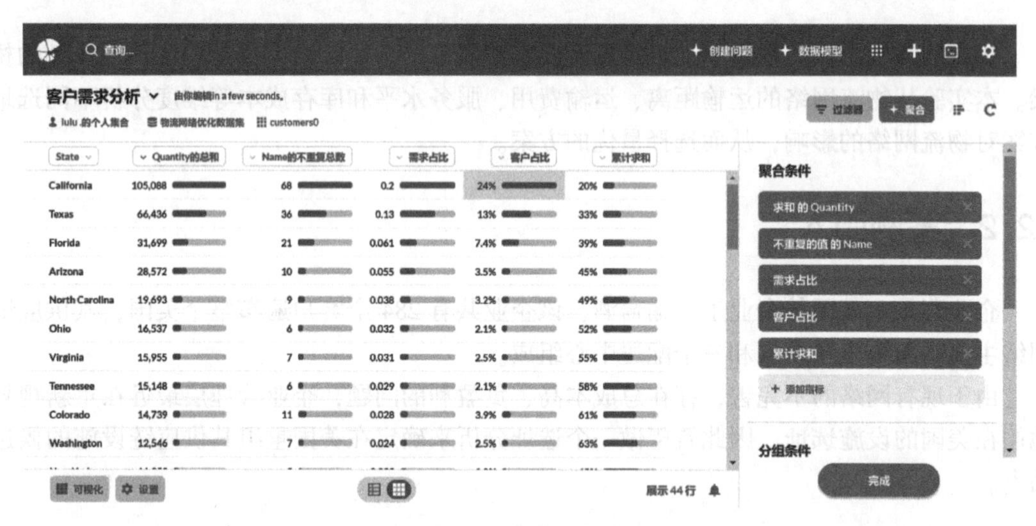

图 12-1　地区分布

可以看到 44 个州中 California 地区需求量最大占总量的 20%，客户量最大占比为 24%。California、Texas、Florida、Arizona、North Carolina 5 个地区的需求量超过总量的 50%。

12.3.2　物流网络规则设定

在进行网络分析之前，先做一些网络规则设定，以便后续分析。分别从生产策略、客户采购策略、站点采购策略、运输策略和库存策略 5 个方面对物流网络规则设定。

①生产策略：两个工厂都生产葡萄酒，生产成本为每单位 10 美元。

②客户采购策略：所有客户都可以从每个配送中心获取产品。

③站点采购策略：每个配送中心都可以从每个工厂采购。

④运输策略：按照工厂→配送中心，配送中心→客户的路线运送产品。

⑤库存策略：库存策略为(s，s)。

库存周转率见表 12-1。

表 12-1 库存周转率

配送中心	库存周转率
DC_ Carlisle	6
DC_ FortWorth	5
DC_ SanBernardino	5

12.3.3 网络整体分析

物流网络的规划，基本上都是以追求最低物流总成本与最大顾客满意度为出发点，同时兼顾成本与服务水平，从整合物流角度来规划整体的物流设施网络。因此，我们就从物流成本分析、客户服务水平和运输距离三个维度分析现有网络。

(1)分析现有网络

选择网络的汇总数据表，分类依据为现有网络，从总成本、总利润、总收益、总运输成本指标分析。选择数据表“物流网络统计表”，选择过滤器“Scenario”是“Baseline”，选择“聚合”设置聚合条件为“总和”的“Total Cost”，“总和”的“Total Profit”，“总和”的“Total Revenue”和“总和”的“Total Transportation Cost”，查看结果。可以看到目前网络为负盈利状态，总成本较高(图 12-2)。

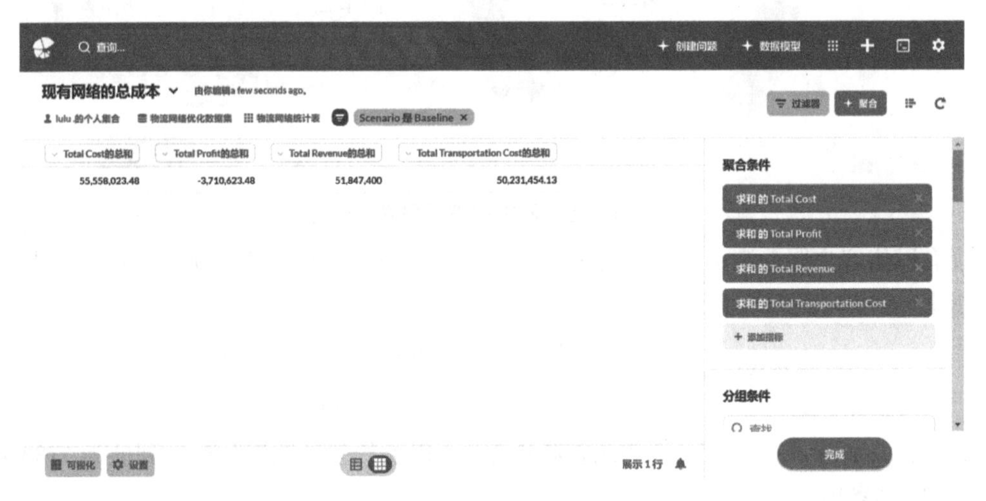

图 12-2 现有网络的总成本

接下来看一下现有网络与客户的距离和服务水平。

现有网络与客户的距离。设置选择数据为“客户流”，选择过滤器“Scenario”是“Baseline”，选择“聚合”设置聚合条件自定义表达方式“=sum([Flow units]*[service distance])/sum([flow units])”，表示为“配送中心与客户的加权距离”，点击“完成”。现有网络的配送中心与客户的加权距离为 439.78。

现有网络配送中心到客户的加权平均距离为 439.78 英里①。配送中心到客户的距离，

① 1 英里=1.61km。

我们采用加权平均距离，公式如下：

$$平均加权距离 = \frac{\sum(\text{Flow Units} * \text{Service Distance})}{\sum \text{Flow Units}} \tag{12-1}$$

式中，Flow Units 为时间段内该线路运输的单位数量；Service Distance 为服务距离，单位为英里。

现有网络的服务水平。选择数据表“客户流”，选择过滤器“Scenario”是“Baseline”和“Service Distance 小于 800”，选择“聚合”设置聚合条件自定义表达方式“= Sum([Flow Units])/518474”，表示为“满足需求百分比”(图 12-3)，点击“完成”。

图 12-3　现有网络的满足需求百分比

现有网络客户服务满足百分比为 88%。我们以 800 英里内的需求满足百分比衡量客户服务水平，公式如下：

$$需求百分比 = \frac{\sum(\text{Flow Unitswhere Service Distance} < 800)}{\sum \text{Total Flow Units}} \tag{12-2}$$

式中，Total Flow Units 为客户的总需求量，由以上的基础数据分析得到值为 518474。

(2)问题聚焦

通过前期的分析，我们了解了现有网络的基本情况和遇到的问题，接下来通过选址模型解决并通过网络优化方案补充(表 12-2)，以完成网络的评估。

表 12-2　网络评估结果

评估结果/网络	现有网络	添加一个配送中心	添加两个配送中心	添加三个配送中心
新增配送中心的位置	—	—	—	—
到客户的加权平均距离(英里)	439.78	—	—	—
给定距离内满足需求的百分比(%)	88	—	—	—
总成本($)	55558023.48	—	—	—

12.3.4　候选站点分析

(1)选址模型

以最小化成本为优化目标，通过优化求解器分别选取 1 个配送中心，2 个配送中心，3 个配送中心构建网络。然后分析不同网络下的成本和服务。先做以下模型假设。

模型假设：

①所有客户都只有一个供货源(距离最近的仓库)；

②每件产品的单位距离运费相同，所以运费取决于运输量和距离；

③只考虑单一层级的供应链，不考虑多层级供应链。

选择数据表“客户流”，“筛选条件”为“Scenario”不是“Baseline”和“Source Name ”不是“3 selections”，“查看”设置为“原始数据”，“分组条件”为“Scenario”和“Source Name”。候选站点如图 12-4 所示。

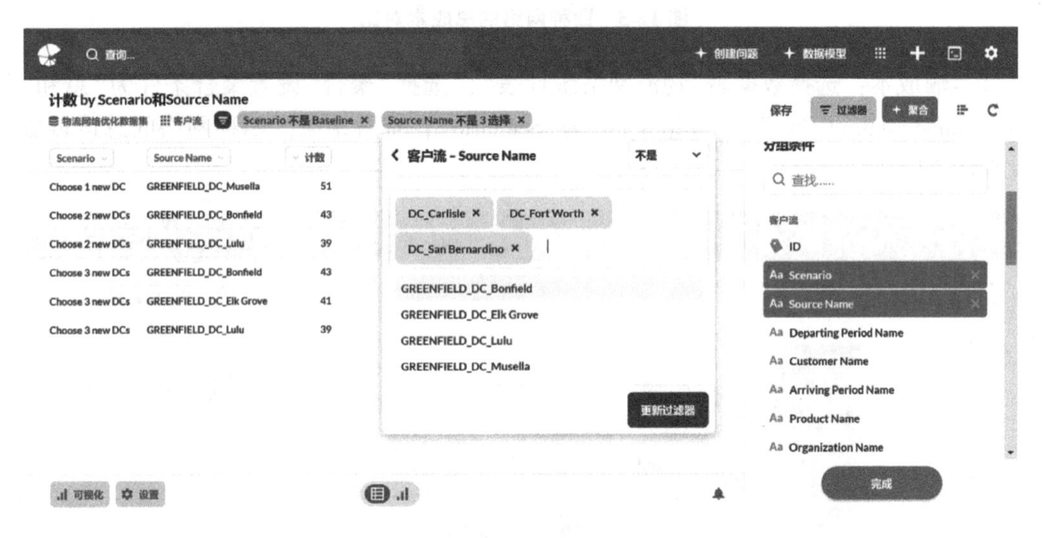

图 12-4　候选站点

通过客户流表分析，除去现有网络和现有站点，可以看到：当选择添加一个候选站点时，以上建模基础上选择在 Musella 增加配送中心；添加两个时，选择 Bonfield 和 Lulu；添加三个时，在 Bonfield 和 Lulu 基础上增加了 Elk Grove。

(2)结果分析

分别从总成本、运输成本、库存成本和客户加权平均距离四个角度分析现有网络与添加一、二、三个站点的优化结果。

①总成本：选择数据为“物流网络统计表”，选择“聚合”设置聚合条件为“总和”的“Total Cost”，“总和”的“Total Profit”，“分组条件”为“Scenario”，查看结果。四种网络的总成本对比如图 12-5 所示。

基于总成本和总利润的指标分析，可以看到在原有网络基础上都达到了成本降低利润创收的效果，且三个优化方案中，增加三个站点的方案成本最低，利润最高。

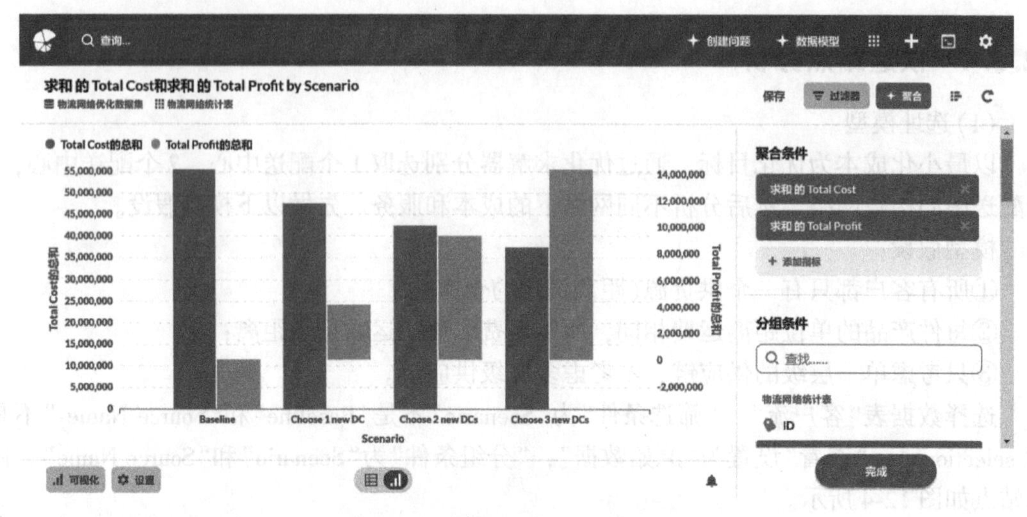

图 12-5　四种网络的总成本对比

②运输成本：选择数据表“物流网络统计表”，选择“聚合”设置聚合条件为“总和”的“Total Transportation Cost”，“分组条件”为“Scenario”，查看结果。四种网络的总运输成本对比如图 12-6 所示。

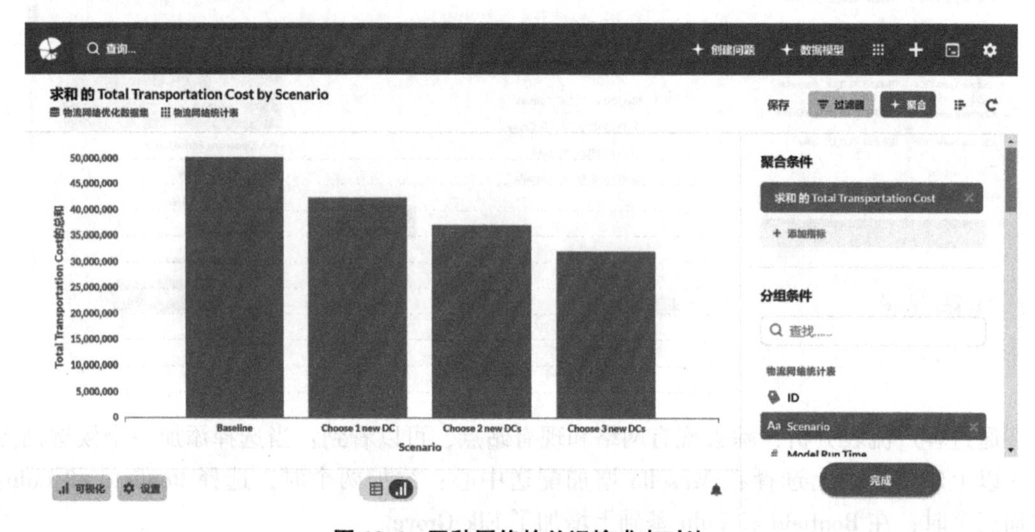

图 12-6　四种网络的总运输成本对比

从运输成本来看，相较三个优化方案，现有网络的运输成本最高，增加三个配送中心的运输成本最低。

③库存成本：选择数据表“库存表”，选择“聚合”设置聚合条件为“总和”的“Total Inventory”，“分组条件”为“Scenario”，查看结果。四种网络的总库存成本对比如图 12-7 所示。

从库存成本来看，四个网络为 100 万美元左右，三个优化方案均略高于现有网络，这也是增加配送中心的结果，其中增加两个配送中心的库存成本最高。

图 12-7　四种网络的总库存成本对比

④客户加权平均距离：设置选择数据表“客户流”，点击显示编辑器设置自定义表达方式，表示为“配送中心与客户的加权距离”，“分组条件”为“Scenario”，查看结果。四种网络的客户加权平均距离对比如图 12-8 所示。

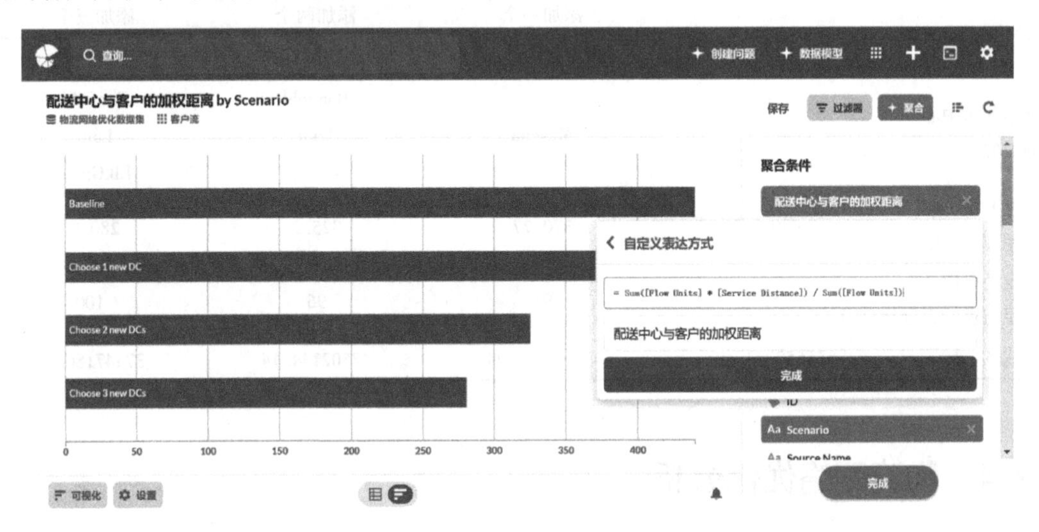

图 12-8　四种网络的客户加权平均距离对比

从配送中心与客户的加权距离来看，相较于现有网络优化方案明显地缩短了距离，且增加三个配送中心的方案已经低于 300 英里。增加三个站点的网络的客户加权平均距离如图 12-9 所示。

从满足需求百分比来看，优化方案的服务水平明显提升，尤其是增加三个配送中心的方案，800 英里内的客户需求可以百分百满足。

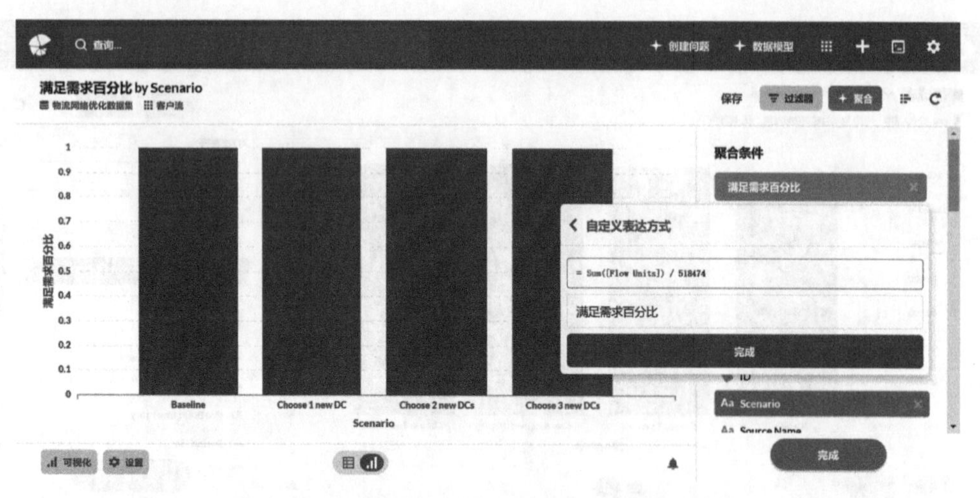

图 12-9　增加三个站点的网络的客户加权平均距离

因此，从整个网络的成本、距离和服务水平维度分析(表 12-3)，总体来看增加三个配送中心的网络优化方案为最佳。

表 12-3　网络评估结果

评估结果/网络	现有网络	添加一个配送中心	添加两个配送中心	添加三个配送中心
新增配送中心的位置	—	Musella	Bonfield Lulu	Bonfield Lulu ElkGrove
到客户的加权平均距离(英里)	439. 78	370. 77	325. 2	280. 93
给定距离内满足需求的百分比(%)	88	94	96	100
总成本($)	55558023. 48	47695574. 04	42502144. 14	37447186. 08

12. 4　物流网络优化分析

12. 4. 1　工厂-配送中心流分析

确定完最佳优化方案后，接下来我们分析基于配送中心维度，原有网络和优化后网络的变化，因为这是单一层级的网络，所以我们从工厂-配送中心流、配送中心-客户流分析变化。

建立工厂-配送中心总成本表、工厂-配送中心产品量表、工厂-配送中心服务距离表、工厂-配送中心服务时间表和工厂-配送中心运输成本表，分别从“工厂-配送中心总成本”“工厂-配送中心产品量”“工厂-配送中心服务距离”“工厂-配送中心服务时间”和

“工厂-配送中心运输成本”等 5 个维度进行分析对比。

在仪表盘工厂-配送中心流中，分别建立以下 6 个图：

如图 12-10 所示，工厂-配送中心总成本表，点击左上角图表回到平台首页，在“我们的数据”进入“物流网络优化”数据库，点击“工厂-配送中心流”数据表，在聚合中设置聚合条件为“总和的 Total Cost”，点击保存，命名为“工厂-配送中心总成本”保存到新建仪表盘“工厂-配送信息流”中。

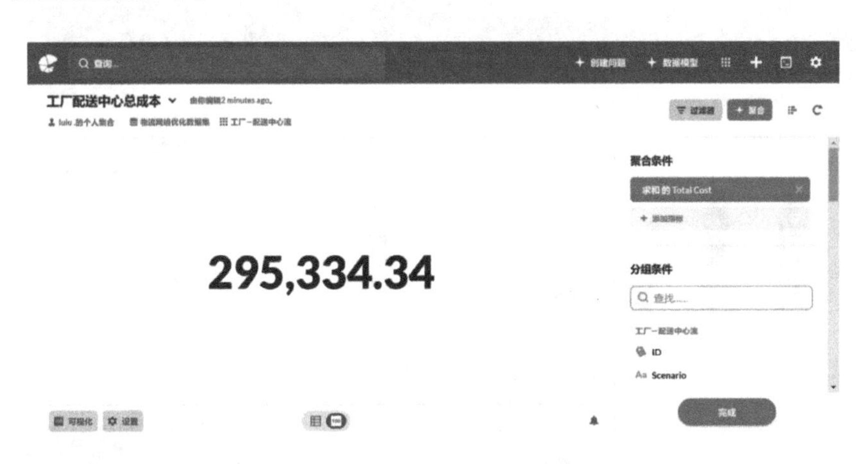

图 12-10　工厂-配送中心总成本表

如图 12-11 所示，工厂-配送中心成本，点击左上角图表回到平台首页，在“我们的数据”进入“物流网络优化”数据库，点击“工厂-配送中心流”数据表，在聚合中设置聚合条件为“总和的 Total Cost”，聚合的分组条件添加“Destination Name”和“Source Name”，点击“过滤器”选择 scenario 是“baseline”“choose 1 new DC”“choose 2 new DCs”“choose 3 new DCs”，且在可视化中选择“表格”展示。并点击可视化旁边的设置按钮，点击打开透视表，点击保存，命名为“工厂-配送中心成本”保存到新建仪表盘“工厂-配送信息流”中。

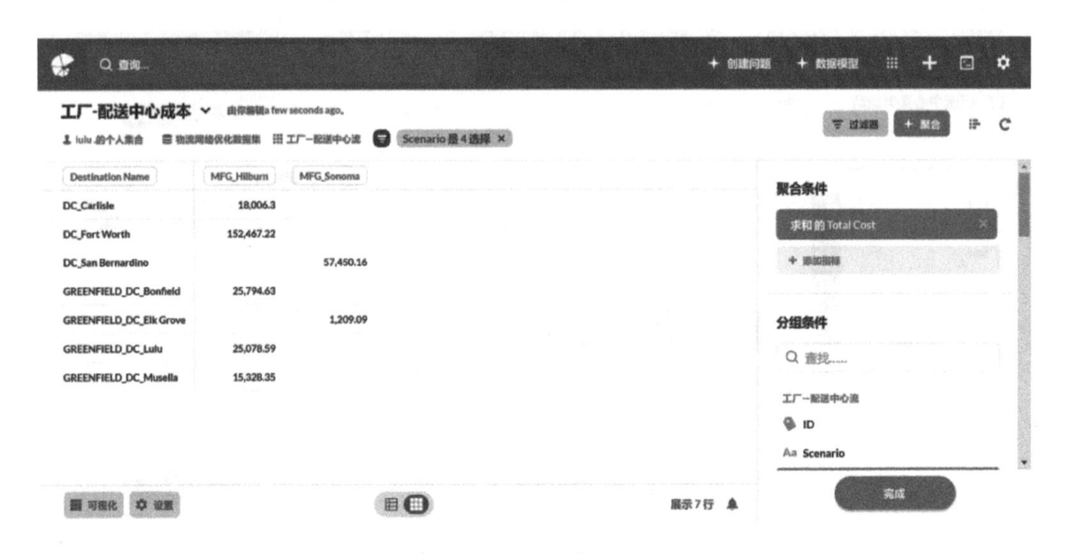

图 12-11　工厂-配送中心成本

如图 12-12 所示，工厂-配送中心产品量，点击左上角图表回到平台首页，在“我们的数据”进入“物流网络优化”数据库，点击“工厂-配送中心流”数据表，在聚合中设置聚合条件为“总和的 Flow Units”，聚合的分组条件添加“Destination Name”和“Source Name”，且在可视化中选择“柱”(柱状图)展示。点击保存，命名为“工厂-配送中心产品量”保存到新建仪表盘“工厂-配送信息流”中。

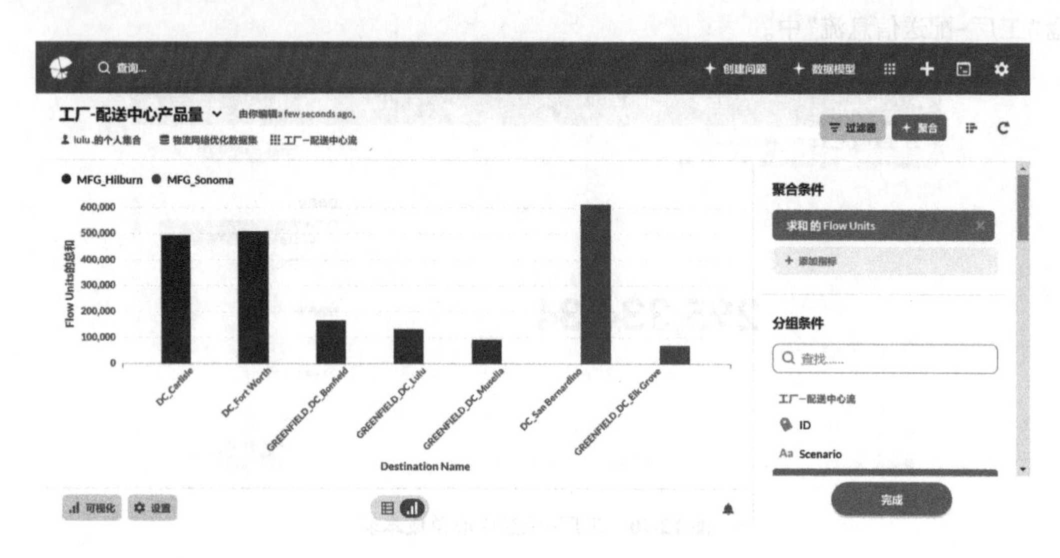

图 12-12　工厂-配送中心产品量

如图 12-13 所示，工厂-配送中心服务距离，点击左上角图表回到平台首页，在“我们的数据”进入“物流网络优化”数据库，点击“工厂-配送中心流”数据表，在聚合中设置聚合条件为“总和的 Service Distance”，聚合的分组条件添加“Destination Name”和“Source Name”，且在可视化中选择“柱”(柱状图)展示。点击保存，命名为“工厂-配送中心服务距离”保存到新建仪表盘“工厂-配送信息流”中。

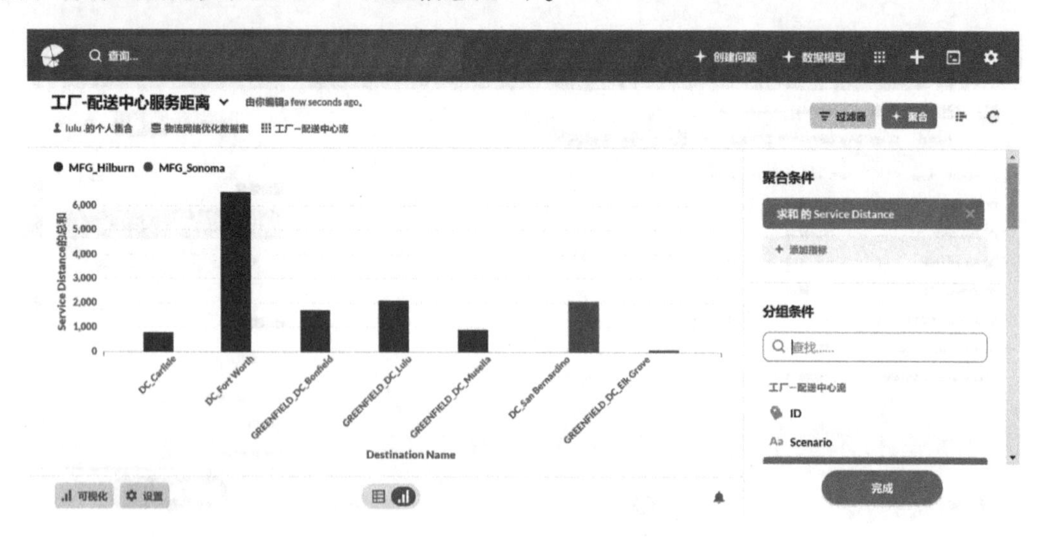

图 12-13　工厂-配送中心服务距离

如图 12-14 所示，工厂-配送中心服务时间，点击左上角图表回到平台首页，在“我们的数据”进入“物流网络优化”数据库，点击“工厂-配送中心流”数据表，在聚合中设置聚合条件为“总和的 Service Hours”，聚合的分组条件添加“Destination Name”和“Source Name”，且在可视化中选择“柱”(柱状图)展示。点击保存，命名为“工厂-配送中心服务时间”保存到新建仪表盘“工厂-配送信息流”中。

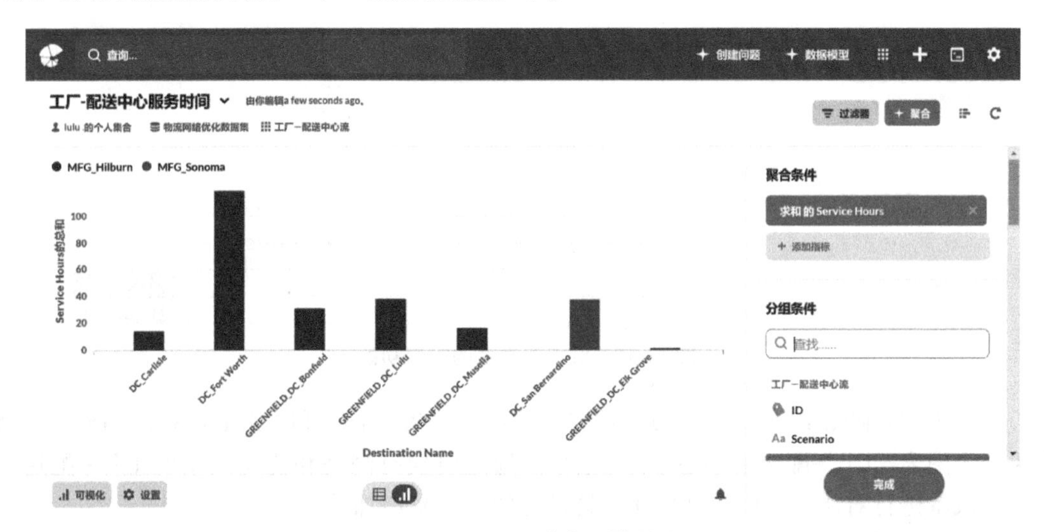

图 12-14　工厂-配送中心服务时间

如图 12-15 所示，工厂-配送中心运输成本，点击左上角图表回到平台首页，在“我们的数据”进入“物流网络优化”数据库，点击“工厂-配送中心流”数据表，在聚合中设置聚合条件为“总和的 Total Transportation Cost”，聚合的分组条件添加“Destination Name”和“Source Name”，且在可视化中选择“柱”(柱状图)展示。点击保存，命名为“工厂-配送中心运输成本”保存到新建仪表盘“工厂-配送信息流”中。

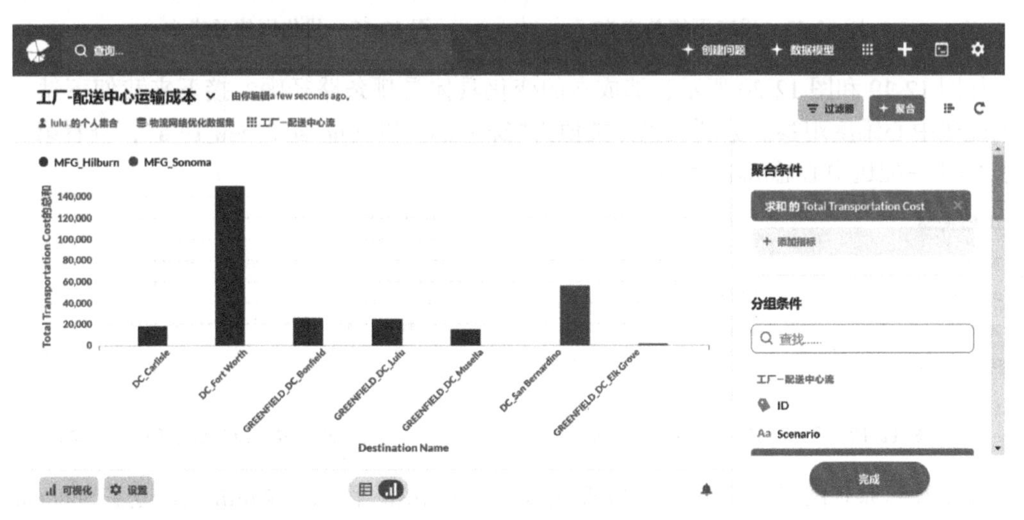

图 12-15　工厂-配送中心运输成本

如图 12-16 所示，点击左上角图表回到平台首页，在分析模块，找到我的集合，点击进入仪表盘“工厂-配送中心流”，设置仪表盘的筛选功能，实现不同网络的选择。编辑仪表盘，选择右上角的“编辑仪表盘”，进入编辑仪表盘，选择右上角的“添加筛选”的“其他类别”，各图表中点击选择为“Scenario”字段。点击完成并保存。这样点击仪表盘左上角的分类，就可以统一选择不同的物流场景。

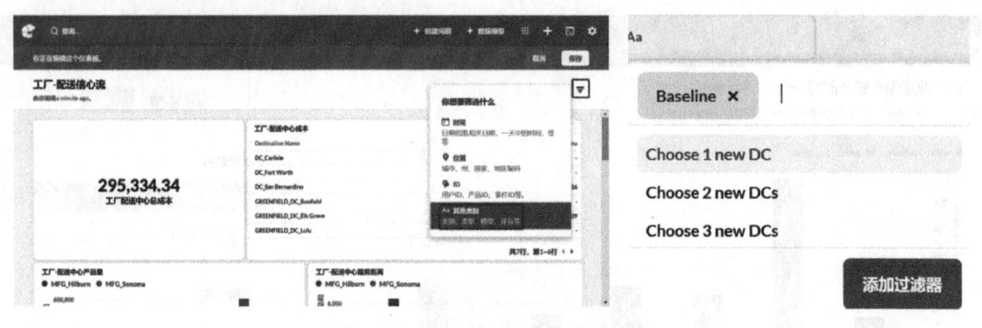

图 12-16　设置仪表盘的筛选功能

如图 12-17 和图 12-18 所示，分别设置分类值为“Baseline”和“Choose 3 new DCs”，查看第一个图表“工厂-配送中心总成本”结果。通过对现有网络和优化网络的工厂-配送中心的总成本进行对比，可以看到优化后这部分的成本是增加的。

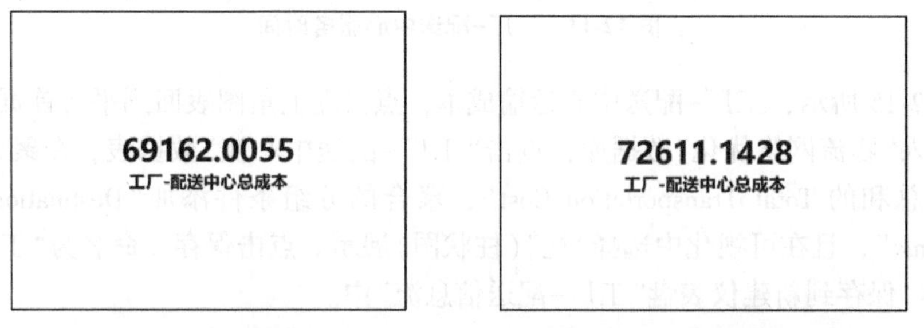

图 12-17　现有网络总成本　　　图 12-18　优化网络总成本

如图 12-19 和图 12-20 所示，那成本的变化具体是哪条路径呢？接下来我们下钻到网络的配送中心维度观察。分别设置分类值为“Baseline”和“Choose 3 new DCs”，查看第二个图表“工厂-配送中心总成本”结果。

工厂-配送中心成本

Destination Name	MFG Hilburn	MFG Sonoma
DC_Carlisle	7080.1604	-
DC_Fort Worth	46093.6208	-
DC_San Bernardino	-	15988.2243

图 12-19　现有网络配送中心成本

工厂-配送中心成本

Destination Name	MFG Hilburn	MFG Sonoma
DC_Carlisle	3209.4136	-
DC_Fort Worth	33270.5452	-
DC_San Bernardino	-	9485.486
GREENFIELD_DC_Bonfield	12897.3147	-
GREENFIELD_DC_Elk Grove	-	1209.0875
GREENFIELD_DC_Lulu	12539.2958	-

图 12-20　优化网络配送中心成本

可以看到原有网络工厂 Hiburn 负责配送中心 Carlisle 和 Fort Worth 的配送，Sonoma 负责 San Bernardino 的配送；优化网络中 Hiburn 增加了 Bonfield 和 Lulu 的路线，而 Sonoma 增加了 Elk Grove 的线路，线路的增加导致成本的增加。

如图 12-21 所示，通过配送的货物量、服务距离、服务时间和运输成本来对比分析现有网络和优化网络。分别设置分类值为“Baseline”和“Choose 3 new DCs”，查看其余的服务距离、服务时间和运输成本图表。

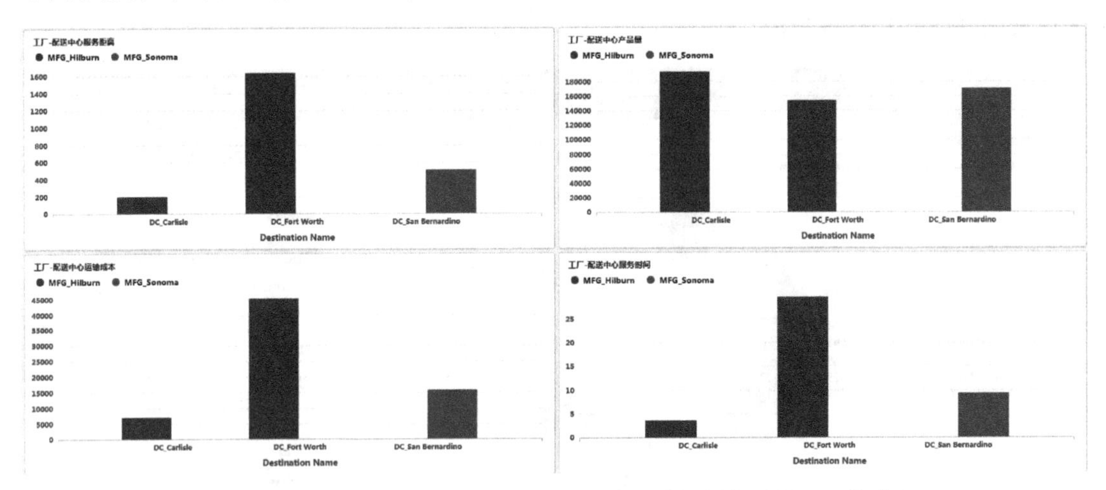

图 12-21　现有网络配送中心产品量、服务距离、服务时间、运输成本

如图 12-22 所示，从配送的货物量、服务距离、服务时间、运输成本来看，优化后的网络在原有配送中心的基础上降低原有线路的配送量，降低运输成本。

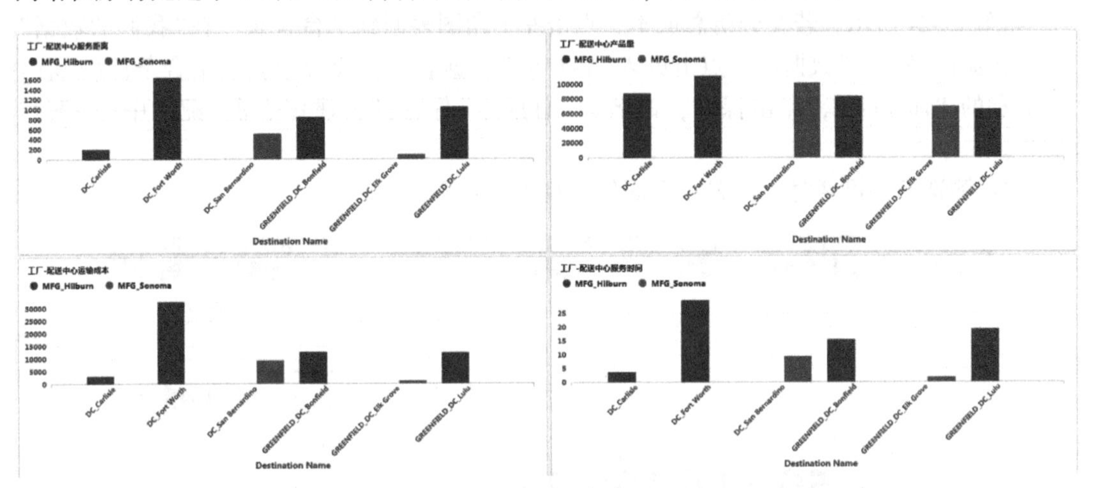

图 12-22　优化网络配送中心产品量、服务距离、服务时间、运输成本

减少了原有路线的服务距离和服务时间。从整体分析看，优化方案是通过增加配送中心分担了原有线路的压力。

12.4.2　配送中心-客户流分析

配送中心-客户流的分析是分别从客户量、总成本、总服务时间、总服务距离和具体配送中心的成本、服务时间和服务距离对现有网络和优化网络进行分析对比。

如图 12-23 所示，若要分析配送中心覆盖客户量，点击左上角图表回到平台首页，在

“我们的数据”进入“物流网络优化”数据库，点击进入“客户流”数据表，在聚合中设置聚合条件为“不重复的总数的 Customer Name”，分组条件添加“Source Name”在图表的左上角点击可视化，选择“环形图”查看，并点击保存，命名为“配送中心覆盖客户量”保存到新建仪表盘“配送中心-客户流”中。

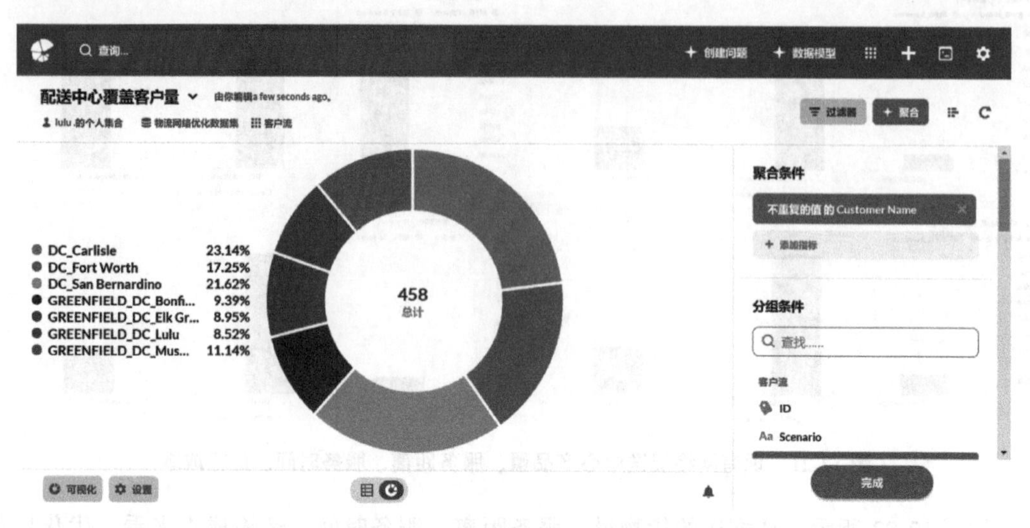

图 12-23 配送中心覆盖客户量

如图 12-24 所示，若要分析总成本，点击左上角图表回到平台首页，在“我们的数据”进入“物流网络优化”数据库，点击进入“客户流”数据表，在聚合中设置聚合条件(查看)为“总和的 Toal Cost”，点击保存，命名为“总成本”保存到新建仪表盘“配送中心-客户流”中。

注：筛选条件可暂时不设置，后面仪表盘中统一添加。

图 12-24 总成本

如图 12-25 所示，若要分析总服务时间，点击左上角图表回到平台首页，在“我们的数据”进入“物流网络优化”数据库，点击进入“客户流”数据表，在聚合中设置聚合条件

(查看)为“总和的 Service Hours”，点击保存，命名为“总服务时间”保存到新建仪表盘“配送中心-客户流”中。

注：筛选条件可暂时不设置，后面仪表盘中统一添加。

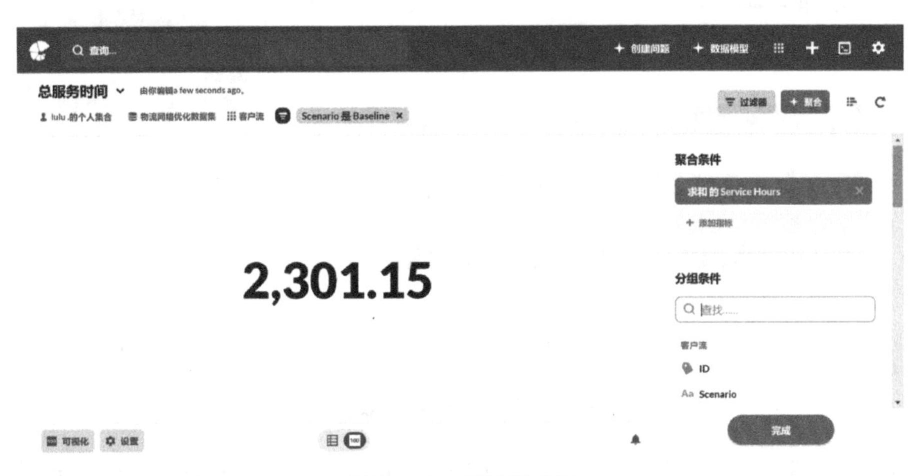

图 12-25　总服务时间

如图 12-26 所示，若要分析总服务距离，点击左上角图表回到平台首页，在“我们的数据”进入“物流网络优化”数据库，点击进入“客户流”数据表，在聚合中设置聚合条件(查看)为“总和的 Service Distance”，点击保存，命名为“总服务距离”保存到新建仪表盘“配送中心-客户流”中。

注：筛选条件可暂时不设置，后面仪表盘中统一添加。

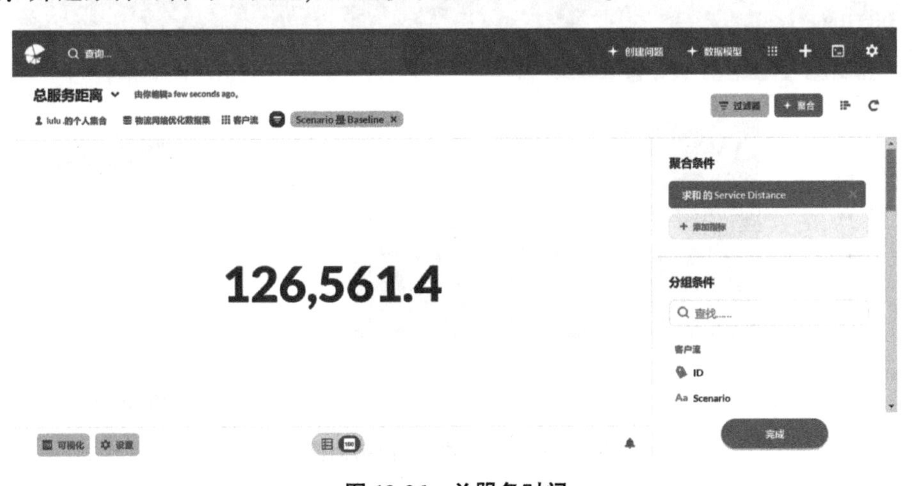

图 12-26　总服务时间

如图 12-27 所示，若要分析配送中心-收益，点击左上角图表回到平台首页，在“我们的数据”进入“物流网络优化”数据库，点击进入“客户流”数据表，在聚合中设置聚合条件(查看)为“总和的 Flow Revenue”，分组条件中设为“Source Name”，在图表的左上角点击可视化并选择“条形图”查看，点击保存，命名为“配送中心-收益”保存到新建仪表盘“配送中心-客户流”中。

注：筛选条件可暂时不设置，后面仪表盘中统一添加。

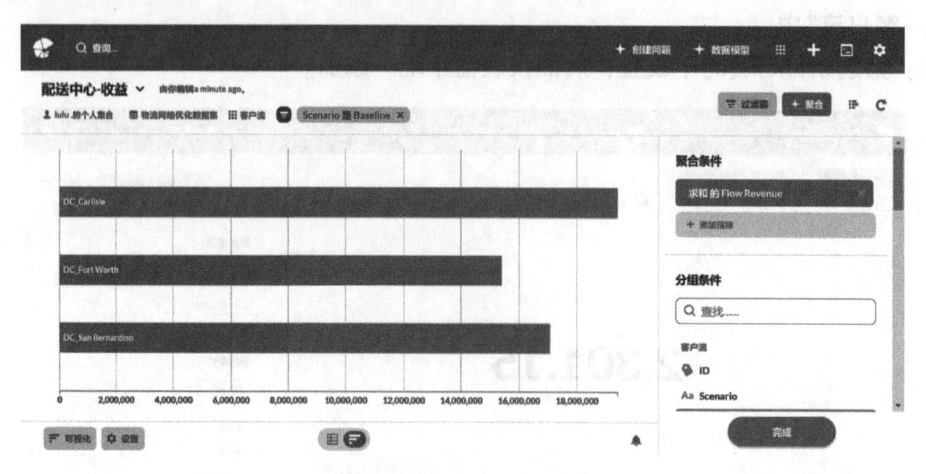

图 12-27 配送中心-收益

如图 12-28 所示，若要分析配送中心-服务时间，点击左上角图表回到平台首页，在“我们的数据”进入“物流网络优化”数据库，点击进入“客户流”数据表，在聚合中设置聚合条件为“总和的 Service Hours”，分组条件中设为“Source Name”，在图表的左上角点击可视化并选择“柱状图”查看，点击保存，命名为“配送中心-服务时间”保存到新建仪表盘“配送中心-客户流”中。

注：筛选条件可暂时不设置，后面仪表盘中统一添加。

图 12-28 配送中心-服务时间

如图 12-29 所示，若要分析配送中心-成本，点击左上角图表回到平台首页，在“我们的数据”进入“物流网络优化”数据库，点击进入“客户流”数据表，在聚合中设置聚合条件为“总和的 Total Cost”，分组条件中设为“Source Name”，在图表的左上角点击可视化并选择“柱状图”查看，点击保存，命名为“配送中心-成本”保存到新建仪表盘“配送中心-客户流”中。

注：筛选条件可暂时不设置，后面仪表盘中统一添加。

图 12-29　配送中心-成本

如图 12-30 所示，若要分析配送中心-服务距离，点击左上角图表回到平台首页，在“我们的数据”进入“物流网络优化”数据库，点击进入“客户流”数据表，在聚合中设置聚合条件为“总和的 Service Distance”，分组条件中设为“Source Name”，在图表的左上角点击可视化并选择“柱状图”查看，点击保存，命名为“配送中心-服务距离”保存到新建仪表盘“配送中心-客户流”中。

注：筛选条件可暂时不设置，后面仪表盘中统一添加。

图 12-30　配送中心-服务距离

点击左上角图表回到平台首页，在分析模块，找到我的集合，点击进入仪表盘“配送中心-客户流”，设置仪表盘的筛选功能，可实现不同网络的选择。编辑仪表盘，选择右上角的“编辑仪表盘”，进入编辑仪表盘，选择右上角的“添加筛选”的“其他类别”，各图表中点击选择为“Scenario”字段，点击完成并保存。这样点击仪表盘左上角的分类，就可以统一选择不同的物流场景。

如图 12-31 所示，仪表盘左上角分类中分别选择为“Baseline”“Choose3 new DC”，可以看到原有网络中的 DC_ Carlisle 覆盖的客户最多，占 37. 3%。

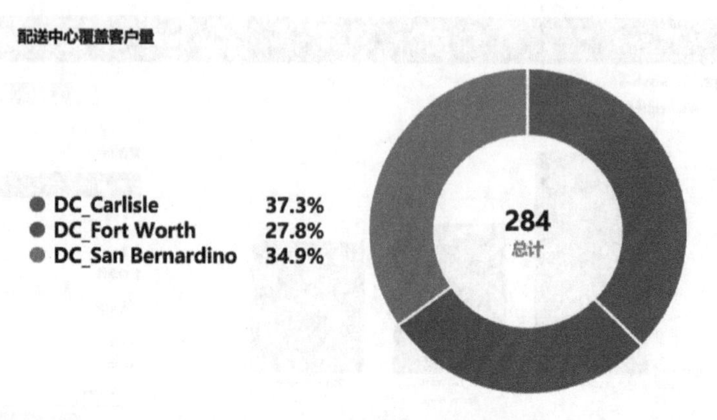

图 12-31　现有网络的客户覆盖情况

如图 12-32 所示，在“Choose 3 new DCs”类别下，增加三个配送中心的方案中，覆盖客户量最多的为 DC_ Fort Worth，占比 21. 1%。

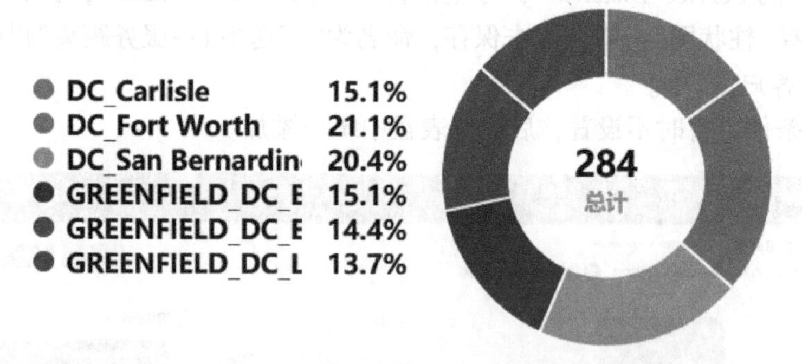

图 12-32　优化网络的客户覆盖情况

从总成本、服务时间、服务距离观察原有网络和优化网络的差距，分别对“Baseline”和“Choose 3 new DCs”类别下的总成本、总服务时间、总服务距离进行条件设置。

如图 12-33 所示，可以看出原有网络和增加三个配送中心的方案，在总收益不变的情况下，成本降低、服务时间和服务距离明显缩短。

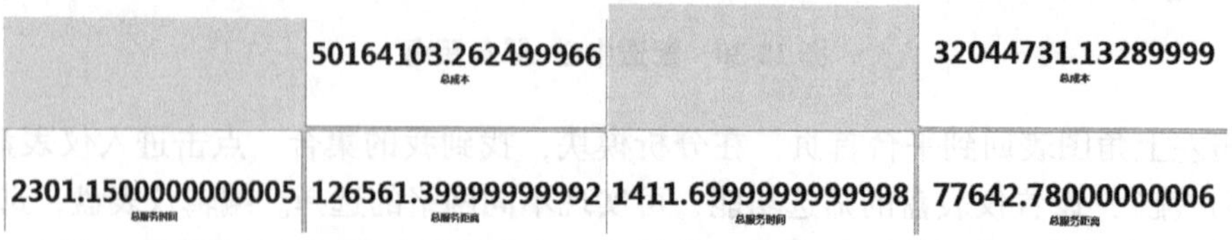

	50164103.262499966 总成本		32044731.13289999 总成本
2301.1500000000005 总服务时间	126561.39999999992 总服务距离	1411.6999999999998 总服务时间	77642.78000000006 总服务距离

图 12-33　现有网络和优化网络的总成本、总服务时间、总服务距离对比

如图 12-34 所示，我们从总的维度下钻到具体配送中心维度，观察原有网络和优化网络的变化。分类中分别选择为“Baseline”“Choose3 new DC”，以配送中心 DC_ Carlisle 的变化为例，可以看出网络优化后服务时间和服务距离大幅缩短，成本降低。

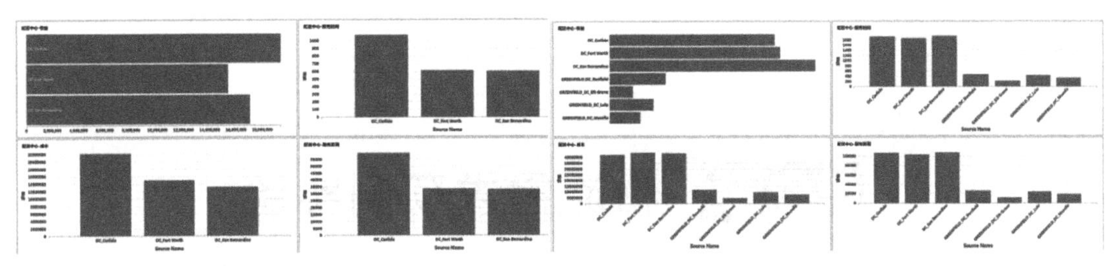

图 12-34　现有网络和优化网络的具体配送中心收益、成本、服务时间、服务距离对比

拓展与思考

1. 实验从物流成本，服务距离和(　　)维度分析网络？

A. 设施配置

B. 服务水平

C. 网络规模

2. 选址模型的目标函数是什么？(　　)

A. 最小化成本

B. 最小化距离

C. 最大化服务水平

3. 优化后的方案中改善服务水平的结果为满足需求百分比(　　)。

A. 有 88%到 100%

B. 有 94%到 100%

C. 有 96%到 100%

4. 最终选取的最佳方案是什么？(　　)

A. 增加两个配送中心

B. 增加三个配送中心

C. 增加一个配送中心

5. 从工厂-配送中心的网络来看，优化方案是(　　)。

A. 改变和增加了原有线路

B. 改变了原有线路

C. 原有基础上增加了线路

第13章 物流需求预测实验

13.1 实验概述

区域物流需求是区域物流规划的重要内容和首要前提，但区域物流需求的复杂性导致难以对其进行精确预测。实验从货运量的角度出发，分析影响货运量的社会经济因素，建立预测指标体系，并借助 PCA 方法提取主要因素，以江苏省为例，建立区域物流需求的预测模型(以货运量作为物流需求量)，基于随机森林算法并通过挖掘软件求解。

13.2 案例引入

13.2.1 背景

区域物流是以实现该区域范围内的资源配置最优化为目标，能推动经济不断发展，提高区域经济竞争力。近年来，随着物流产业的不断发展，大量资本被注入物流产业中，物流领域固定资产规模快速增长，物流产业迎来了发展的黄金时期，但也出现了盲目发展、急功近利的现象。据国家统计局统计，目前我国物流园区建设存在盲目追求投资速度而忽视效益的现象，造成空置率高达 60%，最严重的是，物流政策的制定和物流规划的实施缺乏可行性的定性和定量依据，所以基于区域物流的合理规划和设计显得十分必要。区域物流需求预测是区域物流规划的前提。

13.2.2 任务

物流量作为物流学科中的重要概念，至今仍没有明确的定义。现阶段在我国，没有一个对物流量的统计指标，在进行区域及地方物流系统规划、物流园区及配送中心、物流节点的规划与建设时，一般把货运量作为进行物流量分析的类比指标，来进行物流量的预测与分析。

请预测江苏省 2014 年和 2015 年的物流量。

13.3　知识点讲解

13.3.1　皮尔逊相关系数

皮尔逊相关系数的变化范围为-1 到 1。系数的值为 1 意味着 X 和 Y 可以由直线方程来描述，所有的数据点都落在一条直线上，且 Y 随着 X 的增加而增加。系数的值为-1 同样意味着所有的数据点都落在直线上，但 Y 随着 X 的增加而减少。系数的值为 0 意味着两个变量之间没有线性关系。

计算公式：

$$r_{xy} = \frac{\sum x_i y_i - n\bar{x}\bar{y}}{(n-1)s_x s_y} = \frac{n\sum x_i y_i - \sum x_i \sum y_i}{\sqrt{n\sum x_i^2 - \left(\sum x_i\right)^2}\sqrt{n\sum y_i^2 - \left(\sum y_i\right)^2}} \tag{13-1}$$

13.3.2　PCA 分析

主成分分析(principal components analysis，PCA)，是常用的降维算法，是一种数据降维技巧，它能将大量相关变量转化为一组很少的不相关变量，这些无关变量称为主成分。例如，使用 PCA 可将 30 个相关(很可能冗余)的环境变量转化为 5 个无关的成分变量，并且尽可能地保留原始数据收集的信息。

PCA 分析的目的是可以有效地找出数据中最“主要”的元素和结构，去除噪声和冗余，将原有的复杂数据降维，揭示隐藏在复杂数据背后的简单结构，优点是简单，并且无参数限制，因此应用广泛。

PCA 的思想是将维特征映射到维上，维特征是全新的正交特征。维特征称为主元，是重新构造出来的维特征。在 PCA 中，数据从原来的坐标系转换到新的坐标系下，新的坐标系的选择与数据本身是密切相关的。其中，第一个新坐标轴选择的是原始数据中方差最大的方向，第二个新坐标轴选取的是与第一个坐标轴正交且具有最大方差的方向，依此类推，我们可以取到多个这样的坐标轴。主成分分析模型如图 13-1 所示。

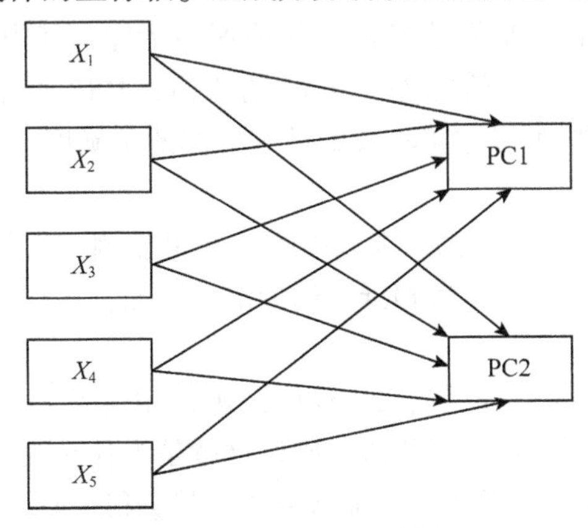

图 13-1　主成分分析模型

PCA 操作流程：

第一步，去平均值，即每一位特征减去各自的平均值(为避免量纲以及数据数量级差异带来的影响)；

第二步，计算协方差矩阵；

第三步，计算协方差矩阵的特征值与特征向量；

第四步，对特征值从大到小排序；

第五步，保留最大的一个特征向量；

第六步，将数据转换到一个特征向量构建的新空间中。

由于协方差对角化的过程是使各维度之间协方差最小化，各个维度内部方差最大化，则利用一部分较大的特征值对应的特征向量对数据进行转换后，会尽量保存多的信息(维度内方差最大化)，而维度之间线性无关(协方差最小化)，这样就相当于将原数据中一些线性相关的维度削减了，从而达到降维的目的。

13.3.3 随机森林

随机森林可以应用在分类和回归问题上，实现这一点，取决于随机森林的每棵树是分类树还是回归树。树的残差平方和就是回归的残差平方和。然后选择一个变量也就是一个属性，这个变量使得通过这个进行分类后的两部分各自的残差平方和的和最小。然后在分叉的两个节点处，再利用这样的准则，选择之后的分类属性，一直这样下去，直到生成一棵完整的树。回归树——预测值为叶节点目标变量的加权均值。

随机森林的生成方法：

第一步，从样本集中通过重采样的方式产生 n 个样本；

第二步，建设样本特征数目为 a，对 n 个样本选择 a 中的 k 个特征，用建立决策树的方式获得最佳分割点；

第三步，重复 m 次，产生 m 棵决策树；

第四步，多数投票机制进行预测。

13.3.4 模型评估参数

模型评估结果中的信息包括算法名称和各项评估指标，其中 *MSE* 为均方误差，又称 *L2* 范数损失，是指预测值与真值之差平方的期望值，*MSE* 可以评价数据的变化程度，*MSE* 的值越小，说明预测模型描述实验数据具有更好的精确度。*RMSE* 为均方根误差，衡量偏差。

MAE 为平均绝对误差，又称为 L1 范数损失，衡量预测与真值的差距，平均绝对误差由于离差被绝对值化，不会出现正负相抵消的情况，因而，平均绝对误差能更好地反映预测值误差的实际情况。

RMSE 与 *MAE* 对比：*RMSE* 相当于 L2 范数，*MAE* 相当于 L1 范数。次数越高，计算结果就越与较大的值有关，而忽略较小的值，所以这就是为什么 *RMSE* 对异常值更敏感的原因(即有一个预测值与真实值相差很大，那么 *RMSE* 就会很大)。

R^2 为决定系数，目的是判断预测模型与真实数据的拟合程度，最佳值为 1，可为负值。在出现负值的情况下，数据的平均值比拟合函数值更适合结果。一般在 0.5~0.7 有较低准确度，0.7~0.9 时有一定准确度，超过 0.9 时有较高准确度。如果该值等于 0.5，说明预测方法完全不起作用，没有价值，小于 0.5 一般极少出现。

$$MSE = \frac{1}{N}\sum_{t=1}^{N}(\text{observed}_t - \text{predicted}_t)^2 \tag{13-2}$$

$$RMSE = \sqrt{\frac{1}{N}\sum_{t=1}^{N}(\text{observed}_t - \text{predicted}_t)^2} \tag{13-3}$$

$$MAE = \frac{1}{N}\sum |(f_i - y_i)| \tag{13-4}$$

$$R^2 = 1 - \frac{\sum_{i=1}^{n}(y_i - f_i)^2}{\sum_{i=1}^{n}(y_i - \bar{y})^2} \tag{13-5}$$

13.4　实验过程

实验中以货运量为目标变量，建立预测指标体系，整个预测过程分为模型训练和预测两部分，实验流程如图 13-2 所示。

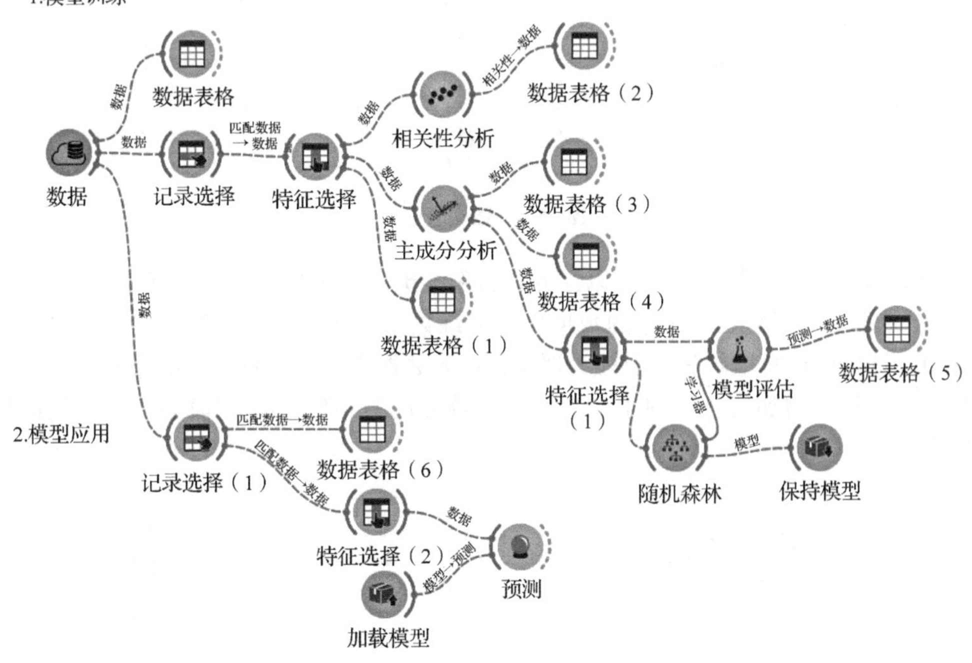

图 13-2　实验流程图

13.4.1　模型训练

根据国内经济物流发展情况与关系，初步确定区域物流需求的 15 个预测指标——人均地区生产总值，居民消费水平等(省份名称除外)，详细信息见表 13-1。

表 13-1　数据字段信息

年份	省份名称	城镇居民消费水平	第二产业增加值
第三产业增加值	第一产业增加值	农村居民消费水平	人均地区生产总值
工业增加值	公路货物周转量	公路货运量	国内生产总值
货物周转量	货运量	居民消费水平	批发和零售业增加值

从数据源中导入“宏观经济数据”如图 13-3 所示，共 208 个数据实例，包含 16 个特征变量，缺失值为 5.7%。

数据表格 - 蓝鲸

信息
208 个实例
16 个特征变量 (5.7 % 缺失值)
没有目标变量.
元变量: 1 个

变量
☑ 显示变量标签（如果存在）
☐ 数值型变量可视化
☑ 按实例类着色

选择
☑ 选择整行

恢复原始顺序
☑ 自动发送

	省份名称	记录编号	年份	城镇居民消费水平	第二产业增加值	第三产业增加值	第一产业增加值
1	安徽省	1	1993	2171	445	388	286
2	贵州省	2	1993	2008	155	135	133
3	湖北省	3	1993	2554	538	475	346
4	湖南省	4	1993	2598	470	400	384
5	江苏省	5	1993	2637	1598	1452	491
6	江西省	6	1993	1567	282	234	226
7	四川省	7	1993	2156	580	495	449
8	云南省	8	1993	3089	326	285	191
9	浙江省	9	1993	3608	984	876	316
10	安徽省	10	1994	2503	542	466	339
11	贵州省	11	1994	2607	195	173	184
12	湖北省	12	1994	3086	658	581	501
13	湖南省	13	1994	3260	590	500	533
14	江苏省	14	1994	3422	2187	2002	684
15	江西省	15	1994	2166	338	269	314
16	四川省	16	1994	3003	783	668	597
17	云南省	17	1994	3555	429	384	236
18	浙江省	18	1994	4920	1398	1243	439
19	安徽省	19	1995	3491	489294	352618	489218
20	贵州省	20	1995	3444	233	209	227
21	湖北省	21	1995	3989	780	681	620

208　208 | 208

图 13-3　数据表格

如图 13-4 所示，数据导入后，以江苏省为例，预测货运量，拖入数据模块的“记录选择”节点，选取 2000 年至 2013 年的数据作为训练数据。通过数据查看，发现批发和零售业增加值、国内生产总值缺失情况较为严重，拖入数据模块的“特征选择”节点将含有缺失值的批发和零售业增加值、国内生产总值，以及标记的年份、ID 字段去掉，将货运量作为目标变量。

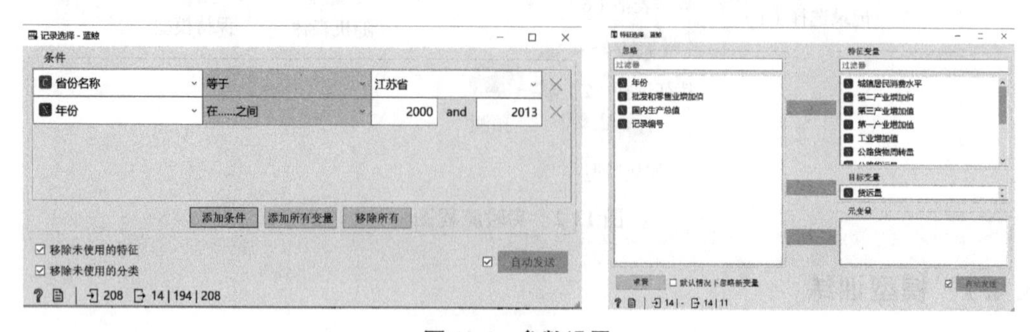

图 13-4　参数设置

拖入原型模块的“相关性分析”节点，分析两两变量之间的相关系数(基于皮尔逊相关分析)。可以发现变量之间的相关性，有些成正相关而有些为负相关，有些关联系数大，有些系数小，所以为了确保数据质量，采用 PCA 方法进行数据处理，一方面能降低数据之间的相关性，起到数据降维的作用；另一方面去除冗余和噪音数据，提取出主要成分和结构。相关关系表如图 13-5 所示。

相关性分析 - 蓝鲸

皮尔逊相关系数

所有组合

过滤器…

	相关系数	变量 1	变量 2
1	+0.996	农村居民消费水平	城镇居民消费水平
2	+0.996	第三产业增加值	第二产业增加值
3	+0.991	农村居民消费水平	第三产业增加值
4	+0.991	工业增加值	第三产业增加值
5	+0.991	工业增加值	第二产业增加值
6	+0.987	第一产业增加值	第二产业增加值
7	+0.986	农村居民消费水平	第二产业增加值

已完成

14　2 | 66 | 14

图 13-5　相关关系表

13.4.2　PCA 分析和处理

拖入无监督模块中的“主成分分析”节点，主成分分析图如图 13-6 所示，下面的线是每个成分覆盖的方差，上面的线是成分覆盖的累计方差。可以看到当成分为 5 时，可以解

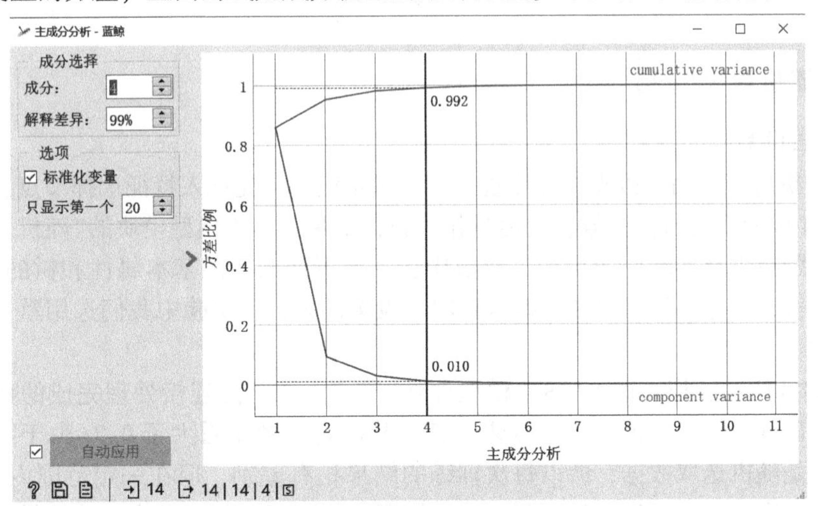

图 13-6　PCA 分析图

释 11 个变量达到 99.5%的程度(一般大家会取贡献值在 85%以上，要求高一点 95%以上)。可以通过数据查看节点、成分数据和旋转数据(图 13-7)。

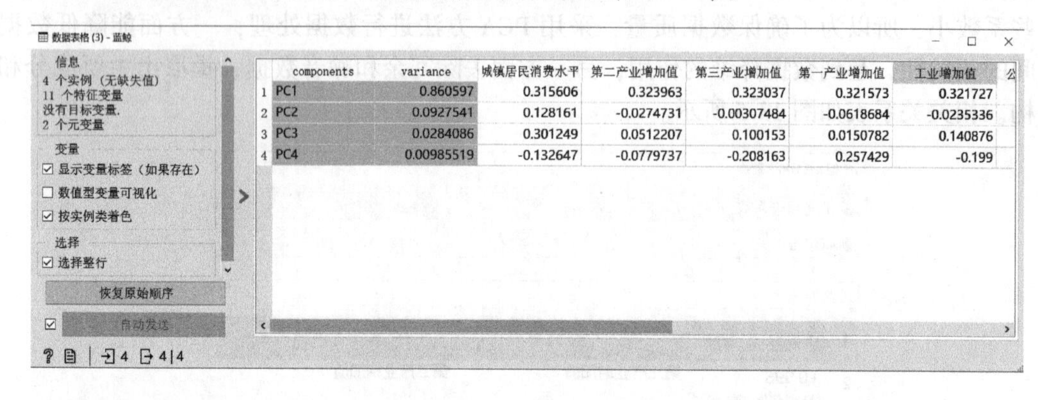

数据表格 (3) - 蓝鲸

信息
4 个实例 (无缺失值)
11 个特征变量
没有目标变量.
2 个元变量

变量
☑ 显示变量标签 (如果存在)
☐ 数值型变量可视化
☑ 按实例类着色

选择
☑ 选择整行

恢复原始顺序
☑ 自动发送

	components	variance	城镇居民消费水平	第二产业增加值	第三产业增加值	第一产业增加值	工业增加值
1	PC1	0.860597	0.315606	0.323963	0.323037	0.321573	0.321727
2	PC2	0.0927541	0.128161	-0.0274731	-0.00307484	-0.0618684	-0.0235336
3	PC3	0.0284086	0.301249	0.0512207	0.100153	0.0150782	0.140876
4	PC4	0.00985519	-0.132647	-0.0779737	-0.208163	0.257429	-0.199

数据表格 (4) - 蓝鲸

信息
14 个实例 (无缺失值)
4 个特征变量
目标变量: 数值型
无元变量

变量
☑ 显示变量标签 (如果存在)
☐ 数值型变量可视化
☐ 按实例类着色

选择
☑ 选择整行

恢复原始顺序
☑ 自动发送

variance	货运量	PC1 0.860597	PC2 0.092754	PC3 0.028409	PC4 0.009855
1	89895	-3.52178	-0.200935	-0.453723	0.372321
2	86496	-3.54869	-0.249042	-0.207878	0.0691051
3	88039	-3.23817	-0.303905	-0.132032	-0.00896055
4	93043	-2.85379	-0.274657	0.0140682	-0.121122
5	99136	-2.21012	-0.317886	-0.128232	0.0137882
6	111233	-1.65569	-0.279483	-0.183758	0.104055
7	123004	-1.39044	-0.284372	0.0413762	-0.1484
8	161006	-0.161781	-0.265706	0.20859	-0.468192
9	174295	0.625942	1.80969	0.453673	-0.418518
10	186580	1.6908	2.9379	-0.268322	0.32509
11	218908	1.91542	-0.51957	1.32623	-0.276768
12	249365	4.23067	-0.872049	0.558133	0.706998
13	232207	3.77054	-0.431133	0.0606268	0.270887
14	196675	6.34708	-0.748853	-1.28875	-0.420283

图 13-7　成分数据和旋转数据

13.4.3　随机森林预测

(1)参数设置

PCA 分析后，采用随机森林算法进行物流量预测，首先拖入特征选择节点，将提取出的 PC1-PC4 成分作为特征变量，货运量作为目标变量。拖入模型模块的“随机森林”节点，实验中是用随机森林实现回归预测，参数中包括设置回归树的基本属性和树的生长控制，如树的数量等，这些都属于算法训练数据时所设置的条件，实验中我们选用默认的参数设置(图 13-8)。

如图 13-9 所示，拖入评价中的“模型评估”节点，该节点连接处理完成的数据和随机森林算法，训练完成后，可以看到效果，其中从决定系数来看大于 0.7(由于随机森林在训练样本时是随机选取数据，所以每次训练的结果稍有差别，但在一定范围内)，模型具有一定的准确度，可用于最后的预测。拖入模型中的“模型保存”节点，将该模型保存到本地(图 13-10)。

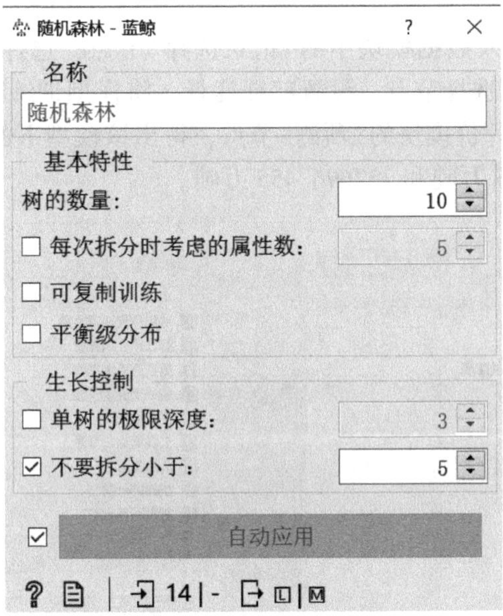

随机森林 - 蓝鲸

名称

随机森林

基本特性

树的数量：10

☐ 每次拆分时考虑的属性数：5

☐ 可复制训练

☐ 平衡级分布

生长控制

☐ 单树的极限深度：3

☑ 不要拆分小于：5

☑ 自动应用

图 13-8　算法参数设置

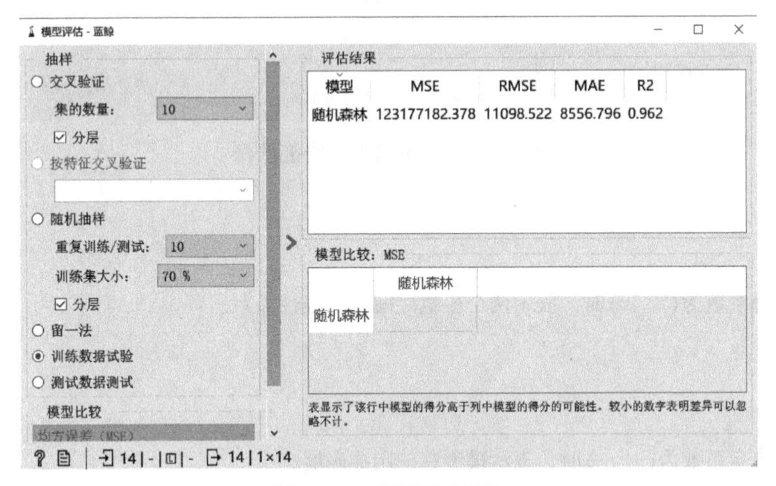

图 13-9　模型评估结果

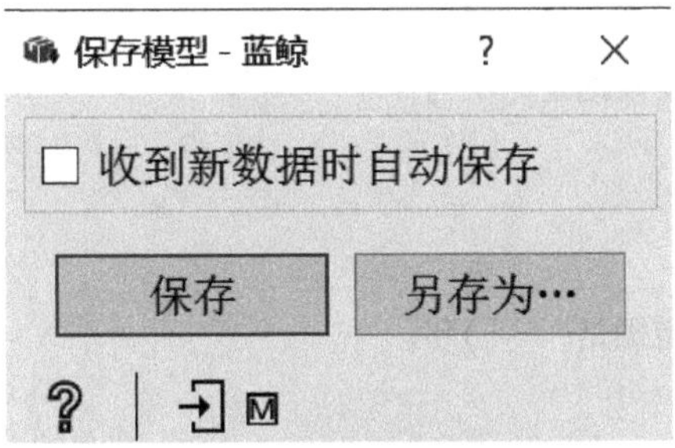

保存模型 - 蓝鲸

☐ 收到新数据时自动保存

保存　　另存为…

图 13-10　模型保存

(2)模型应用

如图 13-11 所示，拖入数据模块中的“记录选择”节点，选择江苏省，2014 年和 2015 年的数据特征，拖入特征选择节点，设置特征变量。将模型训练部分保存的模型通过“模型加载”节点载入，拖入评价模块的“预测”节点，得出该模型下的 2014 年和 2015 年的货运量预测值为 196589. 435 万吨和 222696. 455 万吨。

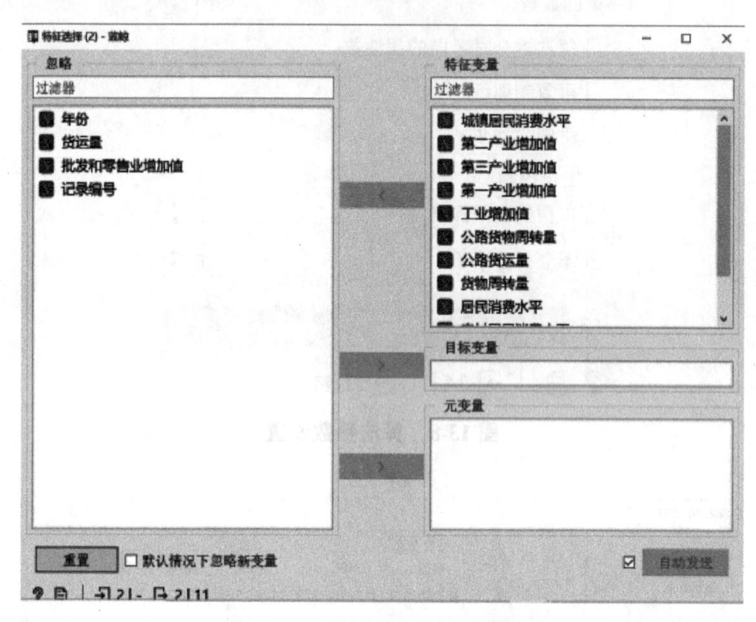

图 13-11　记录选择与特征选择

拓展与思考

1. 当皮尔逊系数为(　　)时，表示两个变量之间没有线性关系。

A. -1

B. 0

C. 1

2. 一般当决定系数为(　　)时，表示模型有一定准确度。

A. 0. 5

B. 0. 9

C. 0. 7~0. 9

3. 实验中用随机森林算法实现的是(　　)。

A. 回归预测

B. 分类预测

C. 分步预测

4. 实验中训练数据的时间范围是(　　)年。

A. 2010—2015

B. 2000—2013

C. 2000—2015

5. PCA 是通过(　　)指标确定成分数量。

A. 方差覆盖

B. 均值

C. 标准差

参考文献

罗丹，2017. 基于数据驱动的汽车总装零部件物流系统建模仿真与优化[D]. 武汉：华中科技大学.

Fariborz Y Partovi, Murugan Anandarajan, 2002. Classifying inventory using an artificial neural network approach [J]. Computers & Industrial Engineering, 41(4): 389-404.

李杰，陈超美，2016. CiteSpace：科技文本挖掘及可视化[M]. 2版. 北京：首都经济贸易大学出版社.

崔迪，郭小燕，陈为，2017. 大数据可视化的挑战与最新进展[J]. 计算机应用, 37(7): 2044-2049.

李杰，2021. CiteSpace 中文版指南(2022). http://cluster.ischool.drexel.edu/~cchen/citespace/manual/CiteSpaceChinese.pdf[EB/OL] [2021-11-26].

赵守香，唐胡鑫，熊海涛，2015. 大数据分析与应用[M]. 北京：航空工业出版社.